中国电建集团西北勘测设计研究院有限公司

技术专著系列

水利水电工程中西英常用词汇

李蒲健　主编

中国水利水电出版社
www.waterpub.com.cn
·北京·

内 容 提 要

　　一般词典或工程词语手册多以单一语种的点对点翻译居多，本书最大特色是编者根据多年的海外水电工程建设经验，系统收录了水利水电工程常用词汇 5800 余条（中文、英文和西班牙文对照），并对词汇进行了释义，涉及水文泥沙、工程规划、工程勘测、建筑物、施工、机电及金属结构、环境保护、建设征地移民安置及工程投资等相关专业，并附有部分三维模型图片，是一本实用性较强的工具书。

　　本书可作为水利水电工程专业技术从业者的手头工具书，亦可作为水利水电工程初学者和从事海外水利水电工程建设生产经营工作者的入门词典。

图书在版编目（ＣＩＰ）数据

　　水利水电工程中西英常用词汇 / 李蒲健主编. -- 北京 : 中国水利水电出版社，2020.9
　　ISBN 978-7-5170-8889-9

　　Ⅰ. ①水… Ⅱ. ①李… Ⅲ. ①水利水电工程－词汇－汉、西、英 Ⅳ. ①TV-61

　　中国版本图书馆CIP数据核字(2020)第180666号

书　　名	**水利水电工程中西英常用词汇** SHUILI SHUIDIAN GONGCHENG ZHONG‐XI‐YING CHANGYONG CIHUI
作　　者	李蒲健　主编
出版发行	中国水利水电出版社 （北京市海淀区玉渊潭南路 1 号 D 座　100038） 网址：www.waterpub.com.cn E‐mail：sales@waterpub.com.cn 电话：(010) 68367658（营销中心）
经　　售	北京科水图书销售中心（零售） 电话：(010) 88383994、63202643、68545874 全国各地新华书店和相关出版物销售网点
排　　版	中国水利水电出版社微机排版中心
印　　刷	北京印匠彩色印刷有限公司
规　　格	184mm×260mm　16 开本　19.5 印张　475 千字　2 插页
版　　次	2020 年 9 月第 1 版　2020 年 9 月第 1 次印刷
印　　数	0001—1000 册
定　　价	**128.00 元**

西北院参建的黄河流域－拉西瓦水电站

西北院 EPC 总承包的厄瓜多尔德尔西水电站工程

西北院参建的赞比亚卡里巴水电站扩机工程

西北院参建的马来西亚巴贡水电站

本书编委会

主　　编　李蒲健

参编人员　张文江　罗　林　饶京伟　杨天俊　许　洁
　　　　　　杨忠敏　冯　飞　雷　泰　毛可心　吴吉兴
　　　　　　鲁舟洋　赵　越　皮　漫　马胜男　徐　明
　　　　　　苏成坤　孔　婷　王　龙　宋　明　郭天佑
　　　　　　陈天恩　范新宇　何　苗　张　超　白　杨
　　　　　　亢　雪　刘少军　迟　通　张维欢　郭　垚
　　　　　　秦　梦　石　昊　李冰洁　宋　菲　孙　逸
　　　　　　苏立钢　任滕悦　张　杨　张　争　王旭辉
　　　　　　段　磊

专家委员会

主　　任　郭海宁

委　　员　周　俊　赵有东　吕　康　刘　博　马　理
　　　　　　朱清飞　万　里　陈　旸　张　玮　许战军
　　　　　　刘永智　李仲杰　乔　鹏　李可佳

序

　　自我国加入世贸组织以来，与世界各国交往日益频繁。尤其是国家提出"一带一路"倡议，鼓励中国企业海外发展，极大地推动了我国企业国际化的进程。在此背景下，中国技术、中国标准、中国服务"走出去"已经成为工程建设领域的大趋势。近二十年来，以中国电力建设集团（股份）有限公司为代表的大型央企建设完成的水利水电工程占据了较大比重，遍布亚洲、非洲、拉丁美洲三大区域，尤其是以西班牙语为主的拉丁美洲地区逐渐成为水利水电工程建设领域重点市场。中国企业通过工程建设项目，促进了当地经济社会发展，为加强中国与西班牙语国家合作、实现互利共赢、沟通民心、提升国家形象作出了巨大贡献。

　　中国电建集团西北勘测设计研究院有限公司（以下简称"西北院"）是世界500强企业——中国电力建设集团（股份）有限公司的重要成员企业，一直坚持国际优先发展战略，利用技术优势，多年坚持深耕拉丁美洲西班牙语国家水利水电工程建设市场，取得了丰硕成果。业务规模的持续扩大催生了强烈的中文、英文、西班牙文专业词汇互译的需求。

　　为了满足广大工程技术人员在西班牙语地区拓展市场、技术交流、现场服务的需要，西北院组织数十位专家编写了《水利水电工程中西英常用词汇》。本书凝聚了西北院国际水利水电工程建设一线专家的集体智慧，是西北院30余年海外工程经验和技术实践的结晶。值此西北院建院七十周年之际，希望此书的出版能为国际水利水电工程尤其是西班牙语地区的工程建设者提供便利和帮助。

中国电建集团西北勘测设计研究院有限公司党委书记、董事长

廖元庆

2020 年 7 月

前言

为进一步强化水利水电工程从业人员的国际化业务能力，提高专业技术语言的全球化适应性，中国电建集团西北勘测设计研究院有限公司（以下简称"西北院"）海外事业部/国际工程公司基于多年海外项目工程经验，参考现行国家水电工程相关技术标准，立足传统优势水利水电业务，编写了《水利水电工程中西英常用词汇》一书。

本书系统收录了水利水电工程常用词汇的中文、英文、西班牙文及释义。与同类书相比较，该书最大的特色是收录了专业常用词汇的西班牙文，增强了词语汇编的实用性，无论是针对水利水电专业人员还是市场经营人员，都是一部不可多得的工具书。

本书自2018年底开始筹备酝酿，由西北院团委牵头，同时成立本书编辑委员会和专家委员会，抽调数名工程技术骨干负责编辑整理，集结了多位业内水电工程专家进行校核审阅。

本书共分9章。第1章水文泥沙由杨忠敏领衔编写，第2章、第3章工程规划、工程勘测由杨天俊领衔编写，第4章、第7章和第8章建筑物、环境保护和建设征地移民安置由张文江领衔编写，第5章施工由罗林领衔编写，第6章机电及金属结构由饶京伟领衔编写，第9章工程投资由许洁领衔编写。

本书是集体智慧的结晶，除以上领衔编写的人员外，对所有为本书作出贡献的相关人员致以诚挚的感谢！本书稿虽几经修改但难免有疏漏和不妥之处，诚挚欢迎广大读者批评指正。

作者

2020年7月

目录

1

水文泥沙

1.1 一般术语

流域　watershed；drainage basin　cuenca hidrográfica
地表水及地下水的分水线所包围的集水或汇水区域，通常指地表水的集水区域。

水文调查　hydrological investigation　investigación hidrológica
采用勘测、观测、调查、考证、试验等手段采集水文信息及其有关资料的工作。

水文测验　hydrometry　hidrometría
从站网布设到采集和整理水文资料的全过程。

水文预报　hydrological forecast　pronóstico hidrológico
根据前期或现时已知的水文、气象等信息，运用水文学以及相关学科的理论和方法，对河流、水域等水体在未来一定时间的水文情势作出先期推测和预告的工作。

水情测报　hydrological observation and forecast　observación hidrológica y pronóstico
水文要素的人工观测和自动监测、信息传输与处理、水文预报等工作的总称。

水文要素　hydrological element　elemento hidrológico
构成某一地点或区域在某一时间的水文情势的主要因素，是描述水文情势的主要物理量，包括各种水文变量和水文现象，如降水、蒸发、水位、流速、流量、含沙量、水温、冰厚等。

水文情势　hydrological regime　régimen hidrológico
河流、湖泊、水库等水体各水文要素随时间的变化情况。如水位随时间的变化、一次洪水的流量过程、一年的流量过程、河川径流量的年内和年际间的变化等。

径流　runoff　escorrentía
在水文循环过程中，沿流域的不同路径向河流、湖泊和海洋汇集的水流。

地表径流　surface runoff　escorrentía superficial

沿地表向河流、湖泊和海洋等汇集的水流。

基流　base flow　flujo base

由前期降水形成的地下水和壤中流补给河流的水流。

洪水　flood　inundación

河流、湖泊在较短时间内发生的流量急骤增加、水位明显上升的水流现象。

洪峰　flood peak　pico de inundación

一次洪水过程的流量或水位的最大值。

洪峰流量　peak discharge　descarga máxima

一次洪水过程中的最大瞬时流量。

泥沙　sediment　sedimento

随水流输移和沉积的土体、矿物岩石等固体颗粒。一般分为悬移质泥沙和推移质泥沙。

冰情　ice regime　régimen de hielo

河道、水库等水体出现结冰、封冻和解冻过程的一系列现象。

潮汐　tide　marea

海水面在月球和太阳等引潮力作用下产生的周期性涨落现象。

水文设计断面　hydrologic design cross section　sección transversal de diseño hidrológico

为工程水文设计需要选取的代表性河道横断面。

水文测站　hydrometrical station　estación hidrométrica

为收集和提供水文数据而在河道、渠道、水库上设立的各种水文观测场所的总称，包括水文站、水位站、雨量站等。

设计依据站　design basis station　estación base de diseño

位于工程上下游或工程邻近流域为工程水文设计提供水文气象数据的水文测站。

设计参证站　design benchmark station；design reference station　estación de referencia de diseño

工程水文设计所参照移用水文气象数据的水文测站，或作为分析论证的水文测站。

水文年　hydrological year　año hidrológico

反映河流径流年度变化规律，以枯水季月末为起始点连续 12 个月的时期。

典型年　typical year　año típico

根据设计需要的频率，选取的水文特征值接近设计值且时空分布具有代表性的年份。

代表年　representative year　año representativo

选择相应设计频率的典型年，按设计值对典型年年径流过程进行修正。

还原计算　restoring calculation　restaurar el cálculo

将受影响的流量、水位资料通过计算恢复到天然状况，以保持资料系列的一致性。

频率分析　frequency analysis　análisis de frecuencia

根据某水文现象的统计特性，利用现有水文资料，推求水文变量统计参数及设计值的工作。

经验频率　empirical frequency　frecuencia empírica

为估计总体频率，按一定准则建立的经验公式所确定的水文变量的频率。

设计频率　design frequency　frecuencia de diseño

工程设计采用水文要素值重现的概率。

水文频率曲线　hydrological frequency curve　curva de frecuencia hidrológica

水文变量与频率的关系曲线。如皮尔逊分布曲线、对数皮尔逊分布曲线、耿贝尔分布曲线等。

皮尔逊分布　Pearson distribution　distribución de Pearson

英国统计学家卡尔·皮尔逊提出的一组频率分布，其中第Ⅲ型频率分布（P-Ⅲ）常用于我国水电工程水文计算。

重现期　recurrence interval；return period　intervalo de recurrencia；período de retorno

不小于或不大于一定量级的水文要素值出现一次的平均间隔年数，以该量级频率的倒数计。

统计参数　statistical parameters　parámetros estadísticos

综合反映水文变量统计规律的一组特征值。如均值、变差系数（C_V）、偏态系数（C_S）。

适线法　curve fitting method　método de ajuste de curvas

用具有一定数学形式的频率曲线来拟合水文变量点据，以确定总体统计参数的方法。

经验适线法　empirical curve fitting method　método de ajuste de curva empírica

采用矩法或其他方法，估计一组参数作为初值，通过经验判断调整参数，选定一条与水文变量点据拟合良好的频率曲线。

系列插补　series interpolation　interpolación en serie

根据设计参证站资料推算设计依据站同期缺测部分资料的工作。

系列延长　series extrapolation　extrapolación en serie

将设计依据站系列资料延长的工作。

流量反演　discharge back routing　descarga de enrutamiento
根据水量平衡原理，由下断面流量反推上断面流量的工作。

地区综合　regional synthesis　síntesis regional
分析地区水文规律，建立地区参数的经验公式或绘制特征值等值线图的工作。

水文比拟　hydrologic analogy　analogía hidrológica
在流域水文气象条件和下垫面情况基本近似的前提下，把有水文资料的流域水文特征值、统计参数或典型时空分布移用到无资料流域，或经必要修正以作为设计依据的工作。

水文过程线　hydrograph　hidrograma
水文要素随时间变化的连续曲线。

水位流量关系　stage – discharge relation；rating curve　relación de nivel de agua y flujo
断面流量与其相应水位的对应关系。

洪水演进计算　flood routing　ruta de inundación
洪水演算推求洪水波传播情势的分析计算。

1.2　流域与水系

流域特征　basin characteristics　características de la cuenca
流域的形状特征、结构特征、自然地理特征和人类活动影响的总称。

流域自然地理特征　physiographic characteristics of watershed　características fisiográficas de la cuenca
流域的地理位置、气候条件、水文气象、地质、地形、地貌、土壤、植被等的总称。

流域下垫面　underlying surface　superficie subyacente
流域的地形、植被、土壤、地质、河网水系、湖泊、沼泽等影响径流形成的因素。

流域面积/集水面积　watershed area；catchment area　área de cuenca；zona de captación
流域分水线与设计断面之间所包围的平面面积。

流域平均高程　mean elevation of watershed　elevación media de la cuenca
流域内各相邻等高线间的面积与其相应平均高程乘积之和与流域面积的比值。

河流　river　río
陆地表面宣泄水流的通道，是溪、川、江、河等的总称。

河长　river length　longitud del río
河流源头至设计断面或河口沿河槽中泓线或轴线量取的距离。

干流　main stream；trunk river　corriente principal
汇集流域径流的主干河流。

支流　tributary　afluente
流入一较大河流或湖泊的河流。

河槽　river channel　canal fluvial
河道中行水、输沙的部分。

河段　reach　tramo del río
两横断面之间的一段河流。

落差　drop　caída
河段两端的河底高程差或相同流量相应的水位差。

河道比降　river bed gradient；channel slope　gradiente del lecho
河床沿水流方向，单位水平距离河床高程差。

河道纵断面　river longitudinal profile　perfil longitudinal del río
河流从上游至下游沿深泓点的连线。

河道横断面　river cross section　sección transversal del río
垂直于河道断面平均流向的地形剖面。

中泓线　middle line of channel；midstream of channel　mitad del canal
沿河槽相邻各横断面表面最大流速点的连线。

水面比降　water surface slope　pendiente de la superficie del agua
沿水流方向，断面间水面高程差与河道距离的比值。

1.3 │ 水文基本资料

暴雨调查　rainstorm investigation　investigación de tormentas
对区域内暴雨的雨量、时空分布、天气系统、灾情和重现期等的分析调查工作。

历史洪水调查　historical flood investigation　investigación de inundaciones históricas
对河流历史上发生大洪水的水位、流量、重现期等的分析调查工作。

枯水调查　low‐flow investigation　investigación de bajo flujo
对测站或特定地点最低水位和最小流量进行的调查分析工作。

沙量调查 sediment survey levantamiento de sedimentos
为补充泥沙资料的不足，采用临时泥沙观测或开展流域泥沙来源调查分析的工作。

水位 water level nivel de agua
河流、水库等水体的自由水面相对于某一基准面的高程。

流速 flow velocity velocidad del flujo
水质点在单位时间内沿流程移动的距离。

流量 discharge caudal
单位时间内通过河道、渠道等过水断面的水体体积。

降水量 precipitation precipitación
从大气中降落到地面的液态水、固态水经融化后，未经蒸发、渗透、流失而在水平面上的深度。

蒸发量 evaporation evaporación
液态水和固态水变成气态水逸入大气的量；用深度表示。

潮位 tidal level；tide stage nivel de marea
受潮汐影响所产生周期性涨落的水位。

水文系列 hydrological series serie hidrológica
水文要素按时间顺序排列所组成的数据系列。

水文资料可靠性 hydrological series reliability fiabilidad de series hidrológicas
水文资料系列中数据的准确性程度。

水文系列一致性 hydrological series consistency consistencia de la serie hidrológica
水文资料系列反映的水文现象的成因与影响因素相互一致的程度。

水文系列代表性 hydrological series representativeness representatividad de series hidrológicas
水文资料系列水文样本统计特征接近总体统计特征的程度。

1.4 水文测验

水文监测 hydrological monitoring monitoreo hidrológico
对江河、水库、湖泊、海洋、渠道等水体的水文要素进行观测、记录和监测数据分析计算的活动，一般可分为人工观测和自动监测两类。

监测设施 monitoring facility instalación de monitoreo
为满足水文监测而修筑的土建工程，如观测站房、机房、测井、缆道、测船码头、观测园、观测码头、观测道路和供电、通信、供水、排水系统与安全警示标志等。

监测设备　monitoring equipment　equipo de monitoreo
进行水文监测的仪器和装置。

水文观测　hydrological observation　observación hidrológica
观测、量测和记录各种水文要素的过程。

水文巡测　tour gauging　medición de recorrido
以巡回流动的方式，定期或不定期地对一个地区或流域内的水文观测点，进行水文要素观测的水文测验方法。

水文站网　hydrometric station network　red de estaciones hidrométricas
在一定地区或流域内按一定原则布设的各类水文测站的集合。

水文站　hydrological station；stream gauging station　estación hidrológica
设在河、渠、湖、库上以测定水位、流量为主，可根据需要兼测降水、蒸发、泥沙、冰情、地下水、水质等项目的水文测站。

水位站　stage gauging station　estación de aforo
以观测水位为主，可兼测降水量等项目的水文测站。

雨量站/降水量站　rain gauging station；precipitation gauging station　estación de lluvia；estación de aforo precipitación
以观测降水量为主的水文测站。

专用气象站　special meteorological station　estación meteorológica especial
专为水电工程设计、建设、运行服务而设立的气象站。

专用水文测站　special gauging station　estación hidrológica especial
专为水电工程服务而设立的各类水文测站，如专用水文站、水位站、潮位站、冰情站、雨量站等。

水位观测　stage observation　observación hidrológica
观测河流或其他水体指定位置水位的作业。

流量测验　discharge measurement　medición de caudal
测量单位时间内通过河流、渠道或管道某一横断面的水体体积的工作。

泥沙测验　sediment measurement　medición de sedimentos
对河流或水体中的泥沙进行测量的工作，如悬移质泥沙、推移质泥沙、泥沙颗粒级配取样等。

冰情观测　ice regime observation　observación del régimen de hielo

选择代表性河段，在整个冰期内对冰情现象进行测量或目测的作业。

气象观测 meteorological observation observación meteorológica
对气象要素进行观测的作业。专用气象站气象观测的气象要素有气温、降水、风、气压、湿度、蒸发、地温、雷暴、雪、冻土等。

水文资料整编 hydrological data processing procesamiento de datos hidrológicos
对观测的原始水文资料，按科学方法和统一规格进行的整理、分析、统计、存贮等工作。

气象资料整编 meteorological data processing procesamiento de datos meteorológicos
对观测的原始地面气象要素资料，按科学方法和统一规格进行的整理、分析、统计、存贮等工作。

1.5 气象

气候特性分析 analysis of climate characteristics análisis de las características climáticas
根据工程所在流域气象统计资料和相关分析成果，结合流域自然地理条件，归纳总结流域气候特性的工作。

气象要素 meteorological element elemento meteorológico
表明一定地点和特定时刻天气状况的物理量，水电工程设计相关的气象要素有气温、降水、风、气压、湿度、蒸发、地温、雷暴、霜、雪、雾、日照、冻土等。

蒸发量折算系数 conversion coefficient of evaporation coeficiente de conversión de evaporación
不同类型蒸发器在一定时间内测量的蒸发量之比值；一般采用 E601 型蒸发器与 20cm 口径蒸发皿的各月蒸发量比值，作为该站各月的蒸发量折算系数。

水库蒸发增损 evaporation increment incremento de evaporación
水库库面的水面蒸发量与陆面蒸发量的增加值。

1.6 径流

径流还原 restoring calculation of runoff restaurar el cálculo de la escorrentía
在人类活动影响大的地区，把人类活动对河川径流的影响水量计入实测径流中，对径流资料进行复原的分析计算。

径流分析计算 runoff analysis and calculation análisis y cálculo de escorrentía
对径流的多年变化和径流年内分配的规律进行定量的分析计算。

径流随机模拟 runoff stochastic simulation simulación estocástica de escorrentía
用水文时间序列分析的理论方法，建立径流系列的随机模型，模拟出足够长的径流系列。

设计年径流量 design annual runoff escorrentía anual de diseño
符合设计标准的年径流量。

径流年内分配 intra – annual distribution of runoff distribución anual de escorrentía
径流量在年内不同时段的分配，一般以月、旬、日等时段进行分配。

径流年际变化 inter – annual variation of runoff variación interanual de la escorrentía
各年径流量在多年平均径流量上下波动的情势。

径流深 runoff depth profundidad de escorrentía
一定时段内径流量在集水面积上的平均水深。

径流模数 runoff modulus módulo de escorrentía
单位流域面积上单位时间所产生的径流量。

径流系数 runoff coefficient coeficiente de escorrentía
时段内流域平均径流深与相应面降水量的比值。

多年平均径流量 mean annual runoff escorrentía media anual
年径流量的多年平均值。

枯水径流 low – flow runoff escorrentía de flujo bajo
计算时段内河川径流的最小流量、最枯时段径流量及其时程分配。

丰水期 high – flow period período de alto flujo
年内河流流量有规律性的显著大于多年平均流量的时期。

平水期 normal – flow period período de flujo normal
年内河流流量有规律性的接近多年平均流量的时期。

枯水期 low – flow period período de bajo flujo
年内河流流量有规律性的显著小于多年平均流量的时期。

丰水年 high – flow year año de alto flujo
年降水量或年径流量显著大于多年平均值的年份。

平水年 normal – flow year año de flujo normal
年降水量或年径流量接近多年平均值的年份。

枯水年 low – flow year año de bajo flujo
年降水量或年径流量显著小于多年平均值的年份。

1.7 洪水

汛期 flood season temporada de inundaciones
河流在年内有规律发生洪水的时期。

天然洪水 natural flood inundación natural
流域产流、汇流特性无明显改变条件下，河道水流不受工程拦蓄、泄放等影响和溃堤、分洪、地质灾害等突发事件影响时所出现的洪水。

设计洪水 design flood inundación de diseño
符合工程设计中防洪标准要求的洪水。

分期设计洪水 seasonal design flood inundación de diseño estacional
根据流域洪水特性，一年中分不同时期的设计洪水。

施工设计洪水 design flood for construction period inundación de diseño para el período de construcción
符合水电工程施工期临时度汛防洪标准的设计洪水。

历史洪水 historical flood inundación histórica
通过调查或文献、文物考证等方法确定的实测资料系列以外的历史上已发生的较大洪水。

历史洪水考证期 textual research period período de investigación textual
具有连续可靠文献记载和实地勘查的历史洪水的时期。

洪水重现期 flood recurrence interval intervalo de recurrencia de inundación
不小于一定量级的洪水要素值出现一次的平均间隔年数。

坝址洪水 damsite flood inundación en el sitio presa
坝址处河道断面的洪水。

入库洪水 reservoir inflow flood flujo de entrada al embalse
由水库周边汇入的洪水和库面降水所形成的洪水。

峰量关系 peak discharge – volume relation relación pico de descarga – volumen
洪峰流量与同次洪水不同时段洪量间的相关关系。

洪水系列 flood series serie de inundaciones
对洪水成因相同的洪水要素，采用合适方法选样得到的系列。

直接法 direct method método directo

根据设计流域流量资料推求设计洪水的方法。

间接法 indirect method método indirecto
根据设计流域暴雨资料推求设计洪水的方法。

类比法 analogy method método de analogía
当设计流域没有流量和暴雨资料时，采用地区综合推求设计洪水的方法。

降雨径流相关法 rainfall-runoff correlation method método de correlación lluvia-escorrentía
通过建立的降雨量、前期影响雨量、径流量三变量相关关系，用降雨量计算产流量的方法。

推理公式 rational formula fórmula racional
根据径流成因原理，由设计暴雨推求设计中小流域设计洪峰流量的公式。

典型洪水过程线 typical flood hydrograph hidrograma de inundación típico
按工程设计要求，选择用于推求设计洪水过程的实测或调查的洪水过程线。

设计洪水过程线 design flood hydrograph hidrograma de inundación de diseño
设计洪水的流量过程曲线。

设计洪水地区组成 regional composition of design flood composición regional de inundación de diseño
当设计断面发生设计洪水时，上游来水在各分区洪量的分配及洪水组合遭遇情况。常用的方法有典型洪水组成法、同频率洪水组成法。

历史暴雨 historical storm tormenta histórica
通过调查或文献、文物考证等方法确定的实测资料系列以外的历史上已发生的较大暴雨。

设计暴雨 design storm tormenta de diseño
符合设计标准的暴雨量及其时空分布。它是由暴雨间接推算设计洪水的主要依据。根据洪水计算的要求，设计暴雨的分析内容有设计点暴雨、设计面暴雨、暴雨时面深关系、设计暴雨雨型等。

设计雨型 design storm pattern patrón de tormenta de diseño
设计暴雨在时间和空间上的分布型式。

暴雨历时 storm duration duración de la tormenta
一次降雨大于某给定值的部分降雨持续时间。

暴雨一致区 storm homogeneous zone zona homogénea de tormenta
暴雨机制和地形特征类似，主要水汽入流方向相近的区域；暴雨一致区内暴雨可进行移置。

可能最大暴雨　probable maximum precipitation　precipitación máxima probable

在现代气候条件下，设计流域给定历时内可能发生的最大暴雨；它是推算可能最大洪水的重要依据。

可能最大洪水　probable maximum flood　probable inundación máxima；PMF

设计断面可能发生的最大洪水。可能最大洪水一般由可能最大暴雨与设计流域相应的产流、汇流条件组合推算。

1.8 　泥沙

入库泥沙　reservoir inflow sediment　sedimento de entrada al embalse

水库建成后，通过库区周边汇入水库的泥沙。

悬移质　suspended load　sedimentos en suspensión

受水流的紊动作用悬浮于水中并随水流移动的泥沙。

推移质　bed load　carga de fondo

受水流拖曳力作用沿河床滚动、滑动、跳跃或层移的泥沙。

床沙　bed material　material de lecho

在受泥沙输移影响的那一部分河床中存在的颗粒物质。

悬移质矿物成分　mineral composition of suspended load　composición mineral de sedimentos de suspensión

悬移质所含的由地质作用所形成的单质或化合物。

含沙量　sediment concentration　concentración de sedimentos

单位体积浑水中所含干沙的质量，或浑水中干沙质量或容积与浑水的总质量或总容积的比值。

断面平均含沙量　mean sediment concentration at a cross‑section　concentración media de sedimento en una sección transversal

断面输沙率与断面流量的比值。

多年平均含沙量　mean annual sediment concentration　concentración media anual de sedimentos

多年平均输沙率与多年平均流量的比值。

输沙率　sediment discharge　descarga de sedimentos

单位时间内通过河渠某一过水断面的干沙质量。

悬移质输沙率 suspended load discharge descarga de carga de suspensión
单位时间内通过河渠某一过水断面的悬移质质量。

推移质输沙率 bed load discharge carga de fondo
单位时间内通过河渠某一断面的推移质质量。

输沙量 sediment runoff Cantidad de sedimentos
在一定时段内通过设计断面的全部干沙质量。

入库输沙量 sediment inflow sedimentos de entrada al embalse
进入水库周界的输沙量。

颗粒级配 particle size distribution；particle grading distribución de tamaño de partículas
沙样中泥沙的粒径与小于该粒径的沙量占全部沙量比值的百分数之间的关系。

级配曲线 particle size distribution curve curva de distribución del tamaño de partícula
粒径与小于该粒径的沙重占全部沙重百分数的关系曲线。

平均粒径 mean particle size diámetro medio
粒径组平均粒径为粒径组上下限粒径几何平均值。样品的平均粒径为各粒径组平均粒径按各粒径组相应沙重百分数加权的平均值。

中数粒径 median particle size diámetro medio
小于某粒径的沙重百分数为 50％的粒径。

最大粒径 maximum particle size tamaño máximo de partícula
泥沙样品的上限粒径值。

1.9 水位流量关系

设计断面水位流量关系 stage – discharge relationship at design crosssection relación etapa – descarga en la sección transversal del diseño
设计断面流量与其相应水位之间的关系。

断流水位 stage of zero flow nivel de corte de flujo
河段断面处流量为零时所对应的水位。

水位流量关系延长 extension of stage – discharge relation extensión de la relación nivel – caudal
对已经确定的断面水位流量关系，根据河道特性对低水位端、高水位端进行的外延。

1.10 水情测报

水情自动测报系统 hydrological telemetry and forecasting system sistema de pronóstico de situación hidrológica

利用遥测、遥控、通信、计算机和网络等先进技术，自动完成流域或测区内水文、气象、汛情、工情等信息的实时采集、传输和处理，并据此做出水文预报，发布水文信息，为水电工程防洪、发电等实现科学管理的水文测报方面的自动化系统装备。

泥沙监测系统 sediment monitoring system sistema de monitoreo de sedimentos

具有监测水电工程所属河流及水库泥沙功能的自动化系统装备。

系统规划设计 system planning design diseño de planificación del sistema

根据水电工程建设和运行需要，进行水情自动测报系统总体布局、拟定系统初步建设方案的设计工作。

系统总体设计 system overall design diseño general del sistema

根据水情自动测报系统建设需要，确定水情自动测报系统功能、遥测站网、通信方案、电源及防雷接地、设备配置、水情预报方案配置、系统平台功能，拟定土建工程规模、系统建设计划和工程施工期水情服务计划，编制系统建设投资和施工期水情测报服务费用等的设计工作。

遥测站 telemetry station estación de telemetría

实施水情信息数据采集、存储、发送的水情测站，包括雨量站、水位站、水文站、气象站等。

遥测站网 telemetry station network web de estación de telemetría

构成水情自动测报系统各类遥测站的组成及其分布、通信联络的集合。

中心站 center station estación central

负责系统实时数据汇集、处理和信息发布的总控制中心。

分中心站 subcenter station estación subcentro

负责系统部分遥测站的数据接收、处理和信息发布的分控制中心。

通信信道 communication channel canal de comunicación

水情自动测报系统数据传输依托的传输方式，如超短波、卫星、GSM、CDMA、GPRS、PSTN 等。

遥测终端机 remote terminal unit（RTU） unidad terminal remota

能自动控制完成数据采集、存贮并进行编码，与通信设备连接，自动完成数据传输的仪器。

平均无故障时间 mean time between failure（MTBF） *tiempo medio entre fallos*
是衡量设备的可靠性指标，指设备相邻两次故障之间的平均工作时间，单位为"小时"。

系统反应速度 system response time *tiempo de respuesta del sistema*
系统接收新数据到完成水情作业预报需要的时间。

实时水文预报 real‐time hydrological forecasting *predicción hidrológica en tiempo real*
利用实时水文气象信息，采用流域水文模型或方法作出的水文预报。

建设期水文预报 hydrological forecasting during construction *predicción hidrológica durante la construcción*
在水电工程建设阶段，为保障施工安全度汛开展的水文预报工作，包括施工初期、截流期、下闸蓄水期、初期发电期的水文预报。

运行期水文预报 hydrological forecasting during operation *pronóstico hidrológico durante la operación*
在水电工程运行阶段，为保障工程安全度汛、满足水库科学调度需要而开展的水文预报工作。

洪水预报 flood forecasting *previsión de inundaciones*
根据洪水形成和运动规律，利用前期和现时水文、气象等信息，对未来洪水的流量、水位、洪水过程等要素作出的预报。

径流预报 runoff forecasting *pronóstico de escorrentía*
利用前期和现时水文、气象等信息，对流域出口断面或典型断面未来时段的径流量进行的预报，可分为日、旬、月、季、年或某时段等的径流预报。

短期水文预报 short‐term hydrological forecasting *predicción hidrológica a corto plazo*
预见期不超过流域汇流时间的水文预报或预见期不超过3天的水文预报，含短期洪水预报。

中长期水文预报 medium and long‐term hydrological forecasting *predicción hidrológica a mediano y largo plazo*
预见期超过流域汇流时间和超过3天以上的水文预报。

预报方案 forecast scheme *esquema de pronóstico*
根据预报流域或河段的水文气象资料，分析研究其水文变化规律，采用相关水文预报模型或方法，率定模型参数，进行模拟预报和效果评价，为水文预报提供的可实施技术方案。

预见期　forecast lead period　período de previsión
预报依据水文资料最后时间与预报要素出现时间之间的时距。

预报许可误差　permissible forecast error range　rango de error de pronóstico permisible
依据预报成果使用要求和预报技术水平等方面综合确定的预报误差许可范围。

预报误差　forecast error　error de pronóstico
预报值与实际值的差值。

合格预报　qualified forecast　pronóstico calificado
预报要素的预报误差在许可误差以内的预报。

预报合格率　forecast qualification rate　tasa de calificación prevista
预报要素的合格预报次数占预报总次数的百分率。

产流　runoff yield　rendimiento de escorrentía
降水扣除截留、填洼、蒸散发和土壤缺水量等损失后产生地面流、壤中流及地下径流的现象。

净雨　net rainfall　precipitación neta
降雨量扣除损失后的雨量。

汇流　flow concentration　concentración de flujo
径流沿地面及地下汇集到河网流至出口断面的过程。

流域汇流时间　basin flow concentration time　tiempo de concentración de flujo de la cuenca
流域上最远点净雨量汇流到流域出口断面所需的时间。

洪峰滞时　peak time lag　retraso de tiempo pico
净雨峰至洪峰流量的时距。

水文预报模型　hydrological forecasting model　modelo de predicción hidrológica
用于水文预报的数学模型或方法，如水文概念性模型、分布式模型、黑箱子模型、数理统计。

作业预报　forecasting process　proceso de previsión
为实施水文预报而进行的收集信息、分析计算、发布预报等水文预报的作业过程。

报汛　flood reporting　informes de inundaciones
利用各种通信手段向有关部门报告流域内雨情、水情信息的工作。

洪水预警　flood warning　alerta de inundación

当即将发生洪水灾害时，为减免生命财产遭受损失而发出的洪水警告信息。

1.11 冰情

寒潮 cold wave *ola fría*

对局地而言，由于受冷空气影响，24h 气温下降 10℃ 及以上，而且最低气温下降到 5℃ 或以下，并伴有 5 级以上偏北大风，则称为一次寒潮天气过程。

结冰期 icing period *período de formación de hielo*

河流中出现冰凌至冰凌消融的整个时期。

初生冰 initial ice *hielo inicial*

在水面最早形成的薄冰。

封冻期 freeze–up period *período de congelación*

河流出现封冻的整个时期。

封冻 freeze–up *congelación*

河段出现横跨两岸的固定冰盖，且敞露水面面积小于河段总面积 20% 的现象，分平封、立封两种。

冰盖 ice cover *cubierta de hielo*

横跨两岸覆盖水面的固定冰层。

冰厚 ice thickness *espesor de hielo*

冰表面至冰层底面的垂直距离。

冰塞 ice jam *obstrucción de hielo*

封冻冰盖下面，大量冰花堆积，堵塞了部分水道断面，造成上游水位壅高的现象。

解冻期 ice break–up period *período de ruptura de hielo*

河流冰凌开始明显消融或封冻冰盖开始消融，至冰情现象全部消失的整个时期。

解冻 ice break–up *ruptura de hielo*

随着气温的上升，较长河段没有固定冰盖，敞露水面上下游贯通，其面积超过河段总面积 20% 的现象。

冰坝 ice dam *presa de hielo*

大量流冰在浅滩、弯道、卡口及未解体的冰盖前缘受阻，形成横跨河面并显著壅高上游水位的冰块堆积体。

终冰 end ice *desaparición de hielo*

春季解冻后，河流上冰情现象最后消失。

初冰日期　initial icing date　fecha inicial de formación de hielo
在一个结冰期内，河流上首次出现冰情现象的日期，即结冰开始日期。

封冻日期　freeze‑up date　fecha de congelamiento
在下半年首次出现封冻现象的开始日期。

解冻日期　break‑up date　fecha de ruptura de hielo
在上半年首次出现解冻现象的开始日期。

终冰日期　end ice date　fecha de finalización del hielo
春季解冻后，河流上冰情现象最后消失的日期。

封冻历时　freeze‑up duration　duración de congelamiento
从封冻日期至解冻日期所经历的时间。

工程规划

2.1 一般术语

水能　water energy；hydropower　energía del agua；energía hidroeléctrica
水体所蕴藏的动能、势能和压力能等能量。

水力资源理论蕴藏量　theoretical potential of hydropower resources　potencial teórico de los recursos hidroeléctricos
存在于河流或湖泊的水力资源理论计算值。

水力资源技术可开发量　technically exploitable capacity of hydropower resources　capacidad técnicamente explotable de los recursos hidroeléctricos
在一定技术水平下河流或湖泊可开发利用的水力资源量值。

水力资源经济可开发量　economically exploitable capacity of hydropower resources　capacidad económicamente explotable de los recursos hidroeléctricos
一定技术经济发展水平下河流或湖泊具有经济开发价值，与其他能源相比具有竞争力、没有环境和水库淹没制约的水力资源量值。

水力资源利用率　utilization ratio of hydropower resources　coeficiente de utilización de los recursos hidroeléctricos
区域或流域已开发的水电站多年平均年发电量占其理论蕴藏量的百分比。

水力资源开发程度　development ratio of hydropower resources　relación de desarrollo de recursos hidroeléctricos
区域或河流开发的水电站多年平均年发电量占其技术可开发年电量的百分比。

河流梯级开发　cascade development　desarrollo de ríos en grada
从河流上游到下游呈阶梯状布置一系列水电工程的水能开发方式。

跨流域开发 transbasin development desarrollo de la intercuenca
将某一河流的水流引到相邻河流以获得能量的水能开发方式。

坝式开发 dam－type hydropower development desarrollo hidroeléctrico tipo presa
筑坝集中河段落差的水能开发方式。

引水式开发 diversion type hydropower development desarrollo hidroeléctrico tipo desviación
修建引水建筑物集中河段落差的水能开发方式。

混合式开发 dam and diversion type hydropower development desarrollo hidroeléctrico tipo represa y desviación
筑坝和修建引水建筑物共同集中河段落差的水能开发方式。

2.2 开发任务

工程开发任务 project development purpose propósito de desarrollo del proyecto
工程建设的目的和要求。一般包括发电、防洪、供水、灌溉、航运、防凌以及抽水蓄能电站调峰、填谷、储能、调频、调相等。

发电 electricity generation；power generation generación eléctrica；generación de energía
将水能通过水轮发电机组转化为电能，为电力系统提供电力。

防洪 flood control；flood protection control de inundaciones；protección contra inundaciones
通过设置专用或共用库容，并进行合理的水库调度，以提高防护对象的防洪能力和减少洪灾损失。

防洪标准 flood control standard estándar de control de inundaciones（crecidas）
各种防洪保护对象或工程本身要求达到的防御洪水的标准。

防洪对象 flood protection object objeto de protección contra inundaciones
防洪保护对象的简称，指受到洪（潮）水威胁需要进行防洪保护的对象。

防洪控制断面 flood control cross section sección transversal de control de inundaciones
反映防护对象防洪能力的代表性河道断面。

安全泄量 permissible maximum discharge through river channel descarga máxima permisible a través del cauce del río
河道能安全通过的最大流量。

供水　water supply　suministro de agua
工程按供水区域需水要求提供水量。

供水设计水平年　design target year for water supply　año de objetivo de diseño para el suministro de agua
供水量达到设计值的年份。

需水量　water demand　demanda de agua
供水对象设计用水量的总和。

可供水量　water available　agua disponible
供水系统在不同来水条件下，根据需水要求，按照一定的运行方式和规则进行调配，可提供的水量。

灌溉　irrigation　irrigación / riego
工程按灌区需水要求提供水量。

灌溉设计水平年　design target year for irrigation　año de objetivo de diseño para riego
灌溉工程的灌溉用水需求达到设计水平的年份。

灌溉需水量　water demand for irrigation　demanda de agua para riego
从水源引入的灌溉水量（毛灌溉水量），包括作物正常生长所需的灌溉水量（净灌溉水量）、渠系输水损失水量和田间损失水量。

航运　navigation　navegación
工程为改善水路航道条件采取的措施。

航道等级　grade of waterway　grado de la vía acuática
按国家规定的航道定级标准为航道划定的级别。

最高通航水位　maximum navigable stage of waterway　nivel máximo de la vía navegable
保证标准载重船舶正常航行所允许的航道的最高水位。

最低通航水位　minimum navigable stage of waterway　nivel mínimo de la vía navegable
保证标准载重船舶正常航行所允许的航道的最低水位。

最小通航流量　minimum navigation discharge　descarga mínima de navegación
维持一定通航保证率要求保持的最小水深所必需的流量。

防凌　ice flood prevention　prevención de inundaciones de hielo
工程为减少江河冰凌危害采取的措施。

调峰 peak shaving；peaking *pico máximo*
为满足电网需求，机组在电力系统高峰时段增加出力。

填谷 valley filling *relleno de valle*
抽水蓄能电站在电力系统低谷时段抽水增加低谷负荷。

调频 frequency modulation *módulo de frecuencia*
机组根据电力系统频率的变化调节有功功率。

调相 phase modulation *módulo de fase*
机组不发出有功功率，只向电网输送感性无功功率。

紧急事故备用 emergency reserve *reserva de emergencia*
电站在电力系统中发电或输变电设备发生紧急事故时，快速提供电力。

黑启动 black start *comienzo negro*
电站在失去正常厂用电的情况下启动机组，并带动系统内其他机组，逐步恢复系统运行。

2.3 径流调节

径流调节 runoff regulation *regulación de escorrentía*
根据水库的调节性能和发电及综合利用要求对入库径流进行再分配的过程，计算水电站保证出力、多年平均发电量、丰枯电量分布、水量利用率和特征水头等参数指标。

水库调节性能 reservoir regulating performance *rendimiento de regulación del embalse*
水库对入库径流过程重新分配的能力。水库调节性能可分为无调节、日调节、周调节、季调节、年调节和多年调节等类型。

调节周期 regulation cycle *ciclo de regulación*
水库一次蓄泄循环的历时。

无调节水库 reservoir without regulating capability *embalse sin capacidad de regulación*
不能对入库径流进行分配的水库。

日调节水库 daily regulating reservoir *embalse regulador diario*
能将一日内的入库径流按电力系统要求进行分配的水库。

周调节水库 weekly regulating reservoir *embalse regulador semanal*
能将一周内的入库径流按电力系统要求进行分配的水库。

年调节水库 yearly regulating reservoir embalse regulador anual

能将一年内的入库径流进行分配的水库。水库能在年内完成充满到放空水库的循环，将丰水期的部分水量存在水库中，以补枯水期水量的不足。仅能进行跨季调节的水库称为季调节水库。

多年调节水库 overyear regulating reservoir embalse regulador de años

能进行跨年度径流调节的水库。水库能在多年内完成充满到放空水库的循环，将丰水年份的部分水量存在水库中，以补枯水年份水量的不足。

反调节水库 re - regulating reservoir embalse regulador al revés

为满足下游综合利用要求对上游水库下泄流量过程进行重新分配的水库。

设计保证率 design dependability fiabilidad de diseño

多年运行期间正常发电或综合利用得到保证的程度，通常用正常发电或满足综合利用要求的总时段与计算期总时段比值的百分数表示。

单独运行 independent operation operación independiente

不考虑上下游水库调节影响，按水库自身各项任务和要求运行。

梯级联合运行 cascade joint operation operación conjunta en grada

上下游梯级水库以合理利用水力资源、整体效益最优为目标进行的协调运行调度。

补偿调节 compensative regulation regulación compensatoria

有水力、电力联系的水电站群，利用径流、库容特性的差异，以合理利用水力资源、整体效益最优为目标进行水库调节。

库容曲线 stage - capacity curve curva de capacidad por etapas

表示水库水位与其相应库容关系的曲线。

综合出力系数 output factor factor de salida

综合考虑水轮机效率、发电机效率、重力加速度、运行方式、其他影响发电损失的因素，用以计算水电站发电出力的系数。

保证出力 firm output salida firme

水电站相应于设计保证率的枯水时段平均出力。

水量利用率 water utilization rate tasa de utilización del agua

年利用水量与年来水量的比率，用来反映水库对来水的利用程度。

弃水量 abandoned water quantity cantidad de agua abandonada

水电站在某一时段内向下游泄放的未被发电和综合利用要求有效利用的水量。

尾水位 tailwater level nivel del agua de descarga

水电站尾水出口断面的水面高程。

2.4 洪水调节

洪水调节方式 flood regulation mode modo de regulación de inundaciones
洪水调度中规定的水库蓄泄规则。

静库容 stilling storage almacenamiento estático
水库坝前水位水平面以下的水库容积。

动库容 dynamic storage almacenamiento dinámico
水库坝前水位与某一时刻相应水面以下的水库容积。

起调水位 starting level nivel inicial
进行洪水调节计算时的坝前起始水位。

最大下泄流量 maximum discharge descarga máxima
水库在蓄泄某一频率洪水过程中，下泄流量的最大值。

2.5 特征水位及库容

水库 reservoir embalse（reservorio）
利用天然地形修建水工建筑物所形成的人工湖泊。抽水蓄能电站分上水库和下水库。

距高比 length – height ratio relación longitud – altura
抽水蓄能电站上水库进/出水口与下水库进/出水口之间的水平距离与电站毛水头的比值。

水位 water level nivel del agua

校核洪水位 check flood level nivel revisado de crecida
水库遇到大坝的校核标准洪水时在坝前达到的最高水位。

设计洪水位 design flood level nivel diseñado de crecida
水库遇到大坝的设计标准洪水时在坝前达到的最高水位。

防洪高水位 top level for flood control nivel superior para control de inundaciones
承担下游防洪任务的水库在下游防护对象遇到防洪设计标准洪水时，坝前达到的最高水位。

正常蓄水位 normal pool level nivel normal de operación
水库在正常运用情况下，为满足发电等兴利要求在供水期开始前允许蓄到的最高水位。

防洪限制水位 limit level for flood control nivel límite para control de inundaciones
承担下游防洪任务的水库在汛期允许兴利蓄水的上限水位；当汛期不同时段的洪水特性有明显差别时，可考虑分期设置不同的防洪限制水位。

运行控制水位 control level for operating nivel de control para operar
为满足水库库区及枢纽特定要求设置的坝前控制运行水位，如排沙运行控制水位、库区防洪运行控制水位等。

排沙运行控制水位 control level for sediment flushing nivel de control para lavado de sedimentos
为满足电站排沙运行要求而允许降低到的基本水位。

死水位 minimum operating level nivel operativo mínimo
水库在正常运用情况下，兴利调度允许消落到的最低水位。

极限死水位 ultimate minimum operating level nivel mínimo operativo extremado
水库在遇特枯水时段或有其他特殊要求时允许消落到的最低水位。

消落深度 drawdown reducción
正常蓄水位至死水位或极限死水位之间的水位变幅。

总库容 gross reservoir capacity capacidad bruta del embalse
校核洪水位以下的水库容积。

调洪库容 flood regulating storage almacenamiento de regulación de inundaciones
对设有防洪限制水位的水库，指校核洪水位与防洪限制水位之间的水库容积；对未设置防洪限制水位的水库，指校核洪水位与正常蓄水位之间的水库容积。

防洪库容 flood control storage almacenamiento de control de inundaciones
防洪高水位与防洪限制水位之间的水库容积。

共用库容 shared storage almacenamiento compartido
防洪与兴利可结合利用的库容，即正常蓄水位与防洪限制水位之间的水库容积。

正常蓄水位库容 normal reservoir storage almacenamiento normal del reservorio
水库正常蓄水位以下的水库容积。

调节库容 live storage almacenamiento normal del reservorio
水库正常蓄水位与死水位之间的水库容积。

死库容 inactive storage almacenamiento inactivo
水库死水位以下的水库容积。

调沙库容　storage for sediment regulation discharge　almacenamiento para descarga de regulación de sedimentos

为泥沙冲、淤调节需要设置的水库容积。

库容系数　regulation storage coefficient　regulación del coeficiente de almacenamiento

水库调节库容与入库多年平均年径流量的比值或百分数，可据此初步判断水库调节性能。

抽水蓄能电站发电库容　power storage of pumped storage power station　almacenamiento de la estación de energía de almacenamiento bombeado

为满足电站承担调峰、填谷、调频、调相、紧急事故备用等任务而设置的库容。

抽水蓄能电站备用库容　reserve storage of pumped storage power station　almacenamiento de reserva de la central eléctrica de bombeado

一般包括水损备用库容和冰冻备用库容两部分。水损备用库容为当正常运行期入库径流无法弥补蒸发、渗漏等水量损失时，为保证抽水发电所需循环水量而设置的水量备用库容。冰冻备用库容为弥补正常运行期因水库结冰占用库容而在上水库、下水库内增设的库容。

抽水蓄能电站综合利用库容　multipurpose storage of pumped storage power station　almacenamiento multipropósito de la central eléctrica de bombeado

2.6　装机容量

供电范围　power supply region　región de suministro de energía

电站将电能通过输配电设施提供给电力用户的区域。

设计水平年　design target year；design time horizon　año objetivo de diseño

水电站的设计电力、电量能够被电力系统全部利用的开始年份。

年最大负荷　annual peak load　carga máxima anual

电力系统年内出现的电力负荷最大值。

典型日最高负荷　typical daily maximum load　carga típica máxima diaria

典型日内出现的电力负荷最大值。

峰荷　peak load　carga máxima

日负荷曲线中位于平均负荷以上的负荷。

腰荷　median load　carga media

日负荷曲线中介于最小负荷与平均负荷之间的负荷。

基荷　base load　carga base

日负荷曲线中位于最小负荷以下的负荷。

峰谷差 difference between peak and valley load *diferencia entre carga pico y mínima*

电力系统某一时间周期内最大负荷与最小负荷之差，通常以日为周期。

调峰幅度 peaking range *rango de pico*

机组技术上允许的调峰运行出力变化幅度，通常用最大出力与技术最小出力差占最大出力百分数表示。

装机容量 installed capacity *capacidad instalada*

水电站全部发电机组额定出力之和，是表示水电站建设规模和电力生产能力的主要指标之一。装机容量应在水库调节性能、电站出力特性、综合利用要求、系统负荷水平及其特性、系统电源结构及其特点的基础上，计算各方案的年发电量、发电效益和相应费用，结合电力电量平衡，经综合比较后确定。

必需容量 required capacity *capacidad requerida*

维持电力系统正常运行所需要的容量。

工作容量 loading capacity *capacidad de carga*

承担电力系统计划正常负荷的发电容量。水电站按水库调节后的水流出力运行时，能够为电力系统提供的发电容量，与水电站日平均出力、系统日负荷特性及在系统日负荷图上的工作位置有关，故在电力平衡图上各月或各旬均不相同。因水电站一般能担负系统的峰荷，故其最大工作容量往往为日平均出力的若干倍。

备用容量 reserve capacity *capacidad de reserva*

为保证电力系统安全、稳定、可靠、灵活运行，系统需要预留的大于最大负荷的部分发电设备容量。按设置目的可分为负荷备用、事故备用和检修备用，按机组运行状态可分为旋转备用与非旋转备用。

开机容量 on - line capacity *capacidad en línea*

当日参加运行的各机组额定容量之和。

调峰容量 peaking capacity *capacidad de pico*

电力系统中调峰电厂总的最大可调出力与总的技术最小出力之差。

日调节抽水蓄能电站 daily regulating pumpedstorage power station *central de almacenamiento de bombeo de regulación diaria*

承担日内电力供需不均衡调节任务，其上、下水库水位变化的循环周期为一日的抽水蓄能电站。

周调节抽水蓄能电站 weekly regulating pumpedstorage power station *central de almacenamiento de bombeo de regulación semanal*

承担周内电力供需不均衡调节任务，其上、下水库水位变化的循环周期为一周的抽水蓄能电站。

年调节抽水蓄能电站 yearly regulating pumpedstorage power station central de almacenamiento de bombeo de regulación anual

承担年内丰、枯季节之间电力供需不均衡调节任务，其上、下水库水位变化的循环周期为一年的抽水蓄能电站。

装机发电年利用小时 annual utilization hours of installed capacity horas de utilización anual de capacidad instalada

以水电站多年平均年发电量与装机容量的比值表示电站装机容量利用程度的指标。

毛水头 gross head salto bruto

水电站进口断面与尾水出口断面的水位差。

净水头 net head salto neto

水电站的毛水头减去发电水流在输水道内的全部水头损失后的水头。

加权平均水头 weighted average head promedio ponderado de altura de agua

计算期内以出力为权重计算的平均水头。

算术平均水头 arithmetic average head promedio aritmético de la altura de agua

计算期内各时段的水头算术平均值。

额定水头 rated head salto nominal

发电机发出额定功率时，水轮机所需的最小工作水头。

最大水头 maximum head salto máximo

水电站最大水头为上下游水位在设计发电工况下同期出现的最大水位差。抽水蓄能电站最大水头为上水库正常蓄水位与下水库死水位的差值，扣除单台机组空载运行时相应水头损失后的水头。

最小水头 minimum head salto mínimo

水电站最小水头为电站上下游水位中，扣除相应工况的水头损失后可能同期出现的最小差值。抽水蓄能电站最小水头为上水库死水位与下水库正常蓄水位的差值，扣除同一水力单元全部机组发出预想出力时相应水头损失后的水头。

最大扬程 maximum lift elevación máxima

水泵能够扬水的最大高度。抽水蓄能电站最大扬水高度为上水库正常蓄水位与下水库死水位的差值，加上同一水力单元全部机组抽送对应扬程最大流量时扬程的增值。

最小扬程 minimum lift mínima elevación

水泵能够扬水的最小高度；抽水蓄能电站最小扬水高度为上水库死水位与下水库正常蓄水位的差值，加上单台机组抽送对应扬程最小流量时扬程的增值。

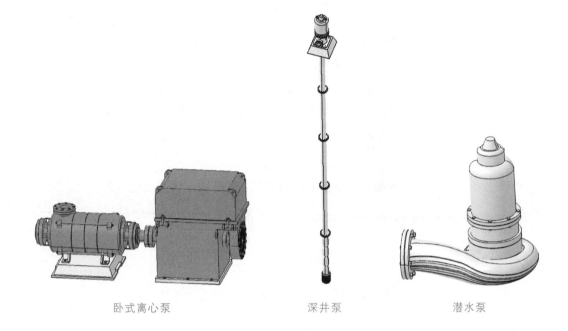

卧式离心泵　　　　　　　深井泵　　　　　　　潜水泵

2.7 泥沙冲淤及回水

糙率率定 **roughness calibration** *calibración de rugosidad*
根据河段调查洪痕、实测水面线、控制断面水位流量关系曲线等水文资料，采用水力学方法反推河段糙率的过程。

库沙比 **storage – sediment ratio** *relación almacenamiento – sedimento*
某一特征水位以下的库容和入库年输沙量之比值。

泥沙冲淤平衡 **equilibrium of scouring and deposition** *equilibrio de fregado y deposición*
库区或河道河床的冲淤变形相互抵消，基本达到稳定状态。

三角洲淤积 **delta deposit** *depósito delta*
泥沙在库尾段沉积形成的三角形淤积体。

带状淤积 **belt deposit** *depósito de cinturón*
淤积厚度自回水末端至坝前均匀分布、纵剖面呈带状的泥沙淤积体。

锥体淤积 **cone deposit** *depósito de cono*
坝前淤积厚度大、愈往上游愈薄、纵剖面呈锥体状的泥沙淤积体。

过机含沙量 **sediment concentration offlowthrough turbine** *concentración de sedimento de flujo a través de la turbina*

水轮机或水泵水轮机运行时通过机组的水流的含沙量。

排沙比　sediment releasing ratio　relación de evacuación de sedimento
出库泥沙量占入库总泥沙量的百分比。

库容损失率　storage loss ratio　relación de pérdida de almacenamiento
水库由于泥沙淤积损失的库容占原有库容的百分比。

水库淤积上延　upward extension of sediment deposit　extensión hacia arriba del depósito de sedimentos
水库泥沙继续落淤使回水曲线逐渐抬高引起库尾淤积体向上游发展的现象。

溯源冲刷　backward scouring　fregado hacia atrás
由于下游冲刷基点降低引起河段比降增大使河段挟沙能力增加，从而产生的从下游往上游发展的冲刷。

敞泄排沙　sediment releasing by full gate opening　evacuación de sedimentos por la apertura completa de la compuerta
敞开全部闸门，利用回水末端不断下移所产生的沿程冲刷和库水位下降所产生的溯源冲刷的排沙方式。

异重流排沙　sediment releasing by density current　evacuación de sedimentos por densidad de corriente
在异重流行近坝前时及时开启排沙底孔的排沙方式。

水库泥沙调度　reservoir sediment regulation　regulación de sedimentos del embalse
通过对水库水位、泄流量及泄流方式的运用控制，达到排沙、减淤目的所进行的水库调度。

拦门沙坎　mouth bar　depósito de sedimentos
水库区干、支流汇口分隔库容的泥沙淤积体。

水库回水长度　backwater length　longitud del retorno de agua del embalse
某一流量下坝址至水库回水末端断面的河道距离。

水库回水变动区　backwater fluctuating zone　zona fluctuante del retorno de agua del embalse
水库运用最高水位与最低水位回水末端之间的库段。

水库长度　reservoir length　longitud del embalse
坝址至水库正常蓄水位水平线与多年平均流量天然水面线相交处的河道距离，为沿主流线方向的水平距离。

2.8 初期蓄水

蓄水保证率 impoundment dependability *confiabilidad del llenado*
完成初期蓄水所需水量的保证程度。

初期蓄水期 initial impoundment period *período del llenado inicial*
水库从封堵导流设施并开始蓄水至水库水位达到初期运用起始水位的蓄水时段。

起蓄水位 initial filling level *nivel de llenado inicial*
水库开始蓄水时的库水位。

起蓄时间 initial filling date *fecha de llenado inicial*
水库开始蓄水的时间。

初期运行方式 initial operation mode *modo de operación inicial*
工程完全建成前的运行方式。

2.9 运行调度及工程效益

水库调度 reservoir operation *operación del embalse*
水库按来水、蓄水量情况，结合水文预报，根据所承担的任务有计划地进行蓄泄。

水库调度方式 reservior regulation mode *modo de regulación del embalse*
为满足发电和综合利用要求而拟定的水库蓄泄规则。

水库调度图 reservoir operation graph *gráfico de operación del embalse*
反映水库调度规则的线条图，图中按各种调度线划分为若干调度区，规定了水库处于不同水位时发电出力及综合利用供水量的变化范围。

发电调度 regulation for power generation *regulación para la generación de energía*
为实现水库发电效益最大化而采取的水库调度。

防弃水线 guide curve for reducing water abandonment *curva guía para reducir el abandono del agua*
调度图上尽量减少电站弃水以增加发电量的控制线。

防破坏线 upper critical guide curve *curva de guía crítica superior*
调度图上水电站按保证出力运行与加大出力运行区的分界线。

保证出力区 firm output zone *zona de producción firme*

防破坏线和降低出力线之间的区域。

发电工况　power generating mode　Condición de generación de energía
机组按水轮机方式发电运行时的工况。

抽水工况　pumping mode　modo de bombeo
抽水蓄能电站或潮汐电站机组按水泵方式运行，进行抽水运行时的工况。

防洪调度　flood control regulation　regulación de control de inundaciones
运用水库泄水建筑物，有计划地安排洪水拦蓄或下泄以达到防洪最优效果的水库调度。

分期防洪调度　staged flood control regulation　regulación de control de inundaciones por etapas
根据一年中不同时段洪水特点采用的防洪调度方式。

实时洪水预报调度　regulation based onreal-time flood forecasting　regulación basada en pronósticos de inundaciones en tiempo real
根据入库洪水预报、水库水位和各级控制泄量的判别条件而实施水库预报调度。

防凌调度　regulation for ice flood prevention　regulación para la prevención de inundaciones de hielo
在防凌期通过合理控制出库流量，避免下游凌汛灾害的水库调度。

灌溉调度　regulation for irrigation　regulación para riego
根据水资源的丰枯变化，为满足农业灌溉用水需求，有计划地控制水库蓄水、泄水的水库调度。

供水调度　regulation for water supply　regulación para el suministro de agua
根据水资源的丰枯变化，为满足城镇及工业用水需求，有计划地控制水库蓄水、泄水的水库调度。

生态用水调度　regulation for ecological water use　regulación para uso ecológico del agua
为维护水库下游河流、湿地等生态环境功能而进行的水库调度。

航运调度　regulation for navigation　regulación para la navegación
为满足通航要求，根据上游来水情况、后期来水预报采取的补水调度。

多目标优化调度　multipurpose optimal operation　operación óptima multipropósito
满足水库多个既定目标和约束条件下的水库最佳调度策略。

工程效益　project benefit　beneficio del proyecto
水电站提供电力、电量和发挥其他功能为社会创造的经济价值和社会效益。

多年平均年发电量　average annual energy output　producción media anual de energía
水电站在多年期间各年发电量的算术平均值。

年抽水电量　yearly energy consumed by pumping　energía anual consumida por bombeo
抽水蓄能电站或潮汐电站在一年内抽水工况运行的用电量。

循环效率　cycle efficiency　eficiencia del ciclo
抽水蓄能电站发电量与抽水电量之间的比值。循环效率体现了抽水蓄能电站运行时的能量转换效率，反映了机组和变压器效率、水库和输水系统水量损失、输水系统水头损失和扬程增加值等因素产生的能量损耗。

静态效益　static benefit　beneficio estático
抽水蓄能电站在电力系统中发挥调峰、填谷、储能等作用所产生的效益，一般包含容量效益、电量效益、节能效益等。

动态效益　dynamic benefit　beneficio dinámico
抽水蓄能电站在电力系统中承担调频、调相、事故备用、黑启动等任务所产生的效益。

3

工程勘测

3.1 一般术语

流域　watershed；drainage basin　cuenca hidrológica
地表水及地下水的分水线所包围的集水或汇水区域，通常指地表水的集水区域。

河系　river system　sistema fluvial
干流、支流和流域内的湖泊、沼泽或地下暗河相互连通组成的水网系统。

水文调查　hydrological investigation　investigación hidrológica
采用勘测、观测、调查、考证、试验等手段采集水文信息及其有关资料的工作。

水文测验　hydrological survey　estudio hidrológico
从站网布设到采集和整理水文资料的全过程。

3.2 工程地质

工程地质条件　engineering geological conditions　condiciones geológicas de ingeniería
与工程有关的地形、地貌、地层岩性、地质构造、水文地质、物理地质现象等地质情况的总称。

水电工程地质勘察　engineering geological investigation of hydropower project
investigación geológica de ingeniería de proyecto hidroeléctrico
为查明水电工程建筑物的工程地质条件而进行的工程地质测绘、物探、钻探、坑探、原位试验与室内试验以及长期观察等综合性勘察研究工作。

地质力学模型试验　geomechanical model test　prueba de modelo geomecánico
模拟岩土体地质构造、物理力学特性和受力条件的结构和破坏模型试验。

岩石质量指标　rock quality designation（RQD）　índice de calidad de la roca

用直径为 75mm 的金刚石钻头和双层岩芯管在岩石中钻进，连续取芯，回次钻进所取岩芯中，长度大于 10cm 的岩芯段长度之和与该回次进尺之比值，是表征岩体的节理、裂隙等发育程度的指标，以百分数表示。

地质预报　geological prediction　predicción geológica

在前期工程地质勘察的基础上，结合施工过程中揭露的地质现象和工程监测、检测、探测资料，对可能遇到的重要地质条件变化及可能引起的问题所作的预报。

地质编录　geological mapping　mapeo geológico

以大比例尺测图、文字描述、图表、素描、摄影、录像等形式，将开挖面、槽孔等所观测到的地质现象进行记录、归纳整编的工作。

地质观测　geological observation　observación geológica

对特定的地质现象及其变化进行追踪观察、观测、记录的工作。

数字地质编录系统　digital geological mapping system　sistema de mapeo geológico digital

以数字技术为手段，对地质信息进行采集、分析处理、信息管理和成果图表输出的地质编录系统。

工程地质测绘　engineering geological mapping　mapeo geológico de ingeniería

通过地面直接观察和其他辅助手段，将与工程建设有关的地质信息按一定比例尺绘制在地形图上，并形成技术文件的工作。

综合地层柱状图　general stratigraphic histogram　histograma estratigráfico general

综合反映测区内地层的年代、层序、接触关系、厚度、岩性特征的剖面图。

标志层　key bed　cama clave

测区内分布稳定、易于识别或有特殊地质特征的地层。

填图单元　geological mapping unit　unidad de mapeo geológico

在地质测绘时，根据精度要求，按野外标志，将地层岩性划分成不同的岩性段或岩性组合。

遥感地质解译　remote sensinggeologicalinterpretation　interpretación geológica de teledetección

借助专门的设备、软件和技术方法，对各类影像、数字高程模型或三维仿真场景进行地质信息判读、解释和现场验证的过程。

地质点　geological point　punto geológico

进行地质测绘时，为控制地质图精度和观察地质现象而设置的观察点。

地质线路　geological observation route　ruta de observación geológica

野外调查及观测地质现象的工作线路。

横穿越法 method of crossing método de cruce
地质线路横切地质界线的测绘方法。

界线追索法 method of boundary searching método de búsqueda de límites
地质线路沿地质界线追索的测绘方法。

全面布点法 method of comprehensive pointing método de apunte integral
在横穿越法和界线追索法工作基础上，按一定间距呈网格状布置观测点的测绘方法。

3S 技术 3S technology tecnología 3S
遥感（RS）、地理信息系统（GIS）和全球导航卫星系统（GNSS）集成技术的总称。

数字化填图 digitalized mapping mapeo digitalizado
应用地质信息数据库，集成遥感解译成果，以文字、图片、音频或视频等电子格式完成现场地质点、地质界线及地质体定位、描绘、记录及存储的填图方法。

工程地质平面图 engineering geological plan plan geológico de ingeniería
按一定比例尺综合反映工程区内地质现象平面分布特征及其与工程相互关系的图件。

剖面地质测绘 geological profile mapping mapeo de perfil geológico
沿选定的地质调查线路测量和地形地质现象描述，并绘制成剖面图的方法。

夷平面 planation surface superficie de planificación
准平原经抬升剥蚀后，由许多海拔大体相近的台地或山顶所组成的平面。

纵向谷 longitudinal valley valle longitudinal
与岩层走向近于平行的河谷。

横向谷 transverse valley valle transversal
与岩层走向近于正交的河谷。

斜向谷 insequent valley valle poco frecuente
与岩层走向斜交的河谷。

地质年代 geologic age edad geológica
一个地层单位或地质事件的时代和年龄。

岩石 rock roca
天然产出的具有一定结构构造的单一或多种矿物的集合体。

岩体 rock mass macizo rocoso
赋存于一定地质环境中，由各类结构面和被其所切割的岩石所构成的地质体。

岩浆岩 magmatic rock roca magmática
由岩浆冷凝、结晶、固化等过程而成的岩石，又称火成岩。

变质岩 metamorphic rock roca metamórfica
岩石经过变质作用，其矿物成分、结构和构造发生变化后形成的岩石。

沉积岩 sedimentary rock roca sedimentaria
由沉积作用形成的松散沉积物固结而成的岩石。

蚀变岩 alterated rock roca alterada
在岩浆热液、热气、构造活动及次生风化等作用下，原岩矿物成分发生变化的岩石。

覆盖层 overburden layer cobertura
覆盖在基岩之上的各种成因的堆积物、沉积物。

结构面 discontinuity superficie de discontinuidades
岩土体内不连续的界面，如层面、断层、节理裂隙等。

软弱结构面 weakplane plano débil
力学强度明显低于周围岩石强度的结构面。

结构面连通率 discontinuity persistence discontinuidad persistencia
岩体沿某一剪切方向发生剪切破坏所形成的破坏路径中结构面所占的比例。

岩体结构类型 rock mass structure type tipo de estructura de masa rocosa
根据结构面发育的程度、性状及其组合等进行的岩体类别划分。

岩体体积节理数 volumetric joint count of rock mass recuento volumétrico de la masa rocosa
单位体积的岩体所含的节理条数。

岩体完整性系数 intactness coeffieient of rock mass coeficiente de integridad del macizo rocosa
岩体弹性纵波速度与相应新鲜完整岩块的弹性纵波速度之比值的平方。

岩体风化 weathering of rock mass meteorización de roca
地表岩体在太阳辐射、温度变化、水（冰）、大气、生物等因素的综合作用下，组织结构、矿物化学成分、物理性状、岩体力学性质等发生变化的过程和现象。

岩体卸荷 relaxation of rock mass relajación de la masa rocosa
由于侵蚀剥蚀作用或人工开挖使浅表部岩体应力释放而向临空面方向产生回弹、松弛、开裂等现象。

岩体深卸荷 deep relaxation of rock mass relajación profunda de la masa rocosa

由于河流侵蚀作用，伴随早期高地应力释放，在谷坡正常卸荷带、紧密岩体以里深部产生的岩体松弛破裂现象。

岩体卸荷带 relaxed zone of rock mass zona relajada de masa rocosa
根据岩体卸荷程度或发育深度划分的岩带，一般分为强卸荷带、弱卸荷带、深卸荷带。

软弱夹层 soft interlayer capa débil intercalada
岩土体中夹有力学强度低、抗变形能力弱的薄层。

泥化夹层 argilization interlayer filónarcilloso
受构造破坏或物理化学作用影响，其原状结构、构造和矿物成分发生显著变化，并含有大量泥质物的软弱夹层。

岩体初始应力 initial stress of rock mass tensión inicial de la masa rocosa
又称天然应力，岩体处于天然条件下所具有的应力，包括自重应力、构造应力和残余应力等。

水文地质条件 hydrogeological condition condición hidrogeológica
地下水埋藏、分布、补给、径流和排泄条件，水质和水量等特征及其影响因素的总称。

水文地质单元 hydrogeological unit unidad hidrogeológica
根据水文地质条件的差异性而划分的具有较明确的边界和相对独立补给、径流、排泄条件的区域。

地下水系统 groundwater system sistema de aguas subterráneas
由地质边界围限，有水量、水质和能量等信息输入、运移和输出，具统一水力联系的地下水基本单元及其组合，为含水系统和流动系统的总称。

水文地质结构 hydrogeological structure estructura hidrogeológica
渗透性有差异的岩土体在空间上的分布及组合。

地下水类型 groundwater type tipo de agua subterránea
按地下水的赋存介质特性、埋藏条件、循环区间、储水构造、水压、水化学成分、水温等对地下水进行的类别划分。

地下水动态 groundwater regime régimen de aguas subterráneas
在天然及工程活动等各种因素综合影响下，地下水的水位、水量、水温及化学成分等要素随时间的变化。

潜水 phreatic water agua freática
地表以下，第一个稳定隔水层以上具有自由水面的地下水。

承压水 confined water agua confinada
测压水位高出隔水顶板的地下水。

透水层 permeable stratum estrato permeable
重力水流能够透过的岩土层。

相对隔水层 capas con permeabilidad relativamente débil
透水能力相对较弱的岩土层。

可溶岩 soluble rock roca soluble
在水溶液中可产生溶解作用的岩石。

喀斯特 karst karst
可溶性岩石被水溶蚀以及由此产生的各种地质现象和形态的总称。

岩溶率 rate of karstification tasa de karstificación
在一定范围内岩溶空间的规模和密度的定量指标，可分为点岩溶率、线岩溶率、面岩溶率、体岩溶率、钻孔岩溶揭露率。

岩溶充填率 rate of karst filling velocidad de relleno kárstico
充填物体积与岩溶空间形态体积之百分比，可分为全充填、半充填、少量充填。

裸露型岩溶 bare karst karst desnudo（roca caliza desnuda）
裸露于地表的岩溶。

覆盖型岩溶 covered karst karst cubierto
第四系覆盖的岩溶。

埋藏型岩溶 buried karst karst enterrado
埋藏于非可溶岩以下的岩溶。

岩溶洼地 karst depression depresión kárstica
溶蚀作用形成的面积较大的封闭负地形。

岩溶盆地 karst basin cuenca kárstica
有第四系覆盖的大型岩溶洼地。

岩溶槽谷 karst valley valle del karst
长条状的岩溶洼地。

岩溶含水层 karst aquifer acuífero kárstico
含地下水的可溶岩层。

岩溶泉 karst spring resurgencia
岩溶水在地表的天然露头。

岩溶突水 karst water inrush；karst water gushing chorro de agua kárstica

岩溶地层中的地下水被人工揭露或受自然因素影响而产生大量涌水的现象，常伴有泥沙涌出。

岩溶塌陷 karst collapse colapso kárstico

在岩溶地区，下部可溶岩层中的溶洞或上覆土层中的土洞，因自身洞体扩大或在自然与人为因素影响下，顶板失稳产生塌落或沉陷的统称。

古滑坡 acient landslide deslizamiento de tierra antiguo

全新世以前曾发生滑动，现今整体稳定的滑坡。

老滑坡 old landslide viejo deslizamiento de tierra

全新世以来曾发生滑动，现今整体稳定的滑坡。

变形体 deformation body cuerpo de deformación

斜坡上已存在明显变形，但未发生整体失稳的岩体。

危岩体 dangerous rock mass masa de roca peligrosa

自然边坡上可能失稳的岩体或岩块，包括危石、危石群、孤石、孤石群等。

泥石流 debris flow deslaves

由于降水、冰川融水等径流作用在沟谷或山坡上产生的一种挟带大量固体物质的流体。

泥石流灾害 debris flow hazard desastre de deslave

由泥石流引起的对人员生命、财产、建（构）筑物等造成损失或构成危害的自然灾害。

泥石流特征参数 characteristic parameters of debris flow parámetros característicos del deslave

反映泥石流流体性质、运动特征、规模等的表征指标。

黏性泥石流 viscous debris flow flujo viscoso de detritos

重度 $1.6t/m^3 \sim 2.3t/m^3$，固体物质含量 $40\% \sim 80\%$ 的泥流。

稀性泥石流 diluted debris flow flujo diluido de detritos

重度 $1.3t/m^3 \sim 1.6t/m^3$，固体物质含量 $10\% \sim 40\%$ 的泥石流。

物源区 source region of debris flow región fuente del deslave

形成泥石流固体物质来源的地区。

流通区 moving region of debris flow región de transporte de flujo de detritos

泥石流形成后，向下游集中流经的地区。

堆积区 accumulated region of debris flow región de acumulación de flujo de detritos
泥石流碎屑物质大量淤积的地区。

区域构造稳定性 regional tectonic stability estabilidad tectónica regional
区域地质构造、断层活动、地震活动与地震危险性对工程场址稳定和安全的综合影响程度。

活动构造 active structure estructura activa
晚更新世以来有活动的构造，包括活断层、活动褶皱、活动盆地、活动隆起等。

地震构造 coseismic structure sismotectónica
与地震孕育和发生有关的地质构造。

活断层 active fault falla activa
晚更新世以来或 10 万年以来有活动的断层。

黏滑活断层 stick – slip active fault falla activa antideslizante
断层两盘在活动过程中闭锁，应力应变积累到一定程度后以地震方式产生间歇性突然释放，并产生相对位移或错动的活断层。一般发生在强度较高的岩石中，断层带锁固能力强，危害大。

蠕滑活断层 creep active fault falla activa de arrastre
断层两盘呈连续缓慢地相对滑动，无应力应变积累或较少积累，一般无地震发生，或伴有小震的活断层。一般发生在强度较低的软岩中，断层带锁固能力弱，但可能造成地面和建筑物破坏。

地震活动断层 seismic – active fault falla sísmica activa
曾发生和可能再发生地表破裂型地震的活动断层。

古地震 paleo – earthquake paleo – terremoto
没有文字记载，采用地质学方法发现的地震事件。

历史地震 historical earthquake terremoto histórico
发生在有地震仪器记录之前，依据历史文献记载确定的地震事件。

破坏性地震 destructive earthquake terremoto destructivo
可造成地面或建筑物破坏的地震。通常指极震区烈度在Ⅵ度和Ⅵ度以上，或震级大于等于 $4\frac{3}{4}$ 的地震。

地震区 seismic region área sísmica, área deterremoto
地震活动性和地震构造环境相类似的地区。

地震带 seismic belt cinturón sísmico

地震活动性与地震构造条件密切相关的地带。

地震构造区　seismic structure zone　zona sismotectónica
具有同样地质构造和地震活动性的地理区域。

潜在震源区　potential seismic source zone　zona potencial de fuente sísmica
未来可能发生破坏性地震的地区。

震级　earthquake magnitude　magnitud del terremoto
对地震大小的相对量度，通常以 M 表示。地震震级中，ML 表示用近震记录测定的地震震级，MS 表示用地震面波测定的地震震级。

最大可信地震　maximum credible earthquake　terremoto de máxima credibilidad
在现代构造格架下，沿已知活动断层或在一个地震构造区内可能发生的最大震级的地震。

本底地震　background earthquake　terremoto de fondo
一定地区内没有明显构造标志的最大地震。

起算震级　lower limit of earthquake magnitude　límite inferior de la magnitud del terremoto
地震危险性概率分析中参与计算的最低震级。

震级档　magnitude interval　intervalo de magnitud
地震危险性概率分析中的震级分档间隔，一般为 0.5 级。

震级上限　upper limit of earthquake magnitude　límite superior de la magnitud del terremoto
地震危险性概率分析中，地震带或潜在震源区内可能发生的最大地震的震级极限值。

地震动　seismic ground motion　movimiento del suelo
由地震引起的地表及近地表介质的振动。

地震动参数　ground motion parameter　parámetro de movimiento del suelo
表征地震引起地面运动的物理参数，包括地震带峰值加速度和地震带加速度反应谱特征周期等。

地震动峰值加速度　peak ground acceleration　aceleración pico sísmica del suelo
表征地震作用强弱强度的指标，对应于规准化地震动加速度反应谱最大值的水平加速度。

超越概率　probability of exceedance　probabilidad de excedencia
在一定时期内，某场地可能遭遇大于或等于给定的地震动参数值的概率。

地震地质灾害 earthquake－induced geological hazard peligro geológico inducido por terremoto

在地震作用下，地质体变形或破坏所引起的灾害。

水库影响区 impoundment－affected area área afectada por el embalse

由水库蓄水引起的滑坡、塌岸、浸没、内涝、水库渗漏范围及其他受水库蓄水影响的区域。

水库滑坡 reservoir bank landslide deslizamiento de tierra del embalse

水库蓄水引起的库岸岩土体沿滑动面或滑动带发生下滑的现象。

水库变形库岸 reservoir bank deformation deformación del embalse

水库蓄水加剧或引起的库岸岩土体发生变形的现象。

水库塌岸 reservoir bank collapse colapso del banco de depósito

水库周边岸坡土体在库水浸泡、水位升降、风浪冲蚀下发生塌落（滑）破坏的现象。

水库浸没 reservoir immersion embalse sumergido

水库蓄水引起水库周边地区地下水位壅高而引起土壤盐渍化和沼泽化、建筑物地基沉陷或破坏、地下工程和矿井充水或涌水量增加等现象。

水库岩溶内涝 reservoir karst waterlogging embalse karst anegamiento

水库蓄水引起库水向库周外侧的岩溶谷地或洼地发生倒灌、滞洪，产生回水顶托的现象。

水库采空变形 reservoir goaf zone deformation deformación de la zona de depósito de agua

水库蓄水引起原采空区地表发生变形、塌陷的现象。

水库渗漏 reservoir leakage filtraciones del reservorio；embalse

库水向库外低邻谷或向坝下游漏失的现象。

土壤盐渍化 soil salinization salinización del suelo

土壤毛管水通过蒸发致使向地表输送的盐分不断积聚，演变成盐渍土的过程。

沼泽化 swampiness pantano

土壤中潜水位壅高到接近地表，土壤长期或季节性呈过饱和状态，形成泥炭层的过程。

临界地下水埋深 critical groundwater buried depth profundidad subterránea crítica del agua subterránea

土体中开始引起浸没现象的潜水面埋藏深度。

水库专项工程勘察 investigation of reservoir special items investigación de artículos especiales del embalse

受水库蓄水影响，与水库建设征地移民相关的铁路、公路、水运、电力、水利设施等专业项目新建、改建、扩建工程的勘察。

水库诱发地震 reservoir – induced earthquake sismo inducido por el embalse

在特殊的地质背景下，因水库蓄水引起水库及其附近一定范围内新出现的、与当地天然地震活动规律明显不同的地震活动。

水库地震重点监测区 key monitoring area for reservoir earthquake área clave de monitoreo para el terremoto del reservorio

水库地震危险性评价认为水库诱发地震可能性较大的库段、库首区及库区活动断层分布区域

水库地震监测台网 reservoir earthquake monitoring network red de monitoreo de terremotos del embalse

由 4 个及以上监测水库地震的地震监测台站组成的监测网络或体系。

水库地震监测系统 reservoir earthquake monitoring system sistema de monitoreo de terremotos del embalse

由水库地震监测仪器以及记录、传输、数据处理等组成的系统。

测震台网监测能力 ability of earthquake monitoring network capacidad de la red de monitoreo de terremotos

测震台网能够定位的最小地震震级和位置范围。

土的地震液化 earthquake – induced soil liquefaction licuefacción del suelo inducida por terremotos

饱和无黏性土和少黏性土在地震作用下，空隙中的水产生过大的动水压力，结构被破坏，使土粒悬浮和滚动丧失剪切强度的现象。

软土震陷 soft soil subsidence hundimiento del suelo blando

软土在地震作用下，土体结构受到扰动，使建筑物地基产生附加沉降的现象。

坝基岩体工程地质分类 engineering geological classification of dam – foundation rock mass clasificación geológica de ingeniería de la masa rocosa de cimientos de presas

按照坝基岩体的结构特征和物理力学性质，对坝基岩体的工程地质特征和工程性质进行分类及评价。

坝基渗漏 seepage of dam foundation fuga a traves de la fundación de la presa

水库蓄水后库水沿河床及两岸坝基岩土体向下游产生漏失的现象。

绕坝渗漏 seepage around the dam fuga alrededor del pilar de la presa

水库蓄水后库水沿坝顶两端以外岩土体向下游产生漏失的现象。

坝基渗透变形　seepage deformation of dam foundation　deformación por filtración de la base de la presa

在坝体上下游水头差形成的渗透水流作用下，坝基岩土体发生变形或破坏的现象。

管涌　piping　tubería

土体中的细颗粒在渗流作用下，由骨架孔隙通道流失的现象，主要发生在砂砾石地基中。

流土　soil flow　flujo de suelo；condición rápida

在上升的渗流作用下局部土体表面的隆起和顶穿，或粗细颗粒群同时浮动而流失的现象。

接触冲刷　piping on contact surface　lavado de contacto

当渗流沿着两种渗透系数不同的土层接触面，或建筑物与地基的接触面流动时，沿接触面带走细颗粒的现象。

坝基浅层滑动　shallow slide of dam base　deslizamiento superficial de la base de la presa

沿坝体与基岩接触面、坝基浅部岩土体或结构面发生剪切破坏而形成的滑动。

坝基深层滑动　deep slide of dam base　deslizamiento profundo de la base de la presa

坝体和坝基一部分岩体共同沿坝基深处存在的结构面产生剪切破坏而形成的滑动。

围岩　surrounding rock mass　roca circundante

地下洞室周围，由于开挖而引起应力重新分布的岩体，或指对洞室稳定和变形可能产生影响的岩体。

岩爆　rock burst　estallido de la roca

在高地应力条件下开挖洞室，围岩中应力突然释放，造成洞壁岩块爆裂、弹射的动力现象。

涌水　water inrush　flujo de agua

在地下洞室施工过程中，穿过含水或透水岩层所发生的地下水向洞内冒出或突然喷出的现象。

突泥　mud inrush　irrupción de barro

在地下洞室施工过程中，穿过充填泥质物的溶洞或含泥量较大的断层破碎带等地段时所发生的突然大量冒泥现象。

自然边坡　natural slope　pendiente natural

自然营力作用下形成的边坡。

工程边坡　engrneering slope　talud de ingeniería

人工改造形成的或受工程影响的边坡。

库岸边坡 **reservoir bank slope** pendiente del banco del embalse
水库周边受库水作用影响的边坡。

顺向边坡 **consequent slope** pendiente consecuente
坡面与层状结构面倾向相同，坡面与层状结构面走向夹角小于30°。

反向边坡 **obsequent slope** pendiente obsecuente
坡面与层状结构面倾向相反，坡面与层状结构面走向夹角小于30°。

横向边坡 **transverse slope** pendiente transversal
坡面与层状结构面走向夹角大于60°。

斜向边坡 **insequent slope** pendiente poco frecuente
坡面与层状结构面走向夹角介于30°～60°之间。

平叠边坡 **horizontal bedded slope** pendiente horizontal
产状近于水平的岩层构成的边坡。

稳定性系数 **factor of stability** factor de estabilidad
作用在滑面上的抗滑力与滑动力的比值，或作用在坡体的抗倾覆力矩与倾覆力矩的比值。

崩塌 **falling；sloughing** colapso；avalancha
在重力作用下，陡崖前缘岩体，突然下坠滚落的现象。

倾倒 **toppling** vuelco
层状反倾边坡或陡倾层状结构边坡由表及里，岩层逐渐向外弯曲、拉裂、倒塌的现象。

溃屈 **buckling** pandeo
层状结构顺向边坡的上部坡体沿软弱面蠕滑，由于下部受阻而出现岩层鼓起、碎裂、脱层的现象。

拉裂 **tension cracking** agrietamiento por tensión
边坡岩体向临空方向产生蠕变，局部拉应力集中而出现拉开、扩展、移动的现象。

流动 **flow** flujo
碎屑类土石堆积体饱水后在重力作用下，向坡脚或沟谷流动形成碎屑流动的现象。

滑动 **slide** deslizar
岩土体沿一定的滑动面或滑动带，在重力作用下发生下滑的现象。

滑坡体 **slip mass** masa del deslizamiento
滑动面以上整体下滑的岩土体。

滑动面　slip surface　plano de deslizamiento
岩土体沿之滑动的剪切破坏面。

滑动带　slip zone　zona de deslizamiento
滑床与滑坡体间具一定厚度的滑动碾碎物质组成的剪切带。

滑床　slip bed　cama de deslizamiento
滑坡体下伏未发生变形破坏的岩土体。

滑坡壁　slip cliff；slip scarp　escarpe principal del deslizamiento
滑坡体后缘因滑坡而形成的裸露的陡壁。

滑坡舌　landslide tongue　lengua del deslizamiento（masa deslizada）
滑坡体前缘滑出滑床堆积于地面而形成的舌状伸展部分。

滑坡洼地　landslide graben　graben deslizamiento de tierra
滑坡体后缘或中部相对低洼的负地形。

滑坡鼓丘　landslide drumlin　drumlin deslizamiento de tierra
滑坡前缘受阻，受到挤压而隆起形成的小丘。

顺层滑坡　consequent landslide　consecuente deslizamiento de tierra
沿岩层层面滑动的滑坡。

切层滑坡　insequent landslide　deslizamiento de tierra corte
滑动面切过岩层层面的滑坡。

推移式滑坡　progressive landslide　deslizamiento de tierra progresivo
由边坡上部失稳坡体推动下部坡体而产生的滑坡。

牵引式滑坡　retrogressive landslide　deslizamiento de tierra regresivo
由边坡下部坡体失稳滑动，引起上部坡体失稳而产生的由下而上依次下滑的滑坡。

天然建筑材料　natural construction material　materiales de construcción natural
天然产出的可应用于水电工程建设的砂砾料、土料和石料等。

人工骨料　artificial aggregate　agregado artificial
开采的石料经过机械破碎、筛分、冲洗而制成的混凝土骨料。

粗骨料　coarse aggregate　agregado grueso
粒径大于等于5mm的混凝土骨料。

细骨料　fine aggregate　agregado fino
粒径小于5mm的混凝土骨料。

风化土料　weathered soil　suelo meteorizado

可以用作防渗体的以全风化层为主，以及下伏部分完整性较差的强风化层构成的材料。

碎（砾）石土料　gravelly soil　gravas y tierras

粒径大于 5mm 粗料的质量占总质量的 20%～60% 的宽级配砾类土。

混凝土天然掺合料　concrete natural admixture　aditivo natural de hormigón

用于混凝土中以改善混凝土性能或减少水泥用量的天然的具有活性的材料。

碱活性骨料　alkali－reactive aggregate　agregado alcalino reactivo

可与水泥或混凝土中的碱离子发生化学反应并产生体积膨胀的骨料。

分散性土　dispersive soil　suelo dispersivo

在低含盐量中或纯净水中离子相互的排斥力超过了相互吸引力，导致土体的颗粒分散的黏性土。

有用层　available layer　capa efectiva；capa útil

质量技术指标能满足水电工程天然建筑材料要求的岩土层。

无用层　unavailable layer　capa no utilizable

质量技术指标不能满足水电工程天然建筑材料要求的岩土层和有害夹层。

剥离层　stripping layer　capa de liberación de sobrecarga

覆盖于有用层表面需要清除的无用层。

剥采比　stripping ratio　relación de desmonte

天然建筑材料料场储量计算范围内，无用层剥离量与有用层开采量的比值。

平均厚度法　average thickness method　método de espesor promedio

用储量计算范围内的总面积乘以有用层的平均厚度求得储量的方法。

平行断面法　parallel section method　método de sección paralela

储量计算范围内相邻两断面面积平均值乘断面间平均距离，求出两断面间的分段储量，然后总和各分段的储量的方法。

三角形法　triangular method　método triangular

储量计算范围内将勘探点联成三角形网点，各三角形面积乘以其三顶点平均厚度，分别求得三角形部分储量，然后总和各三角形的储量的方法。

钻孔柱状图　borehole log　histograma de perforaciones

根据对勘探钻孔岩芯的观察鉴定、取样分析及在钻孔内进行的各种测试所获取资料编制而成的一种原始图件。

探洞展示图　developed plan of exploratory adit　plano de galería de investigación
依一定比例尺和图例，按平面连续展开的方式，根据探洞中揭露的工程地质、水文地质现象和岩体原位试验成果编制而成的原始图件。

区域综合地质图　regional comprehensive geological map　mapa geológico integral regional
反映研究区域的地形地貌、地层岩性、地质年代、地质构造、岩浆活动、地壳运动和发展历史、地震分布等内容的综合性图件，通常包括区域地质平面图、地层柱状图、地质剖面图、构造纲要图、地震震中分布图等。

构造纲要图　tectonic outline map　mapa tectónico
用不同的线条、符号、色调来表示某一个研究区域内主要地质构造特征的图件。

地震震中分布图　epicenter distribution map　mapa de distribución del epicentro
表示地震震中位置、震级和发震时间等内容的图件。

工程地质图　engineering geological map　mapa geológico de ingeniería
按比例尺表示工程地质条件在一定区域或建筑区内的空间分布及其相互关系的图件。

工程地质剖面图　engineering geological profile　perfil geológico de ingeniería
依一定比例尺和图例，综合反映某一铅直剖面上的地形地貌、地质现象及其相互关系、地下水位、工程地质分区界线与代号等内容的图件。

工程地质平切图　engineering geological horizontal section　sección horizontal geológica de ingeniería
依一定比例尺和图例，综合反映某一工程部位某一高程水平剖面上的工程地质现象和条件的图件。

渗透剖面图　seepage profile　perfil de filtración
依一定比例尺和图例，综合反映某一地段铅直剖面上各种岩土体渗透特性的图件。

综合水文地质图　comprehensive hydrogeological map　mapa hidrogeológico completo
按比例尺表示水文地质条件在一定区域或建筑区内的空间分布及其相互关系的图件。

岩溶区水文地质图　hydrogeological map of karst areas　mapa hidrogeológico de áreas kársticas
针对岩溶区的各种水文地质现象和资料编制的水文地质图件。

天然建筑材料产地分布图　distribution plan of quarry and borrow areas　plano de distribución de fuentes de materiales constructivos
反映天然建筑材料产地分布地理位置及料源基本概况的图件。

料场综合地质图　comprehensive geological map of quarry and borrow areas　mapa geológico completo de las áreas de canteras

反映料场基本地质条件及料源相关特性的综合性地质图件，通常由地质平面图和地质剖面图组成。

实际材料图 primitive data map mapa de materiales reales
以一定的符号反映完成的地质测绘、勘探、试验等工作的图件。

施工地质编录图 construction geological mapping mapeo geológico de construcción
将施工地质编录过程中直接观察和综合整理的地质信息系统地用文字和图表的方式编制而成图件。

地质图图例 legend of geological map leyenda del mapa geológico
地质图中所用各种符号的说明。

3.3 工程测量

水电工程测量 engineering survey of hydropower project topografía de ingeniería del proyecto hidroeléctrico
水电工程勘测设计、施工、运营和退役各阶段，应用测绘学的理论和技术进行的各种测量工作。

大地基准 geodetic datum base geodésica
用于大地坐标计算的起算数据，包括参考椭球的大小、形状及其定位、定向参数。

高程基准 vertical datum referencia vertical
由特定验潮站平均海面确定的测量高程的起算面以及依据该面所决定的水准原点高程。

大地坐标系 geodetic coordinate system sistema de coordenadas geodésicas
以椭球中心为原点、起始子午面和赤道面为基准面的坐标系。包括地球坐标系、地心坐标系、地心空间直角坐标系、地心大地坐标系、参心坐标系、参心空间直角坐标系、参心大地坐标系等。

高斯-克吕格平面直角坐标系 Gauss – Krueger plane coordinate system sistema de coordenadas del plano Gauss – Krueger
根据高斯-克吕格投影所建立的平面直角坐标系，各投影带的原点是该带中央子午线与赤道的交点，X 轴正方向为该带中央子午线北方向，Y 轴正方向为赤道东方向。

1954 年北京坐标系 Beijing Geodetic Coordinate System 1954 sistema de coordenadas geodésicas de Beijing 1954
将我国大地控制网与苏联 1942 年普尔科沃大地坐标系相联结后建立的我国过渡性大

地坐标系。

1980 西安坐标系 Xi'an Geodetic Coordinate System 1980 *sistema de coordenadas geodésicas de Xi'an 1980*

采用 1975 国际椭球，以 JYD1968.0 系统为椭球定向基准，大地原点设在陕西省泾阳县永乐镇，采用多点定位所建立的大地坐标系。

2000 国家大地坐标系 China Geodetic Coordinate System 2000；CGCS 2000 *sistema de coordenadas geodésicas de China 2000*

由国家建立的高精度、动态、实用、统一的地心大地坐标系，其原点为包括海洋和大气的整个地球的质量中心。所采用的地球椭球参数为：长半轴 $a=6378137\mathrm{m}$，扁率 $f=1/298.257222101$，地心引力常数 $GM=3.986004418\times10^{14}\mathrm{m^3/s^2}$，自转角速度 $\omega=7.292115\times10^{-5}\mathrm{rad/s}$。

1984 世界大地坐标系 World Geodetic System 1984；WGS－84 *sistema Geodésico Mundial 1984*

美国军用大地坐标系统，坐标系定义和国际地球参考系统（ITRS）一致，大地测量基本常数为：$a=6378137\mathrm{m}$，$GM=3.986004418\times10^{14}\mathrm{m^3/s}$，$f=1/298.257223563$，$\omega=7.292115\times10^{-5}\mathrm{rad/s}$。

独立坐标系 independent coordinate system *sistema de coordenadas independiente*
相对独立于国家坐标系外的局部测量平面直角坐标系。

大地水准面 geoid *geoide*
一个与静止的平均海水面密合并延伸到大陆内部的包围整个地球的封闭的重力等位面。

1956 年黄海高程系 Huanghai Vertical Datum 1956 *datum vertical de Huanghai 1956*
采用青岛水准原点和根据青岛验潮站从 1950 年到 1956 年的验潮数据确定的黄海平均海水面所定义的高程基准。

1985 国家高程基准 National Vertical Datum 1985 *datum vertical nacional 1985*
采用青岛水准原点和根据青岛验潮站 1952 年到 1979 年的验潮数据确定的黄海平均海水面所定义的高程基准，其水准原点起算高程为 72.260m。

区域似大地水准面精化 regional quasi－geoid refining *refinación regional casi geoide*
综合利用重力资料、地形资料、重力场模型与 GNSS/水准成果，采用物理大地测量理论与方法、数学曲面拟合法等改进区域似大地水准面模型精度的技术。

中误差 root mean square error；RMSE *error cuadrático medio*
带权残差平方和的平均数的平方根，作为在一定的条件下衡量测量精度的一种数值指标。

限差 **tolerance** *tolerancia*
在一定观测条件下规定的测量误差的限值。

极限误差 **limit error** *error límite*
在一定观测条件下测量误差的绝对值不应超过的最大值。

相对误差 **relative error** *error relativo*
测量误差的绝对值与其相应的测量值之比。

相对中误差 **relative root mean square error** *error cuadrático medio relativo de la raíz*
观测值中误差与相应观测值之比。

点位误差 **position error** *error de posición*
点的测量最或然位置与真位置之差。

测角中误差 **root mean square error of angle observation** *error cuadrático medio de observación angular*
根据角条件闭合差或观测值改正数计算的角度观测值中误差,是衡量水平角或水平方向观测精度的指标。

测距中误差 **root mean square error of distance measurement** *error cuadrático medio de la medición de distancia*
距离测量的一种精度指标,对一段距离进行多次测量,按中误差计算公式计算的距离中误差。

点位中误差 **root mean square error of a point** *error cuadrático medio de un punto*
测量控制网平差后某一点点位精度的一种数值指标。在坐标中误差的基础上计算而得。

高程中误差 **root mean square error of height** *error cuadrático medio de altura*
测量控制网平差后某一点高程精度的一种数值指标。由点的高程权函数、权系数或转换系数、单位权中误差计算而得。

测量平差 **survey adjustment; adjustment of observations** *ajuste de topografía*
采用一定的估算原理处理各种测量数据,求得待定量最佳估值并进行精度估计的理论和方法。

横断面测量 **cross - section survey** *topografía transversal*
对垂直于河流或水库中线方向的陆地和水下地形起伏形态进行的测量工作。

纵断面测量 **profile survey; longitudinal section survey** *topografía longitudinal*
对河流或水库的水边线、深泓线上沿程各点高程进行的测量工作。

水尺测量 tide staff survey *medición con regla de agua*
对设立在岸边固定位置、用以观测水面升降的水尺零点所进行的高程联测。

界桩测量 boundary marker survey *medición de marcador de límite*
移民迁移线、土地征用线、城市集镇和专业项目处理线、水库淹没线等界桩测设工作的总称。

测量控制网 surveying control network *red de control topográfico*
控制网由控制点以一定的几何图形所构成的具有一定可靠性的网。

三维网 3D network *red 3D*
适用于局部小范围的混合网，其三维坐标由平面直角坐标和正常高程组成。

平面控制测量 horizontal control survey *medición de control horizontal*
确定平面控制点坐标的技术。

导线测量 traverse survey *medición transversal*
在地面上按一定要求选定一系列的点依相邻次序连成折线，测量各线段的边长和转折角，根据起始数据确定各点平面位置的技术。

三角形网 triangular network *red triangular*
以三角形为基本图形组成的测量控制网，是地面测角网、测边网和边角网的统称。

全球导航卫星系统 Global Navigation Satellite System（GNSS） *sistema mundial de navegación por satélite*
采用全球卫星无线电定位技术确定时间和目标的空间位置及速度的系统，系统由地面控制部分、空间部分和用户装置部分组成。

连续运行参考站 continuously operating reference station（CORS） *estación de referencia de funcionamiento continuo*
由卫星定位系统跟踪站、控制中心、通信网络和用户流动站等构成的观测系统。它长期连续跟踪观测卫星信号，通过数据通信网络定时、实时或按数据中心的要求将观测数据传输到数据中心。它可以独立或组网方式提供数据服务。

精密单点定位 precise point positioning（PPP） *posicionamiento preciso del punto*
利用载波相位观测值以及国际导航卫星系统服务（IGS）等组织提供的高精度卫星星历及卫星钟差进行高精度单点定位的方法。

后处理动态模式 post processing kinematic（PPK） *post procesamiento cinemático*
对基站和流动站的 GNSS 接收机采集的定位数据进行测后联合处理，计算出流动站接收机所在运动载体的准确位置的方法。

全球星基增强 GNSS 定位 global satellite differential GNSS *diferencial satelital glob-*

al GNSS

通过接收地球同步轨道通信卫星向全球播发的差分数据，实现地基增强网络信号无法覆盖区域的高精度定位。

惯性测量单元　inertial measurement unit（IMU）　unidad de medida Inercial

用于测量物体三轴姿态角、角速率以及加速度的装置。

高程控制测量　vertical control survey　medición de control vertical

确定控制点高程值的技术，主要采用水准测量、三角高程测量和 GNSS 高程测量等方法。

水准测量　leveling　nivelación

用水准仪和水准尺测定两点间高差的方法。

精密水准测量　precise leveling　nivelación precisa

观测精度每千米高差全中误差小于或等于 2mm 的水准测量。

三角高程测量　trigonometric leveling　nivelación trigonométrica

通过两点间的距离和垂直角（或天顶距），利用三角公式推求其高差，确定待定点高程的技术和方法。

GNSS 高程测量　GNSS leveling　nivelación

采用 GNSS 测量技术确定地面点高程的方法。

测量标志　surveying mark　marca topográfica

标定地面控制点或观测目标位置，有明确中心或顶面位置的标石、觇标及其他标记的通称。

地形测量　topographic survey　levantamiento topográfico

按照一定的作业方法，对地物、地貌及其他地理要素进行测量并综合表达的技术，包括图根控制测量和地形测图。

图根控制测量　mapping control survey　levantamiento de control de asignación

测定图根控制点平面位置和高程的测量工作。

地形图　topographic map　mapa topográfico

用符号、注记及等高线表示地物、地貌及其他地理要素平面位置和高程，并按一定比例绘制的正射投影图。

水下地形测量　underwater topographic survey　levantamiento topográfico subacuático

对水体覆盖下地物、地貌的测量工作，包括测深、定位、绘制地形图等。

数字线划图　digital line graphic（DLG）　gráfico de línea digital

用矢量数据结构表达地形要素的地形图。

数字栅格图 digital raster graphic（DRG） gráfico de trama digital
用栅格数据结构表达地形要素的地形图。

数字高程模型 digital elevation model（DEM） modelo de elevación digital
以规则或不规则格网点的高程值表达地表起伏的数据集。

数字正射影像图 digital orthophoto map（DOM） mapa digital de ortofoto
经过正射投影改正的影像数据集。

数字影像地形图 digital orthophoto topographic map mapa topográfico de ortofoto digital
以数字正射影像图（单色/彩色）为基础，叠加相关的数字地形图数据（栅格或矢量）而产生的复合数字地形图。

数字摄影测量 digital photogrammetry fotogrametría digital
利用摄影与遥感手段获取数字影像或数字图形，根据像点与相应目标点间的数学关系，进行计算机处理的摄影测量。

航空摄影测量 aerial photogrammetry fotogrametría aérea
从飞机等航空飞行器上采用航空摄影机获取地面影像所进行的摄影测量。

地面摄影测量 terrestrial photogrammetry fotogrametría terrestre
利用安置在地表上的摄影机获取影像，对目标物进行的摄影测量。

倾斜摄影测量 oblique photogrammetry fotogrametría oblicua
通过在飞行平台搭载由多个镜头组成的倾斜摄影相机，多视角同步获取地貌、地物高分辨率影像，采用定位、融合与建模等技术，生成三维表面模型。

低空飞行器 low level air vehicle vehículo aéreo de bajo nivel
有人驾驶的超轻型固定翼飞机、三角翼飞行器、动力滑翔伞、直升机以及无人驾驶的固定翼飞机、直升机、飞艇等相对航高不超过2000m的飞行平台。

三维激光扫描测量 3D laser scanning measurement medición de escaneo láser
利用地面三维激光扫描仪或机载激光雷达，对目标物进行扫描，获得目标物表面大量密集点的三维坐标、色彩信息和反射强度的测量过程。

机载激光扫描测量 airborne laser scan survey topografía de escaneo láser en el aire
利用机载激光扫描系统按设计的航线、航高、扫描点密度和影像重叠度等参数指标对测区进行扫描和摄影，获取测区的三维坐标点云和影像资料，通过点云和影像数据处理生成所需测绘产品的过程。

地面激光扫描测量 land laser scan survey medición de escaneo láser terrestre
在扫描基站上逐一架设地面激光扫描仪按设计的点云密度对测区进行连续扫描和摄影，获取测区的三维坐标点云和影像资料，通过点云和影像数据处理生成所需测绘产品的过程。

点云 point cloud punto de nube
以离散、不规则方式分布在三维空间中的点的集合。

影像分辨率 image resolution resolución de imagen
影像对黑白相间宽度相等的线状目标影像分辨的能力，以每毫米线对数表示。

地面分辨率 ground resolution resolución del suelo
影像分辨率的线对宽度所对应的地面距离。

像片控制点 control point of photograph punto de control de fotografía
像控点直接为影像测量加密或测图需要，在实地测定坐标和高程的控制点。

像片控制测量 control survey of photograph levantamiento de control de la fotografía
为获得影像控制点的平面坐标和高程而进行的实地测量工作。

遥感 remote sensing sensores remotos
不接触物体本身，用遥感传感器收集来自物体辐射的电磁波信息，经数据处理及分析后，识别物体的性质、形状、几何尺寸和相互关系及其变化规律的技术。

遥感平台 remote sensing platform plataforma de teledetección
放置遥感器，并使传感器能在一定高度取得地面电磁波信息的运载工具。

主动式遥感 active remote sensing teledetección activa
有源遥感由遥感器向目标物发射一定频率的电磁辐射波，然后接收从目标物返回的辐射信息进行的遥感。

被动式遥感 passive remote sensing teledetección pasiva
无源遥感直接接收来自目标物的辐射信息的遥感。

施工测量 construction survey topografía de construcción
在工程施工阶段所进行的施工控制测量、施工放样、计量测量、竣工测量以及变形监测等测量工作。

施工控制网 construction control network red de control de construcción
为工程建设的施工而布设的测量控制网。

放样测站点 setting out station puntos de replanteo de topografía
测量放样时架设仪器的点。

放样点 setting out point punto de replanteo
将建筑物设计轴线、特征点或轮廓点测设到实地上的点。

贯通测量误差 error of holing through survey error de topografía general
测量贯通点在贯通面上产生的横向、纵向和竖向上的差值。

施工放样 setting out replanteo de construcción
工程施工时，把设计的建筑物或构筑物的平面位置、高程测设到实地的测量工作。

安装测量 installation survey medición de instalación
为建筑工程中的构件或机电设备的安装所进行的测量工作。

竣工测量 finish construction survey medición de finalización
工程竣工时，对建筑物建基面、过流部位或隐蔽工程的形体等的实地平面位置和高程进行的测量工作。

地理信息 geographic information información geográfica
表示与地球上位置相关的地理诸要素的数量、质量、分布特征、相互联系、变化规律的图文声像等的总称。

地理信息系统 geographic informationsystem（GIS） sistema de información geográfica
在计算机软硬件支持下，把各种地理信息以一定格式，进行输入、存储、管理、检索、更新、显示、制图和综合分析的技术系统。

地理要素 geographic feature característica geográfica
与地球上位置相关的自然形态和人工形态的表达。

数字地面模型 digital terrain model（DTM） modelo digital del terreno
表示地面起伏形态和地表景观的一系列离散点或规则点的坐标数值集合的总称。

数字表面模型 digital surface model（DSM） modelo de superficie digital
物体表面形态数字表达的集合。

3.4 工程勘探

钻探 exploration drilling perforación
采用钻头或其他辅助手段钻入地层形成钻孔，并获取岩芯（样），以探明地下资源及地质情况的过程。

岩芯钻探 core drilling perforación para núcleos de roca
以采取圆柱状岩（土）芯为目的的钻进方法与过程。

岩芯 rock core núcleos de roca
使用环状钻头或其他工具从岩体、土体中采集的样品。

岩石可钻性 rock drillability perforabilidad en roca
岩石被碎岩工具切削、破碎的难易程度。

岩芯采取率　core recovery　recuperación de núcleos de roca
由孔内取出的岩芯长度与相应钻孔进尺的百分比。

回转钻进　rotary drilling　perforación rotatoria
靠机械回转或孔底动力机具转动钻头破碎孔底地层的钻进。

冲击钻进　percussion drilling　perforación de percusión
借助钻具重量，在一定的冲程高度内，周期性地冲击孔底破碎地层的钻进。

冲击回转钻进　percussive – rotary drilling　perforación rotativa de percusión
利用冲击器产生的冲击功与回转式钻进相结合的钻进。

硬质合金钻进　tungsten carbide drilling　perforación de carburo de tungsteno
利用硬质合金钻头碎岩的钻进。

金刚石钻进　diamond drilling　perforación diamantina
利用金刚石钻头碎岩的钻进。

绳索取芯钻进　wire – line core drilling　perforación de núcleo de línea de alambre
利用带绳索的打捞器，以不提钻方式，经钻杆内孔取出岩芯容纳管的钻进。

反循环钻进　reverse circulation drilling　perforación de circulación inversa
冲洗液从钻杆与孔壁间的环状间隙中流入孔底来冷却钻头，并携带岩屑由钻杆内孔返回地面的钻进。

大口径钻进　large well drilling　perforación de pozos grandes
钻孔直径大于 600mm 的钻孔的钻进。

钻孔倾角　dip angle of borehole　ángulo de inmersión del pozo
钻孔轴线上某点沿轴线延伸方向的切线与其水平投影间的夹角。

护壁　hole wall protection　protección de la pared del agujero
保护和稳定孔壁的作业。

冲洗液　drilling fluid　fluido de perforación
钻进中用于冷却钻头、排除岩粉、保护孔壁、传递动力及平衡地层压力的流体。

植物胶无固相冲洗液　vegetable glue drilling fluid without clay　fluido de perforación
de cola vegetal sin arcilla
以植物胶为基浆原料并经适当改性的无黏土冲洗液。

套管　casing　tubo
用螺纹连接或焊接成管柱后下入钻孔中，保护孔壁、隔离与封闭油、气、水层及漏失层的管材。

潜孔锤　downhole impact hammer　martillo de impacto de fondo de pozo
利用有压空气或液体作为动力源的孔底冲击器。

取土器　soil sampler　toma de muestras de suelos
在钻孔中采取扰动或原状土样的管状器具。

坑探　pit exploration　calicata de investigación
通过挖掘探洞、探井、探坑、探槽以查明岩土体工程地质条件的勘探方法。

探洞　exploratory adit　galería de investigaición
沿与水平面夹角不大于 6°掘进的坑道。

探井　exploratory shaft　túnel de investigación
沿与水平面夹角大于 6°掘进的深度大于 3m 的坑道，分为斜井和竖井。

探坑　explorat ory pit　calicata de investigación
为揭露岩土体在地表挖掘的深度不大于 3m 的方形或圆形小坑。

探槽　exploratory trench　raunura de investigación
在地表挖掘的槽形坑道。

竖井　vertical shaft　pozo vertical
沿与水平面夹角不小于 45°掘进的探井。

3.5 ｜ 工程物探

地球物理勘探　geophysical exploration　exploración geofísica
借助仪器观测人工或天然物理场的分布、变化，并综合分析所获得的资料，从而推断、解释岩土体分布和性质或地质构造情况的勘探方法。

工程物探　engineering geophysical exploration　geofísica de obra
运用地球物理勘探方法进行工程地质水文地质勘探、物性参数测试、工程质量检测等，是地球物理勘探的一个分支。

地震勘探　seismic exploration　exploración sísmica
依据地震波的传播原理，通过人工激发和接收地震信息或直接接收分析人文及天然振动信息，利用地震波的传播特性进行勘探的地球物理探测方法。

电法勘探　electrical exploration　exploración eléctrica
依据直流电和电化学原理，利用地下介质的电学和电化学性质差异进行勘探的地球物理探测方法。

电磁法勘探 electromagnetic exploration exploración electromagnética

依据电磁感应原理，利用地下介质的电磁性质差异进行勘探的地球物理探测方法。

探地雷达 ground penetrating radar；GPR georradar

依据电磁波的反射原理，利用探地雷达仪向地下发射和接收具有一定频率的高频脉冲电磁波，分析和识别反射目标体距离和方位的地球物理探测方法。

弹性波测试 elastic wave test prueba de onda elástica

利用弹性波的运动学和动力学原理对岩土体或混凝土进行速度、振幅、频率和相位等参数测试，用于分析和评价岩土体或混凝土物理力学特性的测试方法。

层析成像 computerized tomography（CT） tomografía computarizada

利用弹性波、电磁波或电流的透射或传播原理，对被测区域进行多方位断面扫描，重建波速、能量吸收或电阻率图像的地球物理探测方法。

放射性探测 radioactivity survey exploración de radiactividad

利用介质的天然或人工放射性特点进行勘探的地球物理探测方法。

地球物理测井 geophysical logging pozo de registro geofísico

利用物理学的原理或方法，在钻孔中测试孔周介质或井液物理参数和特性的地球物理探测方法。

微震监测 micro－seismic monitoring monitoreo microsísmico

通过监测大体积混凝土体、岩体或建筑物内部破裂产生的振动或其他物体的振动信息，对监测对象的破坏状况、安全状况等作出评价的一种监测方法。

隧道施工超前地质预报 geological predication of tunneling predicción geológica de túneles

在隧道施工过程中，采用地质、物探和其他勘探手段，分析和预测掌子面前方岩性、构造、水文地质及不良地质的一种勘察方法。

混凝土声波检测 sonic detection of concrete detección sonora de hormigón

利用声波在混凝土介质中的传播特性，对混凝土进行检查或测定的方法和技术。

岩体质量检测 detection of rock mass quality detección de calidad de masa rocosa

利用物探、钻探和岩石试验等方法对水电工程岩体质量进行现场测试、试验，为相应水工建筑物岩体质量评价提供依据。

侧扫声呐探测 side scan sonar detection detección de sonda de exploración lateral

利用声波的反射原理，向水底发射声波，通过水底回波信号重建水底地貌及水下构筑物形态的一种物探方法。

多波束声呐探测 multibeam sonar detection detección de sonda multihaz

采用正交的两组声学换能器阵，获得由大量波束测深点组成的测深剖面，从而重建高分辨率水底地貌及水下构筑物形态的一种物探方法。

物性 physical properties *propiedades físicas*
岩土体、混凝土体等介质的物理性质，主要指弹性波速度、电阻率、密度、介电常数、放射性活度。

物探异常 geophysical anomaly *anomalía geofísica*
因目标体与周边介质存在物性差异而引起的地球物理场的变化。

物探地质解释图 geophysical interpretation drawing *dibujo de interpretación geofísica*
依据物探成果绘制而成的地质图，主要包括平面图、剖面图、柱状图。

电测深法 resistivity sounding method *método de sondeo de resistividad*
在测点处逐次扩大电极距使探测深度逐渐加深，观测同一测点处垂直方向由浅到深的电阻率变化，并依据地层的电阻率差异来探测地下介质分布的电法勘探方法。

电剖面法 resistivity profiling method *método de perfilado de resistividad*
保持装置的极距不变，沿测线观测大地电阻率沿水平方向变化，依据地下目的体与周边介质的电阻率差异，以探测地下某一深度范围内的地质情况的电法勘探方法。

高密度电法 resistivity imaging method *método de imagen de resistividad*
电测深与电剖面组合，观测点密度高，获得信息量丰富，可较详细探测水平和垂直方向上电性变化的电法勘探方法。

自然电场法 self – potential method *método de auto potencial*
通过观测和分析地下良导电体因电化学作用、地下水中微粒子的过滤和扩散而产生的自然电位，以了解水文地质问题的电法勘探方法。

充电法 mise – a – la – masse method *método de recarga*
通过人工向被探测目的体供电，提高被探测目的体与周边介质的电势，以探测目的体分布的电法勘探方法。

激发极化法 induced polarization method *método de polarización inducida*
通过观测和分析大地激电效应，依据地下目的体与周边介质的人工激发极化效应的差异来探测地下目的体分布情况的电法勘探方法。

伪随机流场拟合法 pseudo – random current field fitting method *método de ajuste de campo actual pseudoaleatorio*
利用电流场模拟渗流场，采用编码技术激发和接收，用于查明管涌等渗漏进水口位置的探测方法。

视电阻率 apparent resistivity *resistividad aparente*
在地下介质电阻率不均匀的情况下，用均匀介质的电阻率理论表达式计算得到的等效电阻率值。

　　电极装置　electrode apparatus　aparato de electrodos
电法勘探中，供电电极和测量电极的排列关系。

　　可控源音频大地电磁测深法　controlled source audio‑frequency magnetotellurics（CSAMT）　fuente controlada de audio‑frecuencia magnetotelurica
　　利用人工场源发射不同频率的电磁波，同时在远区测试不同发射频率下的电磁场分布信息，根据电磁波的趋肤效应原理，反演地下电性分布情况的一种电磁勘探方法。

　　音频大地电磁测深法　audio‑frequency magnetotellurics（AMT）　magnetotellúricas de audio frecuencia
　　利用天然或人类生产活动产生的电磁波，在地面测试不同频率电磁场的分布信息，根据电磁波的趋肤效应原理，反演地下电性分布情况的一种电磁勘探方法。

　　瞬变电磁法　transient electromagnetic（TEM）　electromagnética transitoria
　　采用不接地回线向地下发送脉冲电磁波，接收地下介质产生的二次场，反演地下电性分布情况的一种电磁勘探方法。

　　感应电磁法　induction electromagnetic（IEM）　inducción electromagnética
　　将发射和接收线圈以一定方式组成测试装置，发射一定频率的电磁波，接收地下介质感应产生的电磁场，探测地下电性分布情况的一种电磁勘探方法。

　　趋肤深度　skin depth　profundidad de la piel
　　当平面电磁波垂直向地面入射时，电磁场幅度衰减到地表的 $1/e$ 时的深度。

　　电磁场标量测量　scalar observation of electromagnetic field　observación escalar del campo electromagnético
　　在可控源音频或音频大地电磁测深法中，一个测点上只测试沿测线方向的水平电分量和垂直于测线方向的水平磁分量，获得单方向电阻率和阻抗相位的一种电磁测试方法。

　　电磁场张量测量　tensor observation of electromagnetic field　observación tensor del campo electromagnético
　　在可控源音频或音频大地电磁测深法中，一个测点上同时测试沿测线方向和垂直测线方向的两组水平电分量和两组水平磁分量，获得两组相互垂直的电阻率和阻抗相位的一种电磁测试方法。

　　三维面元观测　3D bins acquisition　adquisición de contenedores 3D
　　音频大地电磁法的一种三维数据采集方式，采用相互联系的多个采集站以相同的采集参数同时在单个或相邻多个测点上进行采集，每个采集站控制的区域称为一个面元。

　　重叠回线装置　coincident loop device　dispositivo de bucle coincidente
　　将发送回线框和接收回线框完全重合在一起的一种瞬变电磁测试装置。

中心回线装置 central loop device dispositivo de bucle central

发送回线框和接收回线框为一大和一小两个线框，接收回线框位于发送回线框中央的一种瞬变电磁测试装置。

偶极装置 dipole device dispositivo dipolo

发送回线框和接收回线框为一大和一小两个分离的线框，接收回线框和发送回线框保持固定距离和位置的一种瞬变电磁测试装置。

大定源回线装置 large-fixed loop device dispositivo de bucle fijo grande

发送回线框为一相对固定的大型矩形线框，接收回线框可在发射矩形框内外沿测线进行测试的一种瞬变电磁测试装置。

探地雷达剖面法 GPR profiling method método de perfilado

发射天线和接收天线以固定间距沿测线同步移动，获得反射剖面的一种探测方法。

探地雷达宽角法 GPR wideangle reflection method método de reflexión de gran angular

发射或接收天线固定在测线某一点上，另一个接收或发射天线沿测线移动，记录地下各种不同界面反射波双程走时的一种测试方法。

探地雷达共中心点法 GPR common midpoint reflection method método común de reflexión del punto medio

保持发射天线和接收天线之间的中心点位置不变，沿测线不断改变发射天线和接收天线之间的距离，记录反射波双程走时的一种测试方法。

钻孔雷达探测 borehole GPR detection detección de pozos

将发射天线和接收天线放入一个钻孔中进行测试，获得钻孔周围介质反射波的一种探测方法。

三维雷达探测 3D GPR detection detección 3D

在一个观测面上布置网格状测线进行测试，以获得介质三维空间分布的探测方法。

地震折射波法 seismic refraction method método de refracción sísmica

利用地震波的折射原理，对具有波速差异的地质体进行探测的一种地震勘探方法。

地震反射波法 seismic reflection method método de reflexión sísmica

利用地震波的反射原理，对具有波阻抗差异的地质体进行探测的一种地震勘探方法。

面波法 surface wave method método de onda superficial

利用瑞利波在层状介质中传播的几何频散特性进行岩性分层探测的一种地震勘探方法。

瞬态面波法 transient surface wave method método de onda superficial transitoria

采用人工源激发、多个通道仪器采集的面波勘探方法。

天然源面波法　natural source surface wave method　método de onda superficial de fuente natural

采用天然震动、多个通道仪器、面积性排列采集的面波勘探方法。

三维地震勘探　3D seismic exploration　exploración sísmica 3D

利用地震波的反射原理，在一个观测面上面状布置激发和接收点，以获得地质体三维空间分布特征的一种地震勘探方法。

水域地层剖面探测　waters stratum section detection　detección de la sección del estrato de aguas

利用地震波的反射原理，采用人工激发高频地震波和单次覆盖技术探测水下地质体的一种地震勘探方法。

水域多道地震勘探　waters multi‐channel seismic exploration　riega exploración sísmica multicanal

利用地震波的反射原理，采用人工激发宽频带地震波和多次覆盖技术探测水下地质体的一种地震勘探方法。

地震观测系统　seismic exploration layout　diseño de exploración sísmica

地震勘探中，激发点和接收点排列之间相对位置的布置方式。

表面声波法　surface sonic wave method　método de onda sónica de superficie

在介质表面布置声发射源和接收换能器，测试介质表面声波传播特性，获取声波传播速度、振幅、频率和相位等参数的一种方法。

单孔声波法　single borehole sonic wave method　método de onda sónica de pozo único

在孔内使用声发射源与接收换能器，测试孔壁介质声波传播特性，获取声波传播速度、振幅和频率等参数的一种方法。

穿透声波法　penetrating sonic wave method　método de onda sónica penetrante

在两个及以上钻孔或两观测面分别放置声发射源与接收换能器，测试孔间或观测面间介质的声波传播特性，获取声波传播速度、振幅和频率等参数的一种方法。

钻孔声波全波列法　borehole sonicwave full wavetrain method　método de onda completa de pozo

在孔内或孔间放置声发射源与接收换能器，记录声波纵波、横波或斯通利波整个波列，获取声波纵波与横波的传播速度、振幅、频率和相位等参数的一种方法。

声波反射法　sonic wave reflection method　método de reflexión de onda sónica

在介质表面呈直线布置声发射源和接收换能器，测试介质中声波反射波的传播特性，获取声波反射传播时间、振幅、频率和相位等参数的一种方法。

脉冲回波法　pulse–echo method　método de pulso–eco

在介质表面布置声发射源和接收换能器，测试声波脉冲回波传播特性，获取脉冲回波传播时间、振幅、频率和相位等参数的一种方法。

超声横波反射三维成像　ultrasonic shear wave reflection 3D imaging　imagen de 3D de reflexión de onda de corte ultrasónica

在混凝土表面布置阵列式传感器，激发超声横波，接收其反射波，采用合成孔径聚焦技术重建混凝土内部三维图像，探测混凝土内部缺陷的一种方法。

表面地震波法　surface seismic wave method　método de onda sísmica de superficie

在介质表面呈直线布置震源和检波器，测试地震波传播特性，获取地震波纵波与横波传播速度、频率、振幅和相位等参数的一种方法。

单孔地震波法　single borehole seismic wave method　método de onda sísmica de un solo pozo

在孔内或孔旁布置震源或检波器，测试孔壁或孔周介质地震波传播特性，获取地震波纵波与横波传播速度、频率、振幅和相位等参数的一种方法。

穿透地震波法　penetrating seismic wave method　método de onda sísmica penetrante

在两个及以上钻孔或两观测面分别布置震源和检波器，测试孔间或观测面间介质地震波传播特性，获取地震波纵波或横波传播速度、振幅、频率和相位等参数的一种方法。

质点振动测试　particle vibration test　prueba de vibración de partículas

在距离人工震源一定范围内布置传感器，测试质点振动特性，获取振动速度、加速度和频率等参数的一种方法。

地脉动测试　microtremor test　prueba de microtremor

在地面或地下布置拾振器，测试天然条件下场地卓越周期特性的一种方法。

声波层析成像法　acoustic computerized tomography　tomografía computarizada acústica

利用声波透射原理，对被测区域进行多方位断面扫描，重建被测区域声波速度图像的一种探测方法。

地震波层析成像法　seismic computerized tomography　tomografía computarizada sísmica

利用地震波透射原理，对被测区域进行多方位断面扫描，重建被测区域地震波速度图像的一种探测方法。

电磁波吸收系数层析成像法　electromagnetic wave absorption computerized tomography　tomografía computarizada por absorción de ondas electromagnéticas

电磁波吸收系数 CT 利用电磁波在介质中传播的能量衰减特性，对被测区域进行多方位断面扫描，重建被测区域电磁波吸收系数分布的一种探测方法。

电磁波速度层析成像法　electromagnetic wave velocity computerized tomography tomografía computarizada de velocidad de onda electromagnética

电磁波速度 CT 利用电磁波透射原理，对被测区域进行多方位断面扫描，重建被测区域电磁波速度图像的一种探测方法。

电阻率层析成像法　resistivity computerized tomography　tomografía computarizada de resistividad

利用直流电源所激发产生的电位场，通过观测探测区不同方向的电位或电位差，重构探测区内部介质的电阻率分布的一种探测方法。

初至时间　first arrival time　primera hora de llegada

波形记录上首波的传播走时。

电磁波吸收系数　electromagnetic wave absorption coefficient　coeficiente de absorción de ondas electromagnéticas

反映介质中传播的电磁波吸收作用强弱的参数。

放射性探测　radioactive prospecting　detección de radiactividad

常规测氡法　ordinary radon survey　investigación ordinaria de radón

采用抽气方式，利用静电吸附方法捕获氡子体进行测氡的放射性测量方法。

活性炭测氡法　activated carbon radon survey　investigación de radón de carbón activado

利用活性炭的吸附功能捕获氡子体进行测氡的放射性测量方法。

自然伽马测量法　natural gamma－ray survey　investigación de rayos gamma naturales

利用辐射仪测量天然放射性核素辐射强度的放射性测量方法。

核子水分-密度检测法　nuclear moisture－density test　prueba de densidad de humedad nuclear

根据康普顿效应原理，采用伽马源和中子源对介质进行照射，测量射线因介质吸收和散射效应后的强度，检测介质密度和含水率的放射性测量方法。

背景辐射场　normal field of nuclear radiation　campo normal de radiación nuclear

仪器在正常区域背景条件下所测得的放射性强度值。

计数率　count rate　tasa de contar

放射性测量仪器在单位时间内所测取的射线计数，单位用"cpm"或"cps"表示。

电测井　electrical logging　registro eléctrico

利用人工电场和自然电场的传导原理，采用不同电极系测量钻孔内地层和井液电阻率或电位的测试方法，包括电阻率测井和自然电位测井。

电阻率测井　resistivity logging　registro de resistividad

利用人工电场传导原理，采用各种电极系，测量孔内地层或井液电阻率的分布信息，用于区分岩性、计算相关水文地质参数的测试方法。

自然电位测井 spontaneous potential logging registro potencial espontáneo
利用自然电场传导原理，采用电极系，测量孔内地层自然电位的分布信息，用于划分渗透性地层、咸淡水，估算地层渗透系数的一种测试方法。

井径测井 caliper logging registro de la pinza
测量钻孔直径沿孔深变化的一种测试方法。

井斜测井 deviation logging registro de desviaciones
测量钻孔方位角和顶角沿孔深变化，确定钻孔空间状态的一种测试方法。

自然伽马测井 natural gamma logging registro gamma natural
测量钻孔地层天然伽马射线强度沿孔深变化的一种测试方法。

井温测井 temperature logging registro de temperatura
测量孔内地层或井液温度沿孔深变化的一种测试方法。

密度测井 density logging registro de densidad
利用人工放射源产生的伽马射线与介质之间的康普顿效应，测量孔周地层密度的一种测试方法。

钻孔全景数字成像 digital panorama logging registro de panorama digital
利用光学成像原理，通过对孔壁扫描，形成展开图像或虚拟岩芯图像的一种测试方法。

钻孔摄像 borehole televiewer telespectador de pozo
利用光学成像原理，在钻孔内进行连续的全景数码摄像，以视频图像方式实时记录孔壁和孔内情况的一种测试方法。

超声成像测井 ultrasonic image logging registro de imagen por ultrasonidos
利用超声波的反射特性，测试孔壁声学图像信息沿孔深变化的一种测试方法。

电极系 sonde sonda
电测井中，供电电极和测量电极按一定排列方式组合的装置。

3.6 岩土试验

土体 soil mass masa del suelo
具有一定规模和工程地质特征的土层或土层综合体。

黏性土 cohesive soil suelo cohesivo
颗粒间具有黏聚力的土。

无黏性土　cohesionless soil　suelo sin cohesión
颗粒间不具有黏聚力的土。

软土　soft clay　arcilla suave
天然孔隙比大于或等于 1.0，且天然含水量大于液限的细粒土。

湿陷性黄土　collapsible loess　características de colapso de loess；loess plegable
características de colapso
具有疏松粒状架空胶结结构体系，低湿时有较强的结构强度，在一定压力下浸水时，结构迅速破坏，产生明显湿陷现象的黄土。主要由粉粒组成，呈棕黄、灰黄或黄褐色，一般具有大孔隙和垂直节理的土。

红黏土　lateritic soil　suelo laterítico
碳酸盐系出露区的岩石，经红土化作用形成的颜色为棕红、褐黄色，液限大于或等于50％的高塑性黏土。在原地未经搬运的为原生红黏土；经搬运、沉积后保留其基本特征，且液限大于 45％的为次生红黏土。

膨胀土　expansive soil；swelling soil　hinchamiento del suelo；suelo expansivo
富含亲水性矿物，具有明显的吸水膨胀、失水收缩特性的高塑性土。

盐渍土　saline soil　suelo salino
土中易溶盐含量较高，并具有溶陷、盐胀、腐蚀等工程特性的土。

有机质土　organic soil　suelo orgánico
有机质含量大于或等于 5％且小于或等于 10％的土。

冻土　frozen soil　suelo congelado
温度低于 0 ℃且土中结冰，土体处于冻结状态的土。

地应力　in situ stress　esfuerzo crustal
地壳岩土体在天然状态下所具有的内应力，一般由构造应力、自重应力等组成。

粒径　grain size　tamaño de grano
土粒能通过的最小筛孔孔径，或土粒在静水中具有相同下沉速度的当量球体直径。

粒径分布曲线　grain size distribution curve　curva de distribución del tamaño de grano
反映小于某粒径的土颗粒质量占土的总质量百分率的关系曲线。

限制粒径　constrained grain size　límite de tamaño de partículas
粒径分布曲线上小于该粒径的土粒质量占土的总质量的 60％的粒径。

有效粒径　effective grain size　diámetro efectivo
粒径分布曲线上小于该粒径的土粒质量占土的总质量的 10％的粒径。

粒组　fraction　fracción
按粒径大小划分的组，土按不同粒组的相对含量可划分为巨粒类土、粗粒类土和细粒类土。

巨粒类土　over coarse – grained soil　suelo de grano grande
粒径大于 60mm 的颗粒含量大于总质量的 50% 的土。

粗粒类土　coarse – grained soil　suelo de grano grueso
粒径大于 0.075mm 的颗粒含量大于总质量 50% 的土。

细粒类土　fine – grained soil　suelo de grano fino
粒径小于 0.075mm 的颗粒含量大于或等于总质量 50% 的土。

漂石（块石）　boulder（stone block）　roca（bloque de piedra）
巨粒类土中，粒径大于 200mm，以浑圆或棱角状为主，其含量超过总质量的 50%，并且粒径大于 60mm 的颗粒超过总质量 75% 的土。

卵石（碎石）　cobble　adoquín
巨粒类土中，粒径大于 60mm 和小于或等于 200mm，以浑圆或棱角状为主，其含量超过总质量 50%，粒径大于 60mm 的颗粒超过总质量 75% 的土。

细粒土　fines　suelo fino
细粒类土中粗粒组含量不大于 25% 的土。

含粗粒的细粒土　fines with coarse　suelo fino con granos gruesos
细粒类土中粗粒组含量大于 25% 且不大于 50% 的土。

不均匀系数　coefficient of uniformity（C_u）　coeficiente de uniformidad
以限制粒径（d_{60}）与有效粒径（d_{10}）之比值表示土中颗粒级配均匀程度的一个指标。

曲率系数　coefficient of curvature（C_c）　coeficiente de curvatura
反映颗粒级配优劣程度的一个参数，以相应于颗粒大小分配曲线上粒径累积质量占总质量 30% 的粒径平方值除以限制粒径与有效粒径的乘积所得的比值。

级配　gradation　gradación
以不均匀系数 C_u 和曲率系数 C_c 来评价构成土的颗粒粒径分布曲线形态的一种概念。

良好级配土　well – graded soil　suelo bien nivelado
不均匀系数 $C_u \geqslant 5$，曲率系数 C_c 为 1~3 的土。

不良级配土　poorly – graded soil　suelo mal graduado
不同时满足 $C_u \geqslant 5$ 和 C_c 为 1~3 的土。

颗粒分析试验　particle size analysis　análisis de tamaño de partícula
测定土中各种粒径组相对含量百分率的试验。

含水率　water content　contenido de agua；contenido de humedad
土中水的质量与土颗粒质量的比值，以百分率表示。

膨胀力　swelling force　fuerza de hinchazón
土体在不允许侧向变形下充分吸水，使其保持不发生竖向膨胀所需施加的最大压力值。

自由膨胀率　free swelling ratio　relación de hinchazón libre
用人工制备的烘干土，在纯水中膨胀后增加的体积与原体积之比值，用百分数表示。

固结　consolidation　consolidación
饱和黏性土承受压力后，土体积随孔隙水逐渐排出而减小的过程。

液限　liquid limit　límite líquido
细粒土流动状态与可塑状态间的界限含水率。

塑限　plastic limit　límite plástico
细粒土可塑状态与半固体状态间的界限含水率。

缩限　shrinkage limit　límite de contracción
饱和黏性土的含水率因干燥减少至土体体积不再变化时的界限含水率。

塑性指数　plasticity index　índice de plasticidad
液限与塑限的差值，去掉百分号。

液性指数　liquidity index　índice de liquidez
天然含水率和塑限之差与塑性指数的比值。

缩性指数　shrinkage index　índice de contracción
液限与缩限的差值，去掉百分号。

膨胀率　swelling ratio　relación de expansion；expansion específica
土的体积膨胀量与原体积的比值，以百分率表示。

冻胀力　frost-heave force　fuerza de helada
土体在冻结过程中，由于体积膨胀而产生的作用于建（构）筑物上的力。

冻胀量　frost-heave amount　cantidad de deformación
土体在冻结过程中的膨胀变形量。

相对密度　relative density　densidad relativa
反映无黏性土紧密程度的指标。

最优含水率　optimum moisture content　contenido óptimo de humedad
指击实试验所得的干密度与含水率关系曲线上峰值点所对应的含水率。

最大干密度　maximum dry density　densidad seca máxima
击实试验所得的干密度与含水率关系曲线上峰值点所对应的干密度。

压实度　degree of compaction　grado de compactación
填土压实控制的干密度相应于试验室标准击实试验所得最大干密度的百分率。

土体渗透性　permeability of soil　permeabilidad del suelo
土体透水的能力。

渗透试验　permeability test　prueba de permeabilidad
测定土体渗透系数的试验。

临界水力梯度　critical hydraulic gradient　gradiente hidráulico crítico
渗流出逸面处开始发生流土或管涌时的水力梯度。

固结试验　consolidation test　consolidación
测定饱和黏性土试样受荷载排水时，稳定孔隙比和压力关系、孔隙比和时间关系的方法。

压缩系数　coefficient of compressibility　factor de compresión
在 K_0 固结试验中，土试样的孔隙比减小量与有效压力增产量的比值，即 $e - p$ 压缩曲线上某压力段的割线斜率，以绝对值表示。

压缩模量　compressive modulus；constrained modulus　módulo de compresión
土在侧限条件下受压时，竖向有效压力与竖向应变的比值。

固结度　degree of consolidation　grado de consolidación
饱和土层或土样在某一荷载下的固结过程中，某一时刻的孔隙水压力平均消散值或压缩量与初始孔隙水压力或最终压缩量的比值，以百分率表示。

固结系数　coefficient of consolidation　factor de consolidación
与土的渗透系数、体积压缩系数和水的容重有关的反映土固结速率的指标。

黄土湿陷试验　collapsibility test of loess　prueba de colapsabilidad de loess
测定黄土在压力和水作用下湿陷变形的试验。

湿陷系数　coefficient of collapsibility　coeficiente de colapsibilidad
黄土试样在一定的压力作用下，浸水湿陷的下沉量与试样原高度的比值。

土体灵敏度　sensitivity of soil mass　sensibilidad de la masa del suelo
原状黏性土试样与含水率不变时该土的重塑试样的无侧限抗压强度的比值。

土体剪切试验　shear test of soil mass　prueba de corte de la masa del suelo

测定土抗剪强度指标的室内或现场试验。

土体直剪试验　direct shear test of soil mass　prueba de corte directo de la masa del suelo

一般取三至四个相同的试样，在直剪仪中施加不同竖向压力，再分别对它们施加剪切力直至破坏，以直接测定固定剪切面上土的抗剪强度的方法。

土体快剪试验　quick shear test of soil mass　prueba rápida de corte de la masa del suelo

在试样上施加竖向压力和增加剪切力直至破坏过程中均不允许试样排水的直剪试验。

土体固结快剪试验　consolidated quick shear test of soil mass　prueba consolidada de corte rápido de la masa del suelo

试样在竖向压力作用下充分排水固结后，继续对其施加剪切力直至破坏过程中，不允许试样排水的直剪试验。

土体慢剪试验　slow shear test of soil mass　prueba de cizallamiento lento de la masa del suelo

试样在竖向压力作用下充分排水固结后，继续对其施加剪切力直至破坏的过程中允许试样充分排水的直剪试验。

土体无侧限抗压强度试验　unconfined compressive strength test of soil mass　prueba de resistencia a la compresión no confinada de la masa del suelo

土试样在无侧限条件下，抵抗轴向压力的极限强度的试验。

土体三轴试验　triaxial test of soil mass　prueba triaxial de la masa del suelo

通常用 3～4 个相同的圆柱形土试样，分别在不同的小主应力 σ_3 围压下，施加轴向应力 σ_1 即主应力差（$\sigma_1-\sigma_3$）直至试样破坏的一种求取土的抗剪强度参数（c，φ）和确定土的应力-应变关系的试验。

不固结不排水三轴试验　unconsolidated – undrained triaxial test　prueba triaxial no consolidada – sin drenaje

对试样施加围压和增加轴向压力直至破坏的过程中均不允许试样排水的三轴剪切试验。

固结不排水三轴试验　consolidated – undrained triaxial test　prueba triaxial consolidada sin drenaje

试样在围压作用下充分排水固结后，继续在对其增加轴向压力直至破坏过程中不允许试样排水的三轴剪切试验。

固结排水三轴试验　consolidated－drained triaxial test　prueba triaxial de drenaje consolidado

试样先在围压作用下充分排水固结，继续对其增加轴向压力直至破坏的整个过程中允许试样充分排水的三轴剪切试验。

孔隙水压力系数　pore pressure coeffecient　coeficiente de presión de poros
表示不排水条件下土中孔隙水压力增量与应力增量关系的系数。

应力路径　stress path　trayectoria de esfuerzo
加载于岩体和土体过程中，体内一点应力状态变化过程在应力空间内形成的轨迹。

土体真三轴试验　true triaxial test of soil mass　verdadera prueba triaxial de la masa del suelo

受三个相互独立的主应力作用的三轴压缩试验。

土体动三轴试验　dynamic triaxial test of soil mass　prueba triaxial dinámica de la masa del suelo

在试验仪器压力室内，以一定围压或偏压使土样固结后施加动荷载以确定土的动强度、动弹性模量与阻尼以及液化势的试验。

土工离心模型试验　geotechnical centrifugal model test　prueba de modelo de centrífuga geotécnica

利用离心机提供的离心力模拟重力，将原型土按比例缩小的模型置于该离心力场中，使模型与原型相应点应力状态一致的一种研究土的工程性状的模型试验。

原位直接剪切试验　in－situ direct shear test　prueba de corte directo in situ
在岩土体原位制备试验加荷面，分级施加竖向和水平荷载，测定岩土或结构面抗剪强度的剪切试验，又称现场直剪试验。按测试对象分为岩体直剪试验、土体直剪试验和结构面直剪试验。

击实试验　compaction test　ensayo de compactación de proctor
标准击实方法，测定土的密度和含水率的关系，以确定相应击实功能时土的最大干密度与最优含水率的试验。

土体平板载荷试验　plate load test of soil mass　prueba de carga de placa de masa del suelo

现场模拟建筑物基础工作条件的原位测试。可在试坑、深井或隧洞内进行，通过一定尺寸的承压板，对岩土体施加垂直荷载，观测岩土体在各级荷载下的下沉量，以研究岩土体在荷载作用下的变形特征，确定岩土承载力、变形模量等工程特性。

螺旋板载荷试验　screw plate load test　prueba de carga de placa en espiral
将圆形螺旋板旋入地下预定深度，通过传力杆向螺旋板施加荷载，同时量测螺旋板沉降的载荷试验。

旁压试验 pressuremeter test　ensayo presiométrico

用可侧向膨胀的旁压器，对钻孔孔壁周围的土体施加径向压力并量测孔壁土体径向变形，根据压力和变形关系，计算土体的强度和变形参数。

旁压仪模量 modulus of pressuremeter　módulo de medidor de presión

根据旁压试验所得的压力与变形曲线的直线段，假定土的膨胀系数为 0.33 所求得的土的变形模量。

贯入阻力 penetration resistance　resistencia a la penetración

静力触探仪探头贯入土层时所受到的总阻力。

比贯入阻力 specific penetration resistance　resistencia específica a la penetración

静力触探圆锥探头贯入土层时所受的总贯入阻力除以探头平面投影面积的商。

摩阻比 friction–resistance ratio　relación de resistencia a la fricción

静力触探探头贯入土层某一深度时，其侧壁摩阻力与锥尖阻力的比值，以百分率表示。

静力触探试验 cone penetration test（CPT）　ensayo de penetración del cono estático

用静力匀速将标准规格的探头压入土中，同时量测探头阻力，测定土的力学特性。

孔压静力触探试验 piezocone penetration test　prueba de penetración de piezocone

除静力触探原有功能外，在探头上附加孔隙水压力量测装置，用于量测孔隙水压力增长与消散。

动力触探试验 dynamic penetration test　ensayo de penetración del cono dinámico

用一定质量的重锤，以一定高度的自由落高，将标准规格的圆锥型探头打入土中，根据打入土中一定距离所需锤击数，判定土的力学性质。

标准贯入试验 standard penetration test；SPT　ensayo de penetración estándar；spt

用质量为 63.5kg 的穿心锤，以 76cm 的落高，将标准规格的贯入器，自钻孔底部预打 15cm，记录再打入 30cm 的锤击数，判定土的力学特性。

十字板剪切试验 vane shear test；VST　ensayo de corte directo

用插入土中的标准十字板探头，以一定速率扭转，测定土破坏时的抵抗力矩，测定土的不排水剪切强度。

岩石颗粒密度 particle density of rock　densidad de partículas de roca

岩石固体矿物质颗粒的质量与其体积的比值。

岩石含水率 water content of rock　contenido de agua de la roca

岩石试件在 105℃～110℃下烘至恒量时所失去的水的质量与试件干质量的比值，以百分数表示。

岩石单轴抗压强度　uniaxial compressive strength of rock　resistencia a la compresión uniaxial de roca

岩石试件在无侧限的条件下，受轴向压力作用破坏时单位面积上所承受的荷载。

岩石三轴抗压强度　triaxial compressive strength of rock　resistencia a la compresión triaxial de la roca

岩石试件在三向应力状态下，受轴向压应力作用下试件破坏的最大轴向应力。

岩石直剪试验　direct shear test of rock　prueba de corte directo de roca

将同由一类型岩块的一组试件，在不同的法向荷载下进行剪切，根据库仑表达式确定岩体本身的抗剪强度参数的试验。

结构面直剪试验　direct shear test of discontinuity plane　prueba de corte directo de superficie estructural

将同一类型岩体结构面的试件，在不同的方向荷载下进行剪切，根据库仑表达式确定岩体结构面的抗剪强度参数的试验。

岩石抗切试验　anti - cut test of rock　prueba anti - corte de roca

在法向应力（垂直荷载）为零的状态下向岩石试样加水平荷载产生水平方向断裂，校核压剪试验求得的黏聚力（抗切强度）的剪切试验。

岩石抗拉强度试验　tensile strength test of rock　prueba de resistencia a la tracción de roca

在岩石试件直径方向上，施加一对线性荷载，使试件沿直径方向破坏，间接测定岩石的抗拉强度的试验。

岩石抗弯试验　bending test of rock　prueba de flexión de roca

利用结构试验中梁的三点或四点加载方法，使梁下沿产生纯拉应力的作用而使岩石试件产生拉断裂破坏，据此间接的求出岩石抗拉强度的试验。

岩石劈裂试验　split test of rock　prueba de fracturación de roca

巴西试验用圆柱形岩样在直径方向上对称施加沿纵轴向均匀分布的压力使之破坏，据此间接确定岩样抗拉强度的一种试验方法。

点荷载强度试验　point load strength test　prueba de resistencia de carga puntual

将岩石试样置于上下一堆对端圆锥之间，施加集中荷载直至破坏，据此求得岩石点荷载强度和其各向异性指数的试验方法。

岩石自由膨胀率　free swelling ratio of rock　relación de expansión libre de roca

岩石试件在浸水后产生的径向和轴向变形分别与原试件直径和高度之比，以百分数表示。

岩石膨胀性试验　swelling test of rock　prueba de expansión de roca
测定岩石在天然状态下含易吸水膨胀矿物岩石的膨胀性质的试验。

岩石耐崩解性试验　disintegration – resistance test of rock　prueba de resistencia a la desintegración de roca
测定岩石试件在经过干燥和浸水两个标准循环后，试件残留的质量与原质量之比，以百分数表示。

软化系数　softening coefficient　coeficiente de ablandamiento
岩石饱和单轴抗压强度与干燥状态的单轴抗压强度的比值。

岩体蠕变　rock mass creep　fluencia masiva de roca
岩体在恒定的有效应力作用下，岩体变形随着时间的延续而逐渐增长的现象。

剪胀　shear dilation　dilatación por cizallamiento
在粗糙起伏结构面剪切过程中，发生剪位移的同时，垂向上发生扩张变形的现象。

孔壁应变法　hole – wall strain over – coring　sobre – núcleo de tensión de la pared del agujero
在钻孔孔壁粘贴应变片，通过测试应力解除前后钻孔孔壁附近岩体应变的变化，按照线弹性理论来推算岩体应力的一种方法。

孔底应变法　hole – bottom strain over – coring　sobre – núcleo de tensión del fondo del agujero
在钻孔孔底粘贴应变片，通过测试应力解除前后钻孔孔底附近岩体平面应变的变化，来推算平面岩体应力的一种方法。

孔径变形法　measurement diameter of hole　diámetro de medición del agujero
通过量测钻孔孔径的变形，再换算成岩体应变，按照线弹性理论来推算岩体应力的一种方法。

水压致裂法　hydraulic fracturing　fracturamiento hidráulico
利用钻孔中封闭的水柱在高压下的劈裂作用，使钻孔孔壁破裂，并记录压力随时间的变化，并用印模器或井下电视观测破裂方位。根据记录的破裂压力、关泵压力和破裂方位，利用相应的公式算出岩体主应力大小和方向的一种方法。

表面解除法　surface relief　relieve superficial
通过量测岩体表面的应变，计算岩体或地下洞室围岩受扰动后应力重分布后的岩体表面应力状态的一种方法。

承压板法试验　bearing plate test　prueba de placa de rodamiento
通过刚性或柔性承压板施力于半无限空间岩体表面，量测岩体变形，按弹性理论公式计算岩体变形参数的现场测试试验。

钻孔变形试验 borehole deformation test prueba de deformación del pozo
通过放入岩体钻孔中的压力计或膨胀计，施加径向压力于钻孔孔壁，量测钻孔径向岩体变形，按弹性理论公式计算岩体变形参数的现场测试试验。

狭缝法试验 slit method test prueba de método de hendidura
在巷道的两帮或底板开一条狭缝，槽内放置钢枕，当钢枕加压时岩体变形，利用传感器测量岩体各标点的绝对位移和相对位移，或根据钢枕体积变化求岩体的位移，利用弹性理论求出岩体弹性模量的现场测试试验。

溶液电导率 solution conductance conductancia de solución
溶液的截面积为 $1cm^2$，距离为 1cm 的二电极间，在 25℃时测得电阻的倒数称为溶液的电导率，电导率单位为 $\mu S/cm$。

悬浮物 suspended substance sustancia suspendida
水样通过孔径为 $0.45\mu m$ 的滤膜，残留在滤膜上并经 105 ℃～110 ℃烘干至恒重的固体物质。

溶解性蒸发残渣 dry residue of filtered water residuo seco de agua filtrada
水样经过滤后的蒸发残渣的质量。

全蒸发残渣 dry residue of unfiltered water residuo seco de agua sin filtrar
悬浮物和溶解性蒸发残渣的总量。

水的硬度 water hardness dureza del agua
水中钙、镁盐类含量特性的指标。可分为总硬度、暂时硬度、永久硬度和负硬度。

侵蚀性二氧化碳 corrosive corbon dioxide dióxido de carbono corrosivo
溶解于水中的二氧化碳，其中能分解碳酸钙的部分。

酸度 acidity acidez
中和水样中所含的强酸、有机酸、酸式盐等酸性物质所需要的碱的用量。

碱度 alkalinity alcalinidad
水样中能与强酸反应的碱性物质总量。可分为总碱度、酚酞碱度和甲基橙碱度。以碳酸钙（$CaCO_3$）计，单位 mg/L。

高锰酸盐指数 permanganate index índice de permanganato
水的高锰酸盐指数又称高锰酸钾法耗氧量（COD_{Mn}），是指在一定条件下，以高锰酸钾氧化处理水样时所消耗的氧量，单位 mg/L。

有机氮 organic nitrogen nitrógeno orgánico
水中生物过程中所产生的氨基酸、多肽和蛋白质类有机含氮化合物。

可溶性二氧化硅 soluble silicon dioxide dióxido de silicio soluble

溶解于水中的二氧化硅称可溶性二氧化硅。多数以分子分散态的硅酸钠或以硅酸盐与重碳酸盐相结合的形式存在于水中。

阴离子洗涤剂 anionic detergent detergente aniónico
直链烷基苯磺酸钠和烷基磺酸钠类物质。

挥发酚类 volatile phenolic compound compuesto fenólico volátil
沸点在 230 ℃以下的芳香族烃基化合物。

生物化学需氧量 biochemical oxygen demand；BOD demanda de oxigeno bioquímico
水体中微生物分解有机质化合物过程中所消耗的溶解氧量。

溶解氧 dissolved oxygen oxígeno disuelto
溶解于水中的分子态氧。

水质分析 water quality analysis análisis de calidad del agua
为研究水的化学成分和物理性质，确定其中各种离子、分子、气体与有机质、微生物的含量及其相互关系所进行的化验工作。又称水化学分析。

矿化度 mineralization of water mineralización de agua
水的矿化度又叫作水的含盐量，是表示水中所含盐类的总量。

地下水总矿化度 total mineralization of groundwater mineralización total del agua subterránea
水中所含离子、分子、化合物的总量。其值等于一升水加热到 $105℃ \sim 110℃$，使水全部蒸发剩下的残渣重量。或等于阴、阳离子总和减去 HCO_3^- 含量的 $1/2$。

地下水腐蚀性 groundwater corrosivity corrosividad del agua subterránea
地下水因所含的酸碱物质或某种离子超过一定限度后，对金属管材或混凝土等发生腐（侵）蚀作用的性能，如分解性腐（侵）蚀、结晶性腐（侵）蚀及分解结晶复合性腐（侵）蚀三类。

离子交换 ion exchange intercambio iónico
溶液和离子交换剂接触时，其中某种离子被吸附而从溶液中被分出，与之交换的离子则进入溶液的作用过程。

3.7 水文地质测试与计算

水文地质试验 hydrogeological test prueba hidrogeológica
为评价水文地质条件和取得含水层参数而进行的各种测试和试验工作。

压水试验 water pressure test prueba de presión de agua

利用水泵或水柱自重，将清水压入钻孔试验段，根据一定时间内压入的水量和施加压力大小的关系，计算岩体相对透水性和了解裂隙发育程度的试验。

高压压水试验 high pressure water test prueba de agua a alta presión

测定岩体在高水头作用下的渗透特性、渗透稳定性及其结构面张开压力的现场压水试验。其最高压力不宜小于建筑物工作水头的 1.2 倍。

透水率 permeable rate permeability tasa de permeabilidad

钻孔压水试验测得的岩体渗透性指标。透水率的单位为吕荣（Lu）。

钻孔抽水试验 borehole pumping test prueba de bombeo de pozo

通过钻孔抽水，量测抽水孔的抽水量、水位和观测孔的水位随时间变化等数据，根据井、孔涌水的稳定流或非稳定流理论，采用抽水量与水位降深值的函数关系式来计算含水层渗透性参数的一种原位渗透试验。

单孔抽水试验 single－hole pumping test prueba de bombeo de un solo orificio

不带观测孔只在一个抽水孔中抽水，并量测其涌水量和水位随时间变化等数据的抽水试验。

多孔抽水试验 multi－hole pumping test prueba de bombeo de orificios múltiples

除在一个抽水孔抽水并量测其抽水量和水位随时间变化外，还根据含水层的岩性、岩相和水文地质结构或地下水流向变化情况，以抽水孔为原点，沿一定方向或不同方向、不同距离布置一定数量的观测线和观测孔，在任一观测线上的一个或多个观测孔进行动水位观测的带观测孔的抽水试验。

稳定流抽水试验 steady－flow pumping test prueba de bombeo de flujo constante

在抽水过程中，要求抽水孔抽水量与动水位同时相对稳定，并有一定相对稳定延续时间的抽水试验。

非稳定流抽水试验 unsteady－flow pumping test prueba de bombeo de flujo inestable

在抽水过程中，保持抽水量固定而观测地下水位随时间的变化，或保持水位降深固定而观测抽水量随时间变化的抽水试验。

完整孔 fully penetrating hole agujero totalmente penetrante

进水段长度贯穿整个含水层厚度的抽水孔。

非完整孔 partially penetrating hole agujero parcialmente penetrante

进水段长度仅为含水层厚度一部分的抽水孔。

降落漏斗 depression cone embudo de depresión

由于抽水孔抽水而在其四周一定范围内形成的呈漏斗状的地下水位分布形态。对于承压含水层，该水位在抽水孔附近形成虚拟的承压水水头降落漏斗。

抽水孔结构 pumping hole structure estructura de orificio de drenaje
构成抽水孔柱状剖面技术要素的总称，主要包括孔身结构、套管、过滤管、测压管、滤料规格及止水位置等。

吕荣 Lugeon；Lu
透水率的单位，表示在 1MPa 压力下，每米试段每分钟压入岩体的水量，水量以 L 计。

标准注水试验 standard water injection test prueba estándar de inyección de agua
试验段安装过滤器，通过钻孔向试验段注水，以确定岩土层渗透系数的原位试验方法。

简易注水试验 simple water injection test prueba simple de inyección de agua
通过钻孔直接向试验段注水，以确定岩土层渗透系数的原位试验方法。

定水头注水试验 water injection test of constant head prueba de inyección de agua de cabeza constante
通过钻孔向试验段连续注水，并使水头保持一定高度不变，测得稳定时的注水流量，以确定岩土层渗透系数的原位试验方法。

降水头注水试验 water injection test of falling head prueba de inyección de agua de caída de cabeza
通过钻孔向试验段注水，抬高钻孔水头至一定高度，停止向孔内注水，根据水头下降与延续时间的关系确定岩土层渗透系数的原位试验方法。

注水特征时间 characteristic time of water injection tiempo característico de inyección de agua
在钻孔降水头注水试验 $\ln\left(H_t/H_0\right) - t$ 曲线上，$H_t/H_0 = 0.37$ 所对应的时间。

钻孔振荡式渗透试验 slug test in borehole prueba de penetración en el pozo
通过振荡器、气压、注水或抽水等水头激发方式引起井孔内水位瞬时变化，量测井孔水位随时间的变化规律确定含水层水文地质参数的一种方法。

激发水头 stimulated water head cabeza de agua estimulada
通过不同的激发方式引起井孔内水位瞬时变化的最大值。

过阻尼反应 overdamping reaction reacción de sobreamortiguamiento
井中水位瞬时变化后以近似指数的方式恢复到初始静止水位的过程。

欠阻尼反应 underdamping reaction reacción de subamortiguación
井中水位瞬时变化后在静止水位附近振荡的现象。

临界阻尼反应 critical damping reaction reacción de amortiguación crítica

井中水位瞬时变化后引起的介于欠阻尼到过阻尼的水头变化过程。

地下水连通试验 groundwater connectivity test prueba de conectividad de aguas subterráneas

将一定量的示踪剂放入岩溶区地下水流中，在一定距离的下游或溢口处观察并判定水中指示剂含量，以此判断岩溶连通程度的试验。

填砾过滤器 gravel-packed screen pantalla llena de grava

滤水管外充填某种规格滤料的过滤器。

地下水等水位线图 groundwater level contour map mapa de contorno del nivel del agua subterránea

表示地下水水位标高的等值线图。

水文地质概念模型 conceptual hydrogeological model modelo hidrogeológico conceptual

把含水层实际的边界性质、内部结构、渗透性质、水力特征和补给、排泄等条件概化为便于进行数学与物理模拟的基本模式。

地下水数值模型 numerical groundwater model modelo numérico de aguas subterráneas

以水文地质概念模型为基础所建立的地下水系统结构、运动特征和各种渗透要素的一组数学表达形式。

水文地质参数 hydrogeological parameter parámetro hidrogeológico

表征岩土体水文地质性质的指标。

渗透系数 permeability coefficient coeficiente de permeabilidad

表征含水层透水能力的一个参数，指当水力坡度为 1 时地下水在介质中的渗透速度。

导水系数 transmissibility coefficient coeficiente de transmisibilidad

表示含水层全部厚度导水能力的一个参数，为含水层在单位水力梯度作用下单位时间流过整个厚度含水层的水量（单宽流量）。

弹性贮水释水系数 storativity coefficient coeficiente de estoratividad

指承压含水层中地下水位（水头）上升或下降一个单位高度时，从单位底面积和高度等于含水层厚度的柱体中，由于水的膨胀和岩层的压缩所贮存或释放出的水量。

给水度 specific yield rendimiento específico

单位面积的含水层，当潜水面下降一个单位长度时在重力作用下所能释放出的水量。

压力传导系数 pressure conduction coefficient coeficiente de conducción de presión

表征在弹性动态条件下承压含水层中水头传递速度的参数，为导水系数与弹性释水系数之比值。又称导压系数。

渗透速度　seepage velocity　velocidad de filtración
渗流通过包括多孔介质的固体面积在内的过水断面的假想流速即达西流速。

渗透坡降　seepage gradient　gradiente de filtración
沿水流运动方向单位渗流路程长度上水位或水头下降值。

越流系数　leakage coefficient　coeficiente de fuga
表征弱透水层垂直方向上传输越流水量能力的参数。

毛细管水　capillary water　agua capilar
在潜水面以上由毛细力维持的地下水。

3.8　岩土与水体监测

观测频率　observation frequency　frecuencia de observación
在一定时间周期内重复观测的次数。

观测周期　observation period　periodo de observación
前后两次观测过程之间的时间间隔。

变形速率　deformation rate　tasa de deformación
边坡或危岩体在单位时间内的相对变形量,它反映了某一时段内的平均变形程度,包括日、周、月、年等变形速率。

地下水监测　groundwater monitoring　monitoreo de aguas subterráneas
为查明地下水的水位、水量、水温和水质随时间变化进行的观测工作。

岩体地温监测　rock mass temperature monitoring　monitoreo de la temperatura de la masa rocosa
为查明岩体内温度随深度和时间变化进行的观测工作。

有害气体监测　toxic and harmful gas monitoring　monitoreo de gases tóxicos y nocivos
采用专业仪器对有毒有害气体进行的测试和观测工作。

放射性监测　radiation monitoring　monitoreo de radiación
对环境中放射性核素的射线强度进行测试和观测的工作。

4 建筑物

4.1 一般术语

水工结构 hydraulic structure estructura hidráulica
为防止水患、开发水利，实现水利、水电、港口、航道等工程目标而修建的直接或间接承受水作用的各种水工建筑物，以及组成这些建筑物的具有一定强度和刚度并有机组合在一起的各连续部件，统称水工结构，或简称结构。

设计使用年限 design service life vida de servicio de diseño
设计规定的结构能发挥预定功能或仅需局部修复即可按预定功能使用的年限。

设计状况 design situations situaciones de diseño
代表一定时段内结构体系、承受的作用、材料性能等实际情况的一组设计条件，在该条件下结构不超越有关的极限状态。

持久设计状况 persistent design situation situación de diseño persistente
在结构使用过程中一定出现，且持续期很长的设计状况，其持续期一般与设计使用年限属同一数量级。

短暂设计状况 transient design situation situación de diseño transitorio
在结构施工和使用过程中出现概率较大，而与设计使用年限相比，其持续期很短的设计状况。

偶然设计状况 accidental design situation situación de diseño accidental
在结构使用过程中出现概率很小，且持续期很短的设计状况。

极限状态 limit states estado límite
整个结构或结构的一部分超过某一特定状态就不能满足设计规定的某一功能要求，此特定状态为该功能的极限状态。

承载能力极限状态　ultimate limit states　estado límite de capacidad portante
对应于结构达到最大承载力或不适于继续承载的变形的状态。

正常使用极限状态　serviceability limit states　estado límite de uso normal
对应于结构达到正常使用或耐久性能的某项规定限值的状态。

抗力　resistance　resistencia
结构承受作用效应的能力。

结构可靠性　structure reliability　confiabilidad de la estructura
结构在规定的时间内，在规定的条件下，完成预定功能的能力。

结构可靠度　reliability of structure　fiabilidad de la estructura
结构在规定的时间内，在规定的条件下，完成预定功能的概率。

极限状态法　limit state method　método de estado límite
不使结构超越某种规定的极限状态的设计方法。

概率极限状态法　probability–based limit state method　método de estado límite basado en la probabilidad
结构设计时，直接以影响结构可靠度的基本变量作为随机变量，根据结构的极限状态方程计算结构的失效概率或可靠指标的方法；或者以允许失效概率或目标可靠指标为基础，建立结构可靠度与极限状态方程之间的数学关系，将结构的极限状态方程转化为基本变量标准值（或代表值）和相应的分项系数形式表达的极限状态设计表达式进行设计的方法。

容许应力法　permissible stress method；allowable stress method　método de estrés permisible
使结构或地基在作用标准值下产生的应力不超过规定的容许应力的设计方法。

单一安全系数法　single safety factor method　método de factor de seguridad único
使结构或地基的抗力标准值与作用标准值的效应之比不低于某一规定安全系数的设计方法。

作用　action　acción
施加在结构上的集中或分布力，或引起结构外加变形、约束变形的原因。前者称直接作用，后者称间接作用。

作用效应　effect of action　efecto de la acción
由作用引起的结构的反应，包括内力、变形和应力等。

单个作用　single action　acción individual
可认为与结构上的任何其他作用之间在时间和空间上为统计独立的作用。

永久作用　permanent action　acción permanente

在设计所考虑的时期内始终存在且其量值变化与平均值相比可以忽略不计的作用，或其变化是单调的并趋于某个限值的作用。

可变作用　variable action　acción variable

在设计使用年限内其量值随时间变化，且其变化与平均值相比不可忽略不计的作用。

偶然作用　accidental action　acción（carga）accidental

在设计使用年限内不一定出现，而一旦出现其量值很大，且持续时间很短的作用。

地震作用　seismic action　acción sísmica

地震对结构所产生的作用。

土工作用　geotechnical action　acción geotécnica

由岩土、填方或地下水传递到结构上的作用。

固定作用　fixed action　acción fija

在结构上具有固定空间分布的作用，但其数值可能是随机的。当固定作用在结构某一点上的大小和方向确定后，该作用在整个结构上的作用即得以确定。

自由作用　free action　acción libre

在结构上给定的范围内具有任意空间分布的作用。

静态作用　static action　acción estática

使结构产生的加速度可以忽略不计的作用。

动态作用　dynamic action　acción dinámica

使结构产生的加速度不可忽略不计的作用。

有界作用　bounded action　acción acotada

具有不能被超越的且可确切或近似掌握其界限值的作用。

无界作用　unbounded action　acción sin límites

没有明确界限值的作用。

设计基准期　design reference period　período de referencia de diseño

为确定可变作用等的取值而选用的时间参数。

作用的标准值　characteristic value of action　valor característico de la acción

作用的主要代表值，可根据对观测数据的统计、作用的自然界限或工程经验确定。

作用的设计值　design value of action　valor de diseño de la acción

作用标准值与作用分项系数的乘积。

作用组合　**combination of actions**　combinación de acción

在不同作用的同时影响下，为验证某一极限状态的结构可靠度而采用的一组作用的组合。

基本组合　**fundamental combination**　combinación fundamental

按承载能力极限状态设计时，持久设计状况或短暂设计状况下，永久作用与可变作用的组合。当作用与作用效应之间按线性关系考虑时，作用基本组合的效应设计值即为各作用设计值效应的组合。

偶然组合　**accidental combination**　combinación accidental

按承载能力极限状态设计时，永久作用、可变作用与一种偶然作用的组合。当作用与作用效应之间按线性关系考虑时，作用偶然组合的效应设计值即为各作用设计值效应的组合。

标准组合　**characteristic combination**　combinación característica

按正常使用极限状态设计时，对永久作用、可变作用均采用标准值为作用代表值的组合。

材料性能的标准值　**characteristic value of material property**　valor característico de la propiedad material

符合规定质量的材料性能概率分布的某一分位值或材料性能的名义值。

材料性能的设计值　**design value of material property**　valor de diseňo de la propiedad material

材料性能的标准值除以材料性能分项系数所得的值。

几何参数的标准值　**characteristic value of geometrical parameter**　valor característico del parámetro geométrico

设计规定的几何参数公称值或几何参数概率分布的某一分位值。

荷载检验　**load testing**　prueba de carga

通过施加荷载评定结构的性能或预测其承载力的试验。

分项系数设计表达式　**partial factor design formula**　fórmula de diseño de factor parcial

以代表值和分项系数反映极限状态方程中各基本变量（包括附加变量）的不定性和变异性，并与目标可靠指标相联系的结构设计表达方法。

可控制的可变荷载　**governable variable load**　acción variable gobernable；carga variable gobernable

在作用过程中可控制使其不超出规定限值的可变作用。

结构重要性系数　**importance factor of structure**　factor de importancia de estructura

用来考虑水电工程结构或构件的结构安全级别的系数。

设计状况系数　factor of design situation　factor de situación de diseño

用来考虑在不同设计状况下可以有不同的可靠度水平的系数。

材料性能分项系数　partial factor of material property　factor parcial de propiedad material

用来考虑材料性能对其标准值的不利变异的系数。

荷载分项系数　partial factor of load　factor parcial de acción

用来考虑作用对其标准值的不利变异的系数。

结构系数　structural factor　factor de estructura

在分项系数设计表达式中，用来考虑作用效应计算和抗力计算不定性以及作用分项系数、材料性能分项系数未能考虑到的其他各种因素的变异性的系数。

有限元等效应力　equivalent stress of finite element method　método de esfuerzo equivalente de elementos finitos

对有限元法分析所得的坝体有关应力分量，沿坝体厚度方向进行积分，求出截面相应内力，再用材料力学方法求出的坝体应力为有限元等效应力。

预应力混凝土结构　prestressed concrete structure　estructura de hormigón pretensado

由配置受力的预应力钢筋或钢绞线通过张拉或其他方法形成预加应力的混凝土制成的结构。

坝身孔口　dam body outlet　salida del cuerpo de la presa

为泄洪、放空、排沙、排漂和导流等在坝体上所开设的孔口。根据所处坝身位置高低不同一般分为表孔、中孔和底孔。

廊道　gallery　galería

水工建筑物内的纵向、横向及斜向通道。根据其功能分为灌浆廊道、排水廊道、观测廊道、交通廊道等。

坝体横缝　transverse joint　articulación transversal

混凝土坝在垂直于坝轴线方向每隔一定距离设置的竖向接缝。

坝体纵缝　longitudinal joint　articulación longitudinal

混凝土坝进行分块浇筑时在平行于坝轴线方向浇筑块之间设置的施工缝。

永久缝　permanent joint　articulación permanente

在混凝土建筑物中，人为设置的不进行灌浆的缝。根据其功能可分为温度缝、沉降缝、收缩缝、变形缝等。

缝面键槽　key　dentellón

为形成整体和有效地传递剪力而在缝面上设置的一种构造，有三角形、梯形和圆形等。

止水　waterstop　parada de agua

在水工建筑物各相邻部分或各分段的接缝之间防止沿缝面产生渗漏的材料或构造。

防浪墙　wave wall　muro de ola（parapeto）

为防止波浪翻越建筑物而在其顶部挡水前沿设置的不透水墙体。

融沉系数　thaw‐settlement coefficient　coeficiente de descongelación

冻土融化过程中，在自重作用下产生的相对融化下沉量。

设计冻深　design freezing depth　profundidad de congelación del diseño

自天然地表或设计地面高程算起的冻结深度设计取用值。

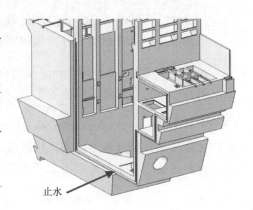

止水

厂房止水

地基土设计冻深　design freezing depth of foundation soil　diseño de profundidad de congelación del suelo de cimentación

自建筑物底面算起的地基土或墙后土冻结深度设计取用值。

冻结指数　freezing index　índice de congelación

整个冻结期内日平均温度低于 0℃ 的日平均气温逐日累积值。

地表冻胀量　amount of frost‐heaving of ground surface　cantidad de heladas de la superficie del suelo

整个冻结期内冻结膨胀后的地面与冻前地面的高差值。

静冰压力　static ice pressure　presión de hielo estática

静止冰盖升温膨胀对建筑物产生的作用力。

动冰压力　dynamic ice pressure　presión dinámica de hielo

移动的冰盖或漂冰对建筑物产生的撞击力。

设计烈度　design seismic intensity　intensidad del diseño

在基本烈度基础上确定的作为工程设防依据的地震烈度。

设计地震　design earthquake　terremoto de diseño

抗震设计中采用的、与设计烈度对应的作为抗震设防依据的地震动。包括峰值加速度、反应谱、持续时间及加速度时程。

设定地震　scenario earthquake　terremoto escenario

基于场址地震安全性评价结果，在对场址设计地震动峰值加速度超越概率贡献最大的潜在震源中，由超越设计地震动峰值加速度的概率最大的震级和震中距组成的地震。

设计地震动峰值加速度 design peak ground acceleration *diseño de aceleración máxima del terreno*

由专门的场地地震安全性评价按规定的设防概率水准所确定的，或一般情况下与设计烈度相对应的地震动峰值加速度。

地震作用效应 seismic effect *efecto sísmico*

地震作用引起的结构内力、变形、滑移、裂缝开展等动态效应。

设计反应谱 design response spectrum *espectro de respuesta de diseño*

抗震设计中所采用的具有一定阻尼比的单质点体系在地震作用下的最大加速度反应随体系自振周期变化的曲线，可以其与地震动峰值加速度的比值表示。

动力法 dynamic method *método dinámico*

按结构动力学理论求解结构地震作用效应的方法。

时程分析法 time－history analytical method *método analítico de la historia del tiempo*

由结构基本运动方程输入地震加速度记录进行积分，求得整个时间历程内结构地震作用效应的方法。

振型分解法 mode decomposition method *método de análisis de modelos*

先求解结构对应其各阶振型的地震作用效应后再组合成结构总地震作用效应的方法。各阶振型效应用时程分析求得后直接叠加的称振型分解时程分析法，用反应谱求得后再组合的称振型分解反应谱法。

平方和方根法 square root of sum of squares method *método de raíz cuadrada de suma de cuadrados*

取各阶振型地震作用效应的平方总和的方根值作为总地震作用效应的振型组合方法。

完全二次型方根法 complete quadratic combination method *método de combinación cuadrática completa*

取各阶振型地震作用效应的平方项和不同振型耦联项的总和的方根作为总地震作用效应的振型组合方法。

地震动水压力 seismic hydrodynamic pressure *presión hidrodinámica de sismo*

地震作用引起的水体对结构产生的动态压力。

地震动土压力 seismic earth pressure *presión sísmica de la tierra*

地震作用引起的土体对结构产生的动态压力。

拟静力法 quasi static method *método cuasi estático*

将重力作用、设计地震峰值加速度与重力加速度比值、给定的地震作用效应折减系数与动态分布系数的乘积作为设计地震力的静力分析方法。

地震作用的效应折减系数 seismic effect reduction factor factor de reducción del efecto sísmico

由于地震作用效应计算方法的简化而引入的对地震作用效应进行折减的系数。

抗震设防分类 seismic design category categoría de diseño sísmico

根据工程遭遇地震破坏后，可能造成人员伤亡、直接和间接经济损失、社会影响的程度及其在抗震救灾中的作用等因素，对各类建筑物及设施设备所做的设防类别的划分。

抗震设防标准 seismic fortification criterion criterio de fortificación sísmica

衡量抗震设防要求高低的尺度，由抗震设防类别及抗震设计烈度或设计地震动参数确定。国际上，抗震设防标准基本上都采用基于概率理论的重现期来表征。

大坝极限抗震能力 ultimate seismic resistance of dam resistencia sísmica final de presa

大坝抵抗强地震的能力，其值为在规定条件下大坝能够抵抗的最大地震作用。在该最大地震作用下，不发生灾变或不因灾变而导致库水失控下泄。

定常流 steady flow flujo estable

流场中任一水流质点的运动要素，如流速、压强、密度等不随时间改变的流动。

非恒定流 unsteady flow flujo inestable

流场中的水流质点通过各空间点时一个或几个运动要素随时间改变的流动。

等速流 homogeneous flow flujo homogéneo

流场中各点的流速大小相等、方向相同的流动。

均匀流 uniform flow flujo uniforme

流速大小和方向沿流程不变、流线为平行的直线的流动。

非均匀流 non‐uniform flow flujo no uniforme

流速的大小或流速的方向沿流程改变，流线为不平行的曲线或直线的流动。

渐变流 gradually varied flow flujo gradualmente variado

水流的不同流线间夹角很小，几乎接近于平行直线的流动。

急变流 rapidly varied flow flujo rápidamente variado

水流的流线之间夹角很大或者流线的曲率半径很小的流动。

两相流 two‐phase flow flujo bifásico

含有两种物态的物体的联合流动。如液体和气体、液体和固体、气体和固体等的联合流动。

水力参数 hydraulic parameters parámetros hidráulicos
流场中表示水体运动的量，通常包括几何、运动和动力的量。

湿周 wetted perimeter perímetro mojado
过水断面上流体与固体周界接触的长度。

水力半径 hydraulic radius radio hidráulico
流体的过水断面面积与湿周的比值。

总水头 total head altura total
以水柱高度表示的单位重量水体在指定过水断面上的位置水头、压强水头和流速水头之和。

流速水头 velocity head cabeza de velocidad
以水柱高度表示的单位重量水体的动能，即流体断面平均流速的平方除以两倍重力加速度。

惯性水头 inertia head cabeza de inercia
以水柱高度表示的由于时变惯性力做功所引起的单位重量流体的能量值。

水头损失 head loss pérdida de caída de agua
以水柱高度表示的单位重量的水体在流动中所消耗的机械能。

水力坡降 hydraulic gradient gradiente hidráulico
单位流程上的水头损失，亦即总水头线的坡度。

雷诺数 Reynolds number número de Reynolds
以雷诺（Reynolds，O.）命名的表征流体在流动中惯性力与黏性力之比的无量纲数。

糙率 roughness rugosidad
表征过水表面粗糙程度的一个综合性系数。

正常水深 normal depth profundidad normal de agua
明槽或明渠中水流为均匀流时的水深。

水力最优断面 optimal hydraulic cross section sección transversal hidráulica óptima
面积一定而过水能力最大的明槽或明渠断面，或为通过流量一定而湿周最小的明槽或明渠断面。

弗劳德数 Froude number número de Froude（Fr）
以弗劳德（Froude，W.）命名的表征流体在流动中惯性力与重力之比的无量纲数。

缓流 subcritical flow；tranquil flow flujo subcrítico；flujo tranquilo
弗劳德数小于 1 的水流流动。

临界流　critical flow　flujo crítico
弗劳德数等于 1 的水流流动。

急流　supercritical flow　flujo supercrítico
弗劳德数大于 1 的水流流动。

断面比能　specific energy　energía específica
由过水断面最低点起算的明槽或明渠水流中单位重量水体所具有的势能与动能之和。

临界水深　critical depth　profundidad crítica
在一定的明槽或明渠断面和通过一定的流量的情况下，相应于断面比能最小时的水深，即弗劳德数等于 1 时相应的水深。

临界流速　critical velocity　velocidad crítica
相应于水深等于临界水深时的明槽或明渠断面平均流速。

临界底坡　critical slope　pendiente crítica
相应于正常水深等于临界水深时的明槽或明渠底坡。

壅水曲线　backwater curve　curva de remanso
回水曲线　明槽或明渠中发生减速流动、水深沿流程增加的水面曲线。

降水曲线　drawndown curve；falling curve　curva de reducción；curva descendente
明槽或明渠中发生加速流动、水深沿流程下降的水面曲线。

空化　cavitation　cavitación
当流道中水流局部压力下降至临界压力时，水中气核成长为空泡，空泡的积聚、流动、分裂、溃灭过程的总称。

空蚀　cavitation damage；cavitation erosion　daño por cavitación；erosión por cavitación
由于空化造成过流表面的材料损坏。

水跃　hydraulic jump　salto hidráulico
明槽或明渠水流由急流到缓流、水面突然抬高的局部水流现象。

紊流　turbulent flow　flujo turbulento
由大小不同尺度的涡体或漩涡组成，在流动过程中，表现为互相混掺的水流流动。

4.2　重力坝

重力坝　gravity dam　presa a gravedad
主要依靠自身重量抵抗水的作用力等荷载以维持稳定的坝。

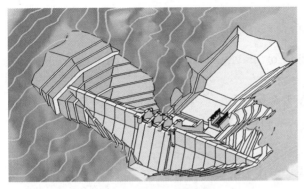 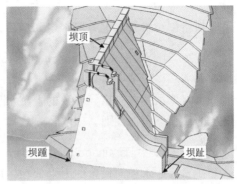

重力坝 坝踵、坝趾

混凝土重力坝 concrete gravity dam presa de hormigón a gravedad
整体坝体除若干小空腔外均用混凝土浇筑的重力坝。

碾压混凝土重力坝 roller compacted concrete gravity dam presa a gravedad de hormigón compactado con rodillo
将干硬性的混凝土拌和物分薄层摊铺并经振动碾压密实而成的重力坝。

堆石混凝土重力坝 rock‑filled concrete gravity dam presas de enrocado o grava con cara de concreto a gravedad
利用高自密实性能混凝土填充堆石体填筑的重力坝。

浆砌石重力坝 masonry gravity dam presa de mampostería a gravedad
用胶结材料砌筑石块而成的重力坝。

混凝土空腹重力坝 concrete hollow gravity dam presa de gravedad hueca, hecha de hormigón
在坝的腹部沿坝轴线方向布置有大尺度空腔的混凝土重力坝。

混凝土宽缝重力坝 concrete slotted gravity dam presa ranurada de hormigón a gravedad
两个坝段之间的横缝中部扩宽成空腔的混凝土重力坝。

拱形重力坝 arch gravity dam presa arco‑gravedad
在平面上呈拱向上游的曲线形重力坝。

溢流坝段 overflow monolith monolito de presa de vertedero
布置有开敞式或带胸墙的溢流泄水孔口的坝段。

非溢流坝段 non‑overflow monolith monolito de presa sin vertedero
坝体未布置溢流泄水孔口的坝段。

厂房坝段 powerhouse monolith monolito de presa donde construye la casa de

máquinas o ubica la bocatoma

坝体中布置有水电站取水口和坝后式厂房或河床式厂房的坝段。

重力坝基本剖面　theoretical section of gravity dam　sección teórica de presa de gravedad

重力坝坝体在自重、齐顶的上游水压力和扬压力三项主要荷载作用下满足应力与稳定要求的最小三角形剖面。

坝身排水管　drainage pipe in dam　tubería de drenaje en presa
在靠近迎水坝面设置的为降低坝体内渗透压力的竖向孔管。

止水塞　waterstop filler　junta waterstop
阻水塞设在收缩缝或沉陷缝前端起第一道止水作用的沥青混凝土等。

4.3 拱坝

拱坝　arch dam　presa arco（presa bóveda）
在平面上拱向上游，通过水平拱和悬臂梁的作用将荷载传递给两岸山体和河床的壳形坝。

拱坝　　　　　　　　　　　　　　　　拱坝剖面

单曲拱坝　single curvature arch dam　presa arco con única curvatura
仅在水平面上有曲率、而悬臂梁断面不弯曲或无折线的拱坝。

双曲拱坝　double curvature arch dam　presa arco de doble curvatura
拱向和梁向均为曲线型的拱坝。

重力拱坝　gravity arch dam　presa gravedad‑arco
厚高比大于 0.35、兼有拱和重力两种作用的拱坝。

空腹重力拱坝　hollow gravity arch dam　presa de gravedad hueca

在坝的腹部布置沿坝轴线方向大尺度空腔的重力拱坝。

厚高比　ratio of thickness to height　relación de espesor y altura
拱坝最大高度处的坝底厚度与坝高之比。

拱坝轴线　axis of arch dam　eje de presa arco
拱坝坝顶拱圈上游边线在水平面上的投影。

弧高比　ratio of arc length to height　relación de longitud de arco y altura de presa
拱坝坝顶弧长与坝高之比。

拱中心线　center line of arch　línea central del arco
拱截面厚度的中点的连接线。

拱圈中心角　central angle of arch　ángulo central del arco
拱坝中心线与拱圈中心线在拱座交点处曲率半径线之间的夹角为拱圈中心角，左右半中心角之和即为拱圈中心角。

拱圈线型　arch shape　forma de arco
水平拱圈所采用的曲线形式，常用的拱圈线型有单心圆、多心圆、抛物线、对数螺线、双曲线、椭圆、二次曲线等。

垫座　concrete socket　zócalo de hormigón
设置在坝体与基岩之间，宽度大于相应位置处坝体厚度的混凝土传力结构。

拱冠梁　crown cantilever　voladizo de corona
在拱坝的拱顶处与水平拱圈成正交的铅垂坝体断面。

推力墩　thrust block；thrust pier　bloque de empuje，pilar de empuje
设置在坝体与基岩之间，将拱推力传至基岩的结构。

重力墩　gravity block；gravity pier　bloque de gravedad，pilar de gravedad
通过自身的重力作用，承受拱推力的重力式结构。

拱座　arch dam abutment　estribo de presa arco
拱坝所坐落的两岸一定范围内的岩体。

坝肩稳定　stability of abutments　estabilidad del estribo
拱座岩体在拱端推力、岩体自重、扬压力和地震作用下的稳定性。

拱梁分载法　trial-load method　Método de las Cargas de Prueba
将整个拱坝离散为水平拱和悬臂梁两个系统，根据拱系和梁系交点处变位协调条件确定拱系和梁系的荷载分配，并以此进行拱坝应力计算的方法。

封拱　closure of arch　cierre de arco

对拱坝横缝进行接缝灌浆，使拱坝形成整体作用的工作。

4.4 土石坝

土石坝 embankment dam；earth and rockfill dam *presa de materiales sueltos*；*presa de tierra y roca*

用土、砂砾石、石等当地材料填筑而成的坝。

均质坝 homogeneous earth dam *presa homogénea*

坝体断面不分防渗体和坝壳，绝大部分由一种防渗土料组成的坝。

碾压式土石坝 roller compacted embankment dam *presa RCC*

将土石料分层填筑并压实而成的土石坝。

土心墙土石坝 clay core embankment dam *presa de materiales sueltos con núcleo de arcilla*

在坝体中使用渗透系数小的黏性土料、砾石土料或掺砾黏土料等作为防渗体的土石坝；防渗土体填筑有斜心墙、直心墙等形式。

沥青混凝土心墙土石坝 asphaltic concrete core embankment dam *presa de materiales sueltos con núcleo de hormigón asfáltico*

在坝体中部用沥青混凝土墙作为防渗体的土石坝。

混凝土面板堆石坝 concrete faced rockfill dam *presa de enrocado con cara de hormigón*

用钢筋混凝土作上游防渗面板的堆石坝。

沥青混凝土面板堆石坝 asphaltic concrete faced rockfill dam *presa de enrocado con cara de hormigón asfáltico*

用沥青混凝土作上游防渗面板的堆石坝。

土工膜防渗土石坝 geomembrane impervious embankment dam *presa de materiales sueltos con geomembrana como material impermeable*

采用土工膜作为坝体主要防渗措施的土石坝。土工膜一般布置在坝体中部或上游侧，并设置对土工膜进行防护的垫层材料。

坝体分区 dam zoning *zonación de presa*

将坝体按不同的功能、填筑材料、工程施工进度等要求而划分成的不同区域。

心墙 core *muro de núcleo central*

在土石坝坝体中部用刚性或塑性材料筑成的竖向防渗体。

沥青混凝土心墙 asphalt concrete core *núcleo de hormigón asfáltico*

设置在土石坝坝体内部的沥青混凝土防渗结构。

混凝土面板 concrete face *cara de hormigón*

设置在堆石坝、砌石坝、蓄水库（池）、渠道等水工建筑物表面的混凝土防渗结构。包括常规混凝土面板、沥青混凝土面板等。

土工膜 geomembrane *geomembrana*

由聚合物或沥青制成的一种相对不透水膜。聚合物土工膜在工厂采用吹塑法、压延法或涂刷法制造；沥青土工膜采用合成纤维或织物喷涂或浸渍沥青形成。

复合土工膜 composite geomembrane *geomembrana compuesta*

由聚合物土工膜与土工织物加热压合或粘合而成的组合物。

加筋土工膜 reinforced geomembrane *geomembrana reforzada*

在聚合物中加入土工织物等生产的土工膜。

盖重区 weighted cover zone *zona de cobertura ponderada*

覆盖在上游铺盖区上的渣料，以维持上游铺盖区的稳定。

防渗铺盖 impervious blanket *manta impermeable*

在闸、坝上游透水地基表面填筑的用以堵截渗流或延长渗径的水平防渗设施，或填筑在面板、趾板和周边缝顶部的低液限粉土或类似的其他材料，起辅助渗流控制作用。

趾板 plinth *plinto*

连接地基防渗体和面板的混凝土板。分为平趾板、窄趾板、斜趾板等。

X线 X line *línea X*

面板底面延长面与趾板设计建基面的交线。

趾墙 toe wall *puntera*

布置在趾板线上和面板连接的混凝土挡墙。

混凝土连接板 concrete connection slab *losa de conexión de hormigón*

趾板建在覆盖层上时，为适应坝基变形在趾板和坝基防渗墙之间设置的混凝土结构。

下游混凝土防渗板 downstream concrete slab connected with the plinth *losa de hormigón aguas abajo conectada con el plinto*

趾板下游坝基表面用于延长渗径、减小基础水力梯度的钢筋混凝土或钢筋网喷混凝土板。

垫层区 cushion zone *zona colchón*

面板的直接支承体，向堆石体均匀传递水压力，并起渗流控制作用。

过渡区　transition zone　zona de transición
位于两种不同材料之间起保护或过渡作用的坝体分区。

特殊垫层区　special cushion zone　zona colchón especial
位于周边缝下游侧垫层区内，对周边缝及其附近面板上的堵缝材料起反滤作用。

增模区　modulus–increased zone　zona de módulo aumentado
堆石区内专门设置的压缩模量比相邻堆石区压缩模量大的区域。

反滤层　filter　filtro
沿渗流方向将砂石料或土工织物按颗粒粒度或孔隙逐渐增大的顺序分层铺筑而成，防止细颗粒流失的滤水设施。

排水区　drainage zone　Zona de drenaje
在砂砾石或软岩堆石坝体内设置的用强透水堆（砾）石填筑而成的竖向排水体及水平排水体。

贴坡排水　slope surface drain　drenaje superficial del talud
保护土坝下游边坡不受冲刷的表层排水设施。

棱体排水　prism drain　prisma de drenaje
在土坝坝趾处用块石、砾石或碎石堆筑而成的棱柱形排水体。

褥垫排水　blanket drain　manta de drenaje
在土坝下游坝体与坝基之间用排水反滤料铺设的水平排水体。

竖井排水　chimney drain　pozo de drenaje
位于土坝坝体中央或偏下游处的竖向或倾斜排水设施。

减压井　relief well　pozo de alivio
为降低堤防、闸、坝等建筑物下游覆盖层的渗透压力而设置的一系列井式减压排渗设施。

护坡　slope protection；revetment　protección del talud
为防止土石坝坝坡或堤防、渠道的边坡等受风浪、雨水等的冲刷侵蚀破坏而修筑的坡面保护层。

马道　berm　berma
为适应施工、观测、检修和交通的需要而在土石坝坝坡或边坡适当部位设置的具有一定宽度的平台。

土工合成材料　geosynthetics　geosintéticos
工程建设中应用的与岩土体接触的土工织物、土工膜、土工复合材料、土工特种材料等聚合物产品的总称。

土工织物　**geotextile**　geotextil
透水性土工合成材料。按制造方法不同，分为织造型土工织物和非织造型土工织物。

土工格栅　**geogrid**　geomalla
在岩土工程中作为加固软基、护坡、护面、护底等的加劲材料，用高分子材料冲压成具有镂空网格的板状材料。

截水槽　**cutoff trench**　trinchera de corte
在透水坝基上沿轴线方向开挖沟槽并回填防渗材料而形成的坝基防渗体。

防渗板桩　**sheet pile**　tablestaca
打入地基中用以堵截渗流或延长渗径的竖向刚性防渗设施。

浸润线　**phreatic line**　línea freática
渗流场中的自由表面线。

4.5 | 泄水与消能防冲建筑物

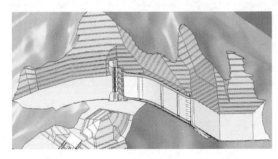

溢洪道　　　　　　　　　　　　　　溢洪道剖面

岸边式溢洪道　**riverbank spillway**　vertedero tipo orilla del río
建于坝两端河岸上的溢洪道。

侧槽式溢洪道　**side channel spillway**　aliviadero de vertido lateral en canales
泄槽轴线与进口溢流堰轴线大致平行的开敞式溢洪道。

泄洪洞　**flood discharge tunnel**　túnel de descarga de inundación
设置于两岸山体内用于泄洪的隧洞。

溢洪洞　**spillway tunnel**　aliviadero en túnel
在岸边山体内全部或部分为隧洞，下泄水流全程具有自由表面的泄洪洞。

井式溢洪道　**shaft spillway**　aliviadero tipo pozo
进口为环形溢流堰、其后接竖井和泄水隧洞及出口消能设施等的泄洪建筑物。

自溃坝　fuse‑plug dam　dique fusible de la presa
在预定水位可按计划自行溃决、作为非常溢洪道的土石坝。

水闸　sluice　compuerta
修建在河道和渠道上利用闸门控制流量、调节水位，具有挡水、泄水双重作用的低水头水工建筑物。

进水闸　intake sluice　compuerta de bocatoma
位于引水建筑物的首部，用以取水并控制进水流量的水闸。

泄洪闸　flood release sluice　compuerta para descarga de inundación
主要功能为宣泄水库、河道、渠道洪水或多余水量的水闸。

冲沙闸　flushing sluice　compuerta de lavado
设在枢纽、渠首及渠系工程中，用以冲排淤沙的水闸。

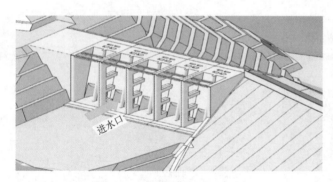

泄洪闸

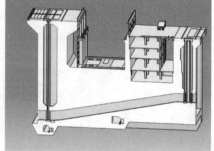

机组间冲沙闸

闸室　sluice chamber　cámara de compuerta
为水闸的主体部分，主要用于控制水流，由闸室底板、闸门、闸墩、工作桥等组成。

胸墙　breast wall　muro cabezal
设于闸孔或溢流孔的上方、支承于闸墩上的用于减小闸门挡水高度的墙式挡水结构物。

刺墙　key wall　muro de llave
插入河岸或与水闸相连接的挡水建筑物中并与边墩垂直相接的结构物。

翼墙　wing wall　muro de ala
建在闸、坝等水工建筑物上下游的两侧，用于引导水流并兼有挡土及侧向防渗作用的结构物。

控制段　control section　sección de control
溢洪道位于进水渠与泄槽间控制溢洪道泄量的堰、闸及两侧连接结构物。

泄槽　chute　tolva de vertedero
溢洪道控制段与出口消能段之间的急流泄水道。

掺气槽　aeration slot　ranura de aireación
为防止空化而向水流边界底面补入空气并形成掺气水流、避免空蚀破坏而设置的沟槽。

水跃消能　energy dissipation by hydraulic jump　disipación de energía por salto hidráulico
利用水跃消刹从泄水建筑物贴底泄出的急流的余能、将急流转变为缓流与下游水流相衔接的消能方式。

面流消能　energy dissipation by surface flow　disipación de energía por flujo superficial
利用泄水建筑物末端的跌坎或戽斗，将下泄急流的主流挑至水面，通过主流在表面扩散及底部旋滚和表面旋滚以消除余能的消能方式。

挑流消能　ski - jump energy dissipation　disipación de energía por salto de esquí
在泄水建筑物出流处设置挑坎，将泄出的急流挑向空中，形成掺气射流落入下游水垫的消能方式。

挑坎　flip bucket　salto de esquí
建在泄水建筑物末端、能将下泄的高速水流向下游抛射的、具有一定反弧半径和挑角的坎。

连续挑坎　continuous flip bucket　salto de esquí continuo
建在泄水建筑物末端的连续实体挑坎。

差动挑坎　slotted flip bucket　salto de esquí ranurado
由齿台和沟槽相间构成的或设于不同高程、有不同挑角的挑坎。

窄缝挑坎　slit - type bucket　salto de esquí tipo hendidura
急流出口处的泄槽边墙急剧收缩形成窄缝的挑坎。

异型挑坎　special - shaped convergent flip bucket　salto de esquí convergente de forma especial
通过底面扭曲、坎端切角或其他方式形成的特殊体型挑坎。

扭曲式挑坎　distorted type flip bucket　salto de esquí tipo distorsionado
底面扭曲、坎顶不等高并与流向成一定夹角的挑坎。

宽尾墩　end - flared pier　pilar acampanado
后段加宽成鱼尾状的溢流坝闸墩。

消力池　stilling basin　cuenco amortiguador
在坝体、水闸或泄水建筑物下游，按照水跃消能要求，由边墙、底板、尾坎、护坦等组成的消能设施。

消力墩　baffle block；baffle pier　bloque deflector；pilar deflector
水跃消能池中用以提高消能效率的墩形辅助消能结构物。

分流墩　chute block　tobogán
建在水跃消能池进口斜坡段坡脚，用以提高消能效率的墩形辅助消能结构物。

水垫塘　plunge pool　piscina de inmersión
设置在坝体或溢洪道下游，以形成足够的水域和水深，满足挑流、跌流消能的结构物。

护坦　apron　delantal
设置在水闸底板或消力池下游，保护河底不受冲刷破坏的刚性护底结构物。

海漫　apron extension；riprap　extensión del delantal；riprap
建在水闸或泄水建筑物护坦或消力池下游，用以调整流速分布、保护河床免受冲刷的柔性或刚性结构物。

泄洪雾化　jet-flow atomization　atomización de flujo de chorro
泄洪消能水舌激溅形成雨雾的物理现象。

雾化区　atomization zone　zona de atomización
泄水建筑物泄水所引起的一种非自然降水过程与水雾弥漫现象所影响的区域。一般而言，水头越高，流量越大，泄洪雾化的降雨强度与影响范围也越大。

4.6 　厂房建筑物

坝后式厂房　powerhouse at dam toe　casa de máquinas ubicada en el dedo de presa
靠近挡水坝下游坝趾、不直接承受坝上游水压力的水电站厂房，包括厂顶溢流式厂房、厂前挑流式厂房等特殊布置型式。

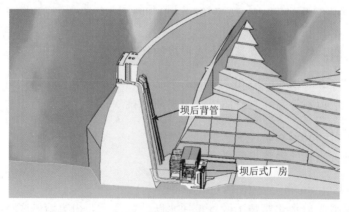

坝后式厂房

河床式厂房 water retaining powerhouse casa de máquinas con función de retención de agua

位于河道上直接承受上游水压力的水电站厂房。

岸边式厂房 riverbank powerhouse casa de máquinas ubicada al lado del río

位于河岸边，不直接承受坝上游水压力的水电站厂房。

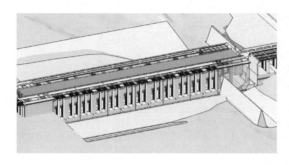

河床式电站一

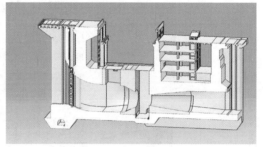

河床式厂房断面

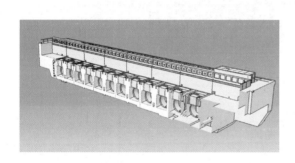

河床式电站二

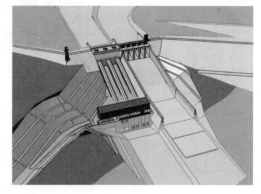

岸边式厂房

坝内式厂房 powerhouse within dam casa de máquinas ubicada dentro de presa

设在挡水坝体空腔内的水电站厂房。

地下式厂房 underground powerhouse casa de máquinas tipo subterráneo

发电厂房及水轮发电机组等主要设备设置在地下洞室内的水电站厂房。

半地下厂房 semi-underground powerhouse casa de máquinas semi-subterránea

建在地面以下的坑槽或竖井中，顶部露出到地表面以上的水电站厂房。

窑洞式厂房 cave powerhouse casa de máquinas tipo caverna

建在河岸边的山洞中，敞口面向河谷的窑洞式水电站厂房。

主厂房 main powerhouse casa de máquinas principal

装设水轮发电机组及其辅助设备，供机组运行及安装检修作业用的建筑物。

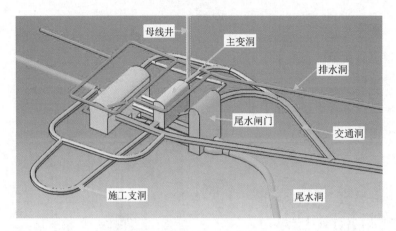

地下厂房洞室

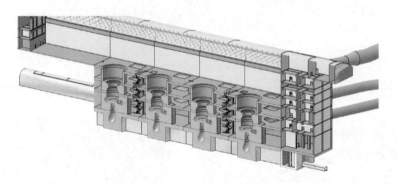

地下厂房横剖面

安装间 erection bay area de montaje；asamblea
在主厂房内，用于机组设备组装、检修的场地。

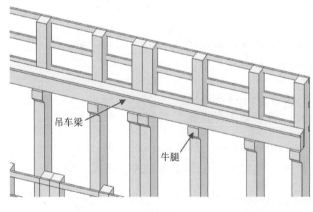

吊车梁

副厂房 auxiliary rooms of powerhouse edificio de servicios auxiliares
布置有水电站辅助机械及电气设备、检测试验设备、值班场所等设施的建筑物。

中央控制室 central control room sala de control central
装设对全厂各种机械、电气设备进行集中监视及控制用的仪器、仪表设施的房屋。

发电机层 generator floor piso de generadores
装设立轴水轮发电机组的厂房中位于主机间地板以上的空间。

母线层 busbar floor piso de barras
装设立轴水轮发电机组的厂房中布设低压输电设施、位于发电机层地板以下到水轮机层以上的空间。

水轮机层 turbine floor piso de turbinas
装设立轴水轮发电机组的厂房中位于母线层地板以下到水轮机蜗壳层以上的空间。

蜗壳层 spiral casing floor piso de caracol
装设立轴水轮发电机组的厂房中位于水轮机层地板以下到尾水管顶端高程以上的空间。

尾水管层 draft tube floor piso del tubo de tiro
装设立轴水轮发电机组的厂房中位于尾水管顶端高程以下到底板高程以上的空间。

机墩 generator pier soporte de generador
支承水轮发电机组并将其传来的荷载传给厂房下部块体的结构物。有圆筒式、框架式、环梁立柱式、块基式等形式。

发电机风罩 air housing carcasa de aire
围护在立轴水轮发电机定子外壳周围，形成冷却通风道的筒形结构物。

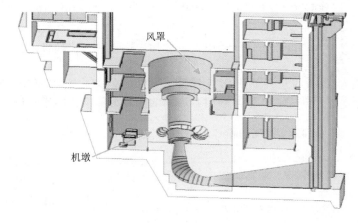

机墩、风罩

水轮机室 turbine casing carcasa de turbina
围护在反击式水轮机转轮外围的过流部件，形状有明槽式、蜗壳式等。

岩壁吊车梁 rock-bolted crane girder viga de grúa atornillada en roca

通过锚杆锚固在地下洞室岩壁上的现浇钢筋混凝土结构，由钢筋混凝土梁体、锚杆和围岩共同承受荷载或作用，是地下洞室内桥式起重机的一种支承结构。

主变洞 **transformer cavern** galería (túnel) de transformadores
地下式厂房中布置主变压器及相关附属设备的洞室。

母线洞 **bus duct tunnel** túnel del ducto de barras
地下式厂房中连接主机间和主变室，作为高压母线布置通道的洞室。

GIS 室 **GIS chamber** cámara GIS
装设高压气体绝缘金属封闭式组合电器的空间。

开敞式进水口 **open inlet** bocatoma abierta
进水口流道有自由水面，且水面以上净空与外界空气保持贯通的进水口。

有压式进水口 **pressure inlet** bocatoma a presión
流道均淹没于水中，并始终保持满流状态，具有一定的压力水头的进水口。

坝式进水口 **intake incorporated in concrete dam** bocatoma incorporada en presa de hormigón
布置在大坝或挡水建筑物上的整体布置进水口，含水电站压力前池进水口。

塔式进水口 **intake tower** bocatoma tipo torre
布置于大坝或库岸以外的独立布置进水口，可采用单面单孔进水或周圈多层多孔径向进水。

岸塔式进水口 **intake tower built against bank** bocatoma tipo torre construida contra la margen
背靠岸坡布置，闸门设在塔形结构中，可兼作岸坡支挡结构的进水口。

闸门竖井式进水口 **intake with gate shaft** bocatoma con compuerta en pozo
闸门布置于山体竖井中，入口与闸门井之间的流道为隧洞段的进水口。

岸坡式进水口 **intake with inclined gate slots at bank** bocatoma con ranuras de compuerta inclinadas en la margen
闸门门槽（含拦污栅槽）贴靠倾斜岸坡布置的进水口。

侧式进/出水口 **side intake/outlet** entrada；salida lateral
抽水蓄能电站的输水道呈水平向与水库连接的进/出水口。

竖井式进/出水口 **shaft intake/outlet** entrada / salida tipo pozo
抽水蓄能电站输水道用竖井与水库底垂直连接的进/出水口。

最小淹没深度 **minimum submerged depth** profundidad mínima sumergida

有压式进水口闸孔顶板高程或洞顶高程与最低运行水位之差。

分层取水进水口 layered water intake bocatoma en capas

针对水温分层型水库，为获取水库不同高程水体以达到控制下泄水温目的而设置的进水口。

多层进水口 multilevel intake bocatoma multinivel

通过设置不同高程的多个进水口，以达到分层取水的目的。

叠梁门式进水口 stoplog gate intake bocatoma con compuerta stoplog

通过在进水口前端设置叠梁门，控制取水高程，以达到分层取水的目的。叠梁门一般为平板钢闸门结构，也可采用混凝土结构。

翻板门式进水口 flap gate intake bocatoma con puerta clapeta

通过在进水口前端设置多层翻板门，根据不同取水高程要求，旋转相应高程门叶以达到分层取水的目的。

4.7 输水建筑物

输水系统 water conveyance system sistema de transporte de agua

将水体从水库引至发电厂房、从发电厂房引至下游水库或河道的通道的总称。

水工隧洞 hydraulic tunnel túnel hidráulico

水电工程设置于岩土体中用于输水、发电、灌溉、泄洪、导流、放空、排沙等的隧洞。

引水隧洞 headrace tunnel túnel de carga

将河段上游水流引到发电厂房附近的输水隧洞，或抽水蓄能电站位于上水库进/出水口和厂房之间用于输送水流的隧洞。

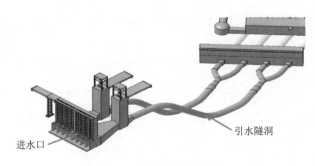

进水口

引水隧洞

引水隧洞

高压隧洞 high pressure tunnel túnel a alta presión

洞内压力水头不小于 100m 的隧洞。

压力管道　penstock　tubería de presión

自上游调压室至水轮机蜗壳进口或针阀喷嘴之间的压力水道；无上游调压室时，为电站进水口至水轮机蜗壳进口或针阀喷嘴之间的压力水道。

衬砌　lining　revestimiento

在地下工程和渠道工程中，为加固围岩和满足工程使用要求，采用混凝土、钢筋混凝土、钢板等材料进行支护的工程措施。

引水渠道　headrace canal　canal de aducción
从上游引水的明流道。

前池　forebay　reservorio

引水渠道式水电站从无压引水过渡到压力管道之间的连接结构物，具有调整和稳定水流、向压力管道均匀分配水量的作用。

调节池　regulating pond　estanque de regulación
为调节流量而设置的具有一定容积的水池。

调节渠道　self‐regulating canal　canal autorregulador

当水电站切除部分或全部负荷时，渠道内的水位能自动升高至水库水位齐平而不发生弃水的引水渠道。

沉沙池　desilting basin　desarenador

用以沉淀挟沙水流中颗粒大于设计沉降粒径的悬移质泥沙，降低水流中含沙量的建筑物。

定期冲洗式沉沙池　periodic flushing desilting basin　desarenador de lavado periódico

沉沙与冲洗交替进行的沉沙池，即沉沙池淤积到一定程度后，开启冲沙闸进行冲洗，以恢复沉沙池的沉沙容积。

连续冲洗式沉沙池　continuous flushing desilting basin　desarenador de lavado continuo

在连续供水的同时，将沉落的泥沙连续不断地冲排入下游河道的沉沙池。

条渠沉沙池　desilting channel　canal desarenador

利用天然洼地，形成长度较长的宽浅土渠沉沙地，淤满后可还耕或清淤后可重复利用。

调压室　surge chamber　chimenea de equilibrio

设置在压力水道上，具有下列功能的建筑物：①由调压室自由水面或气垫层反射水击波，限制水击波进入压力引水道或尾水道，以满足机组调节保证的要求；②改善机组在负荷变化时的运行条件及供电质量。

 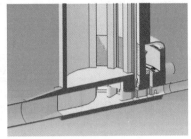 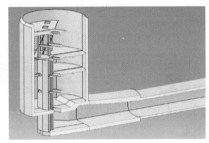

调压井　　　　　　　　调压井内部　　　　　　　尾水调压井

简单式调压室　simple surge chamber　chimenea de equilibrio simple
调压室与压力水道间孔口的断面面积不小于调压室处压力水道断面面积的调压室。

阻抗式调压室　restricted orifice surge chamber　chimenea de equilibrio con orificio restringido
调压室与压力水道间孔口的断面面积小于调压室处压力水道断面面积的调压室。

差动式调压室　differential surge chamber　chimenea de equilibrio diferencial
由断面较小的升管和断面较大的大井组成，升管与大井间能够形成差动效应的调压室。

水室式调压室　two - compartment surge chamber　chimenea de equilibrio con dos compartimentos
由竖井和上室、下室共同或分别组成的调压室。

溢流式调压室　overflow surge chamber　chimenea de equilibrio con vertedero
顶部设有溢流堰泄水的调压室。

气垫式调压室　air cushion surge chamber　chimenea de equilirio tipo colchón de aire
利用封闭气室中的空气压力制约水位高度及其涌波变幅的调压室。

最高涌波水位　highest surge level　nivel de oleaje más alto
调压室内水位波动上升到的最高水位。

最低涌波水位　lowest surge level　nivel de oleaje más bajo
调压室内水位波动下降到的最低水位。

最高涌波　maximum surge　oleaje máximo
机组负荷突然变化时，调压室中水位相对于静水位的最高振幅。

最低涌波　minimum surge　oleaje mínimo
机组负荷突然变化时，调压室中水位相对于静水位的最低振幅。

第二振幅　secondary surge amplitude　amplitud de oleaje secundario

在最高或最低涌波发生后，紧接产生的方向相反的最低或最高振幅。

明管　exposed penstock　tubería expuesta

单独承担内水压力的压力钢管。

埋管　embedded penstock　tubo embebido

埋入岩体中与围岩间充填混凝土，或埋入坝体混凝土内与围岩或坝体混凝土共同承担内水压力的压力钢管。

钢衬钢筋混凝土管　steel lined reinforced concrete penstock　tubería con blindaje y hormigón armado

由钢管与钢筋混凝土组成并联合受力的压力钢管。

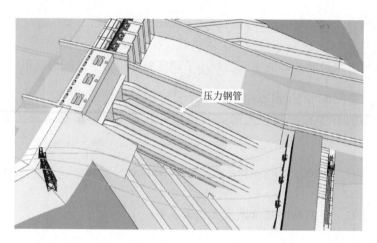

压力钢管（钢衬钢筋混凝土管）

HD 值　HD value　valor HD

压力管道规模用 HD 值表示，H 为压力管道设计内水压力（m），D 为压力管道直径（m）。

镇墩　anchor block　bloque de anclaje

保证钢管段不发生位移、倾覆和扭转的支承结构物。

支墩　supporting block　pilar（pilar de soporte）

布置在镇墩间允许钢管有限量轴向位移及翘转的支承结构物。

伸缩节　expansion joint　junta de expansión

为适应温度变化和基础不均匀沉降等因素所产生的变位，而在钢管上设置的允许适量变位的接头部件。

伸缩管　expansion pipe　tubo de expansión

伸缩节

用以替代伸缩节并允许适量变位的管段。

水压试验 hydrostatic pressure test ensayo de presión de agua

为保证钢管安全运行，对设计、材料、施工质量等方面进行检验，并起钝化缺陷处应力和削减构件应力峰值作用的充水加压试验。

岔管 bifurcation bifurcador

压力钢管分岔处的管段，包括岔管主体及部分主管和支管。

三梁岔管 three – girder reinforced bifurcation bifurcador reforzado con bandas especiales

分岔处用 U 形梁及腰梁加强的岔管。

月牙肋钢岔管 steel bifurcation with crescent rib bifurcador reforzado con nervadura curva

分岔处用插入管内的月牙形肋板加强的钢岔管。

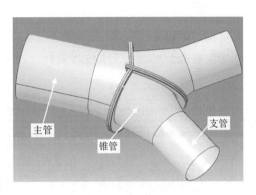

主管 锥管 支管

球形岔管 spherical bifurcation bifurcador esférico

主管和支管用球壳连接，连接处用补强环加强的岔管。

无梁岔管 shell – type bifurcation bifurcador tipo concha

分岔处由多节锥管和部分球壳组成的岔管。

贴边岔管 hem reinforced bifurcation bifurcador reforzado en dobladillo

分岔破口边缘用贴焊的补强板加强的岔管。

尾水隧洞 tailrace tunnel túnel de descarga

将发电水流从尾水管出口排至下游河道的隧洞。

岸塔式尾水出口 outlet tower built against bank salida tipo torre construida contra la margen

与尾水隧洞连接，背靠岸坡布置，尾水闸门设在塔形结构中，可兼作岸坡支挡结构的尾水出口。

闸门竖井式尾水出口 outlet with gate shaft salida con compuerta en pozo

与尾水隧洞连接，尾水闸门布置于山体竖井中，入口与闸门井之间的流道为隧洞段的尾水出口。

尾水渠 tailrace canal canal de descarga

将发电水流从尾水管或尾水出口排至下游河道的渠道。

尾水平台　**tailrace platform**　plataforma de descarga
建在主厂房下游侧，装设尾水闸门启闭机械的工作平台。

4.8 通航建筑物

船闸　**shiplock**　esclusa de navegación
建在河道天然或人工水位落差处，利用闸室水位变化控制船舶升降而越过落差的通航
建筑物。

多线船闸　**multiple locks**　múltiples compuertas
由两座或多座可独立运用的并列闸室组成的船闸。

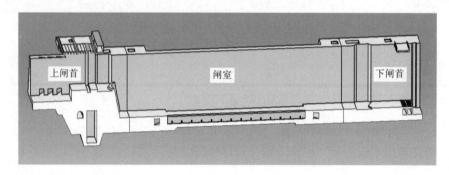

上闸首　　　闸室　　　下闸首

船闸

多级船闸　**flight locks**　esclusa de múltiples etapas
在高落差的水电枢纽中用多个相互连接的闸室组成的船闸。

升船机　**shiplift**　elevador de barcos
利用机械装置升降船舶的通航建筑物，主要分为机械式和水力式。

引航道　**approach channel**　canal de aproximación
在通航建筑物的上游和下游引导船舶安全出入及供船舶等候过闸的过渡性航道。

闸首　**lockhead**　cabeza de cerradura
将闸室与上下游引航道或将相邻两级闸室隔开，具有挡水、过船功能的结构物。

导航建筑物　**guide structure**　estructura de guía
引航道两侧与闸首相连的，引导船舶安全进出闸室的建筑物。

船闸闸室　**lock chamber**　cámara de compuerta
上下游闸首间利用充泄水改变水位使船舶或船队安全通过船闸的临时停留区段。

船闸输水系统　**filling – emptying system of lock**　sistema de llenado – vaciado de

cámara de compuerta
连接闸室和上下游水域并设阀门控制闸室灌水、泄水的全部设施。

承船厢室 ship chamber space espacio de la cámara de la nave
由上下闸首、两侧承重结构、底板及顶部机房底板围成的区域，是垂直升船机承船厢升降的空间。

承船车 ship carriage carro parar soportar la nave
斜面升船机中用以运载船舶的设备，由楔形车架和承船厢或承船架组成。

4.9 边坡工程

边坡安全系数 slope safety factor factor de seguridad de talud
表征边坡抗滑稳定程度的指标，为抗滑力与滑动力的比值。

边坡设计安全系数 design safety factor of slope factor de seguridad de diseño de talud
为使边坡达到预期安全程度所需的边坡允许最低安全系数。

极限平衡法 limit equilibrium method método de equilibrio límite
建立静力极限平衡方程求解边坡安全系数的方法。

上限解 upper‐bound solution solución de límite superior
对于整体或解体滑动破坏模式，相应某一机动许可的位移场，如果确保滑面上和滑体内结构面上（对均质土边坡则为滑体内每一点）均达到极限平衡，则相应的安全系数一定大于或等于相应真值，此解即上限解。

下限解 lower‐bound solution solución de límite inferior
对于整体滑动模式，如果沿滑面达到极限平衡，且保证滑体内的应力都处于屈服面内，则相应的安全系数一定小于相应真值，此解即下限解。

锚杆 anchor bolt perno de anclaje
安设于地层中的受拉杆件及其体系；可分为预应力锚杆、非预应力锚杆。

预应力锚索 prestressed tendon；prestressed cable cable postensado，tendón postensado
由锚具、预应力钢绞线及附件组成的结构件。

锚喷支护 anchor‐shotcrete retaining sostenimiento de anclaje con hormigón lanzado
由锚杆、喷射混凝土等组成的支护结构。

预应力锚杆 prestressed bolt perno de anclaje postensado
将张拉力传递到稳定的或适宜的岩土体中的一种受拉杆件，一般由锚头、锚杆自由段和锚杆锚固段组成。

非预应力锚杆 non-tensiled bolt perno no tensado
地层中不施加预应力的全长黏结型或摩擦型锚杆。

抗滑桩 slope stabilizing pile；slide-resistant pile pilote anti deslizante
设置在边坡潜在滑体内，垂直穿过滑面以下一定深度，提高边坡稳定性的抗滑结构。

抗剪洞 shear-resistant plug túnel de relleno resistente al corte
岩质边坡内用钢筋混凝土将滑面上下两盘岩体嵌固在一起，利用钢筋混凝土回填体抗剪的洞塞。

网格梁/框格梁 grid beam malla de viga
利用现浇钢筋混凝土、预制混凝土或浆砌块石对开挖岩土边坡进行坡面防护的网格状梁结构。

重力式挡土墙 gravity retaining wall muro de contención a gravedad
主要依靠自身重量维持稳定的挡土建筑物。

衡重式挡土墙 shelf retaining wall muro de contención con contrafuertes
墙背设有衡重台（减荷台）的重力式挡土建筑物。

悬臂式挡土墙 cantilever retaining wall muro de contención en voladizo
由底板及固定在底板上的悬臂式直墙构成的，主要依靠底板上的填土重量维持稳定的挡土建筑物。

扶壁式挡土墙 counterfort retaining wall muro de contención contrafuerte
由底板及固定在底板上的直墙和扶壁构成的，主要依靠底板上的填土重量维持稳定的挡土建筑物。

空箱式挡土墙 chamber retaining wall muro de contención tipo cámara hueca
由底板、顶板及立墙组成空箱状的，依靠箱内填土或充水的重量维持稳定的挡土建筑物。

板桩式挡土墙 sheetpile retaining wall muro de contención de tablestacas
利用板桩挡土、依靠自身锚固力或设帽梁、拉杆及固定在可靠地基上的锚碇墙维持稳定的挡土建筑物。

锚杆式挡土墙 anchor retaining wall muro de contención con anclajes
利用板肋式、格构式或排桩式墙身结构挡土，依靠固定在岩石或可靠地基上的锚杆维持稳定的挡土建筑物。

4.10 导流工程

施工导流 construction diversion *desvío para etapa de construcción*
为工程创造干地施工条件,按预定方案将河水通过天然河道或泄水建筑物导向在建工程围护区之外的工程措施。

导流程序 diversion procedure *procedimiento de desvío*
根据水电工程施工总进度和主要节点及其相应度汛要求,提出的分阶段施工导流方式以及相应挡水、泄水建筑物等施工导流次序的安排。

导流方式 diversion method *método de desvío*
施工导流中所采用的挡水和泄水的方式。按主河床基坑的形成特点,施工导流可分为一次拦断河床围堰导流和分期围堰导流方式;按泄水建筑物型式可分为明渠导流、隧洞导流、涵管导流,以及施工过程中的坝体底孔导流、缺口导流和不同泄水建筑物的组合导流。

导流建筑物 diversion structure *estructura de disvío*
枢纽工程施工期所使用的临时性挡水和泄水建筑物。

导流建筑物级别 grade of diversion structure *grado de estructura de disvío*
根据导流建筑物保护对象、失事后果、使用年限和围堰工程规模等对导流建筑物的分级。

导流标准 diversion criteria *criterio de desvío*
根据导流时段、水文资料特性、主体建筑物等级、相应临时建筑物等级及其失事后果等选用导流设计流量频率的规定。

初期导流 early-stage diversion *desvío en etapa inicial*
工程施工初期依靠围堰挡水的导流阶段。

中期导流 mid-stage diversion *desvío en etapa media*
导流泄水建筑物尚未封堵,可依靠坝体挡水的导流阶段。

后期导流 late-stage diversion *desvío en etapa final*
坝体尚未完建,从导流泄水建筑物开始封堵到永久泄水建筑物达到设计能力以前水库蓄水的阶段。

分期导流 staged diversion *desvío por etapas*
在河床上分期、分段利用围堰挡水,河水通过被束窄的河床或导流泄水建筑物下泄的导流方式。

围堰 cofferdam ataguía
围护建筑物施工场地，创造干地施工条件，使其免受河水影响的临时挡水建筑物。

全年围堰 whole‑year cofferdam ataguía de todo el año
在导流设计标准下可全年挡水的围堰。

枯期围堰 dry‑period cofferdam ataguía de período seco
在导流设计标准下枯水期挡水的围堰。

过水围堰 overflow cofferdam ataguía con paso de agua
在一定条件下允许在堰顶过水且不致遭受破坏的围堰。

土石围堰 embankment cofferdam ataguía de materiales sueltos
以土、砂砾石、石等为主要填筑材料的围堰。

混凝土围堰 concrete cofferdam ataguía de hormigón
用混凝土材料以浇筑或碾压等方式修建而成的围堰。

胶凝砂砾石围堰 cemented sand and gravel cofferdam ataguía de arena y grava cementada
以天然砂砾石或开挖石渣料为主，掺少量胶凝材料，经碾压而成的围堰。

钢板桩围堰 steel sheet pile cofferdam ataguía de tablestaca de acero
用特制的钢板桩构成单排、双排或框格型结构物，内填砂石土料组合而成的围堰。

纵向围堰 longitudinal cofferdam ataguía longitudinal
在分期导流施工中顺水流方向的围堰。

横向围堰 transverse cofferdam ataguía transversal
拦断河流的围堰，在分期导流施工中围堰轴线基本与流向垂直且与纵向围堰连接的上下游围堰。

子堰 sub‑cofferdam sub‑ataguía
为提高围堰短期挡水能力，在堰顶临时修建的矮小挡水设施。

导流洞 diversion tunnel túnel de desvío
将河水导向在建工程围护区之外的隧洞。

导流明渠 diversion channel canal de desvío
将河水导向在建工程围护区之外的渠道。

导流涵洞/导流涵管 diversion culvert alcantarilla de desvío
将河水导向在建工程围护区之外的涵洞或管道。

导流底孔 diversion bottom outlet desagüe de fondo de desvío

在混凝土坝或浆砌石坝坝体内预设的临时或永久泄水孔洞，将河水导向在建工程围护区之外。

截流　closure　cierre
截断河道水流，将水流导向预定通道的工程措施。

戗堤　closure dike　dique de cierre
截流进占过程中形成的堰体。

进占　bank‐off advancing　avance por lanzado de materiales
施工截流中，垂直流向由河岸逐步推进抛投土石等物料以拦截水流的施工过程。

龙口　closure gap　brecha de cierre
施工截流中，河道过水断面被戗堤进占后所形成的过流口门。

龙口护底　bed protection for closure　protección del lecho de río para la cierre
为防止截流中河床被冲刷，预先对河床地基进行防护和加固处理的措施。

立堵截流　end‐dump closure　cierre de volcado final
从河道的一岸或两岸进占抛投截流材料，直至全部截断水流的截流方法。

平堵截流　full raising closure　cierre de elevación total
沿截流戗堤轴线，全线抛投截流材料，使戗堤堤身均衡上升，直至高出水面的截流方法。

合龙　final gap closing　cierre de brecha final
闭合戗堤龙口至全部截断水流的过程。

闭气　leakage stopping　parada de fugas
合龙后用防渗材料封堵戗堤渗流通道的措施。

导流泄水建筑物封堵　plugging of diversion structure　taponamiento de la estructura de desvío
对已完成导流任务的导流泄水建筑物进行封堵的工作。

堵头　plug　tapón
用于封堵导流泄水建筑物所浇筑的一定长度的混凝土塞。

基坑排水　pit dewatering　desagüe de pozo de cimento
为保证干地施工进行的排除基坑内积水的工作，可分为初期排水和经常性排水。

4.11 交通工程

施工交通　construction transportation　transporte durante etapa de construcción

为运输施工材料、设备、机械、人员等采用的施工运输方式、作业、线路布置及其相应设施的统称，分为对外交通和场内交通。

对外交通 site access acceso al sitio
连接工地与国家或地方公路、铁路车站、水运港口之间的交通。

场内交通 on‑site access acceso en el sitio
连接工地内部各施工作业区、料场、渣场、生产生活区之间的交通。

对外交通专用公路 site access highway carretera de acceso al sitio
专为水电工程修建的，连接水电站与国家或地方公路、铁路车站、水运港口，担负外来物资、人员流动运输任务的公路。

场内交通公路 on‑site access road vía de acceso en el sitio
为水电工程建设施工及运行管理修建的，连接工程区内部各主要施工作业区、料场、渣场、生产生活区，承担工程区内部施工交通运输和电站运行管理交通运输的道路。

场内主要公路 on‑site major road vía principal en el sitio
连接水电工程枢纽主要建筑物及主要施工作业区、料场、渣场、生产生活区的场内交通道路。

场内非主要公路 on‑site minor road vía secundaria en el sitio
连接主要道路和施工作业面的场内交通道路。

重大件 large and heavy piece pieza grande y pesada
单件运输重量或运输尺寸对公路、铁路、水运等的建筑界限或荷载标准有重大影响的物件，主要包括水轮机部件、水力发电机组部件、电力变压器、大型闸门及大型施工机械。

重大件运输 transport of large and heavy pieces transporte de pieza grande y pesada
当设备的尺寸超过限界，或重量超出常规运输工具的承载能力，需要采用特殊措施进行运输的过程。

转运站 intermediate depot depósito intermedio
为工程施工专设的担负货物装卸、保管和中转的站场。

5

施工

5.1 一般术语

施工组织设计 construction management planning；construction planning planificación de gestión de construcción；planificación de construcción

根据拟建工程的技术经济要求和施工条件，为了指导工程施工和编制概预算，所编制的工程施工布置、程序、方法、进度计划以及资源配置等技术经济文件。主要包括施工导流、料源选择与料场开采、主体工程施工、施工交通运输、施工工厂设施、施工总布置及施工总进度。

施工技术 construction technology tecnología de construcción
为实现工程目标所采用的施工方法、工艺、材料、机具以及劳动组织等施工活动的总称。

施工条件 construction condition condición de construcción
影响工程施工的自然条件和经济社会条件等各种主客观因素。

施工方案 construction scheme procedimiento de construcción
根据拟建工程的施工条件，对施工过程中所需要的人、财、物、施工方法等因素在时间和空间上的安排。

施工图 construction drawing diseño para construcción
表示工程施工阶段布局、尺寸、构造、材料、设备、施工技术要求等内容的图样。

永久工程 permanent works obra permanente
发挥工程规划功能的设备设施。

临时工程 temporary works obra temporal
为进行主体工程施工而修建的，在施工期间使用的工程设施。

主体工程 **main works** proyecto principal
实现建设项目任务的主要永久工程。

附属工程 **auxiliary works** proyecto auxiliar
为主体工程配套的,承担辅助性功能的永久工程。

土建工程 **civil works** obra civil
土石方、支护、圬工、地基处理、灌浆、混凝土等工程的总称。

安装工程 **equipment installation** instalación de equipos
将工程中的机械设备、电气设备、金属结构及辅助设施安置装配在设计部位的工作。

隐蔽工程 **concealed works** obras ocultas
被后续工序所覆盖的或施工后不便检查的工程。

施工机械 **construction machinery and equipment** maquinaria y equipo de construcción
用于工程施工的机械、设备的总称。

机械效率 **machine efficiency** eficiencia mecánica
机械在一定条件下实际达到的生产能力与额定生产能力的比值。

机械设备完好率 **equipment serviceability rate** tasa de servicio del equipo
在一定时段内,处于完好状态下的机械设备台时数占该类机械设备总台时数的百分比值。

5.2 施工组织

料源 **material source** fuente de material
混凝土骨料、坝料及其他填筑料来源,包括工程建筑物开挖料、料场开采料和外购料物。

料场 **borrow area;quarry** cantera
具有一定储量和质量,可集中开采供工程使用的料源场所;包括土料场、石料场和天然砂砾料场。

储料场 **stock pile area** reservas
转存料场 temporary stackyard almacén temporal
临时堆存可利用的土石料的场地。

可采储量 **exploitable reserve** reserva explotable
根据料源的开采条件、程序、工艺,以及开采设备的技术性能进行开采规划,计算可采的各种天然建筑材料有用料储量。

设计需要量　design demand quantity　cantidad de demanda de diseño
在设计工程量的基础上考虑料物的开采、运输、转存、加工和作业面施工等损耗及折方转换后工程需要的各种天然建筑材料量，以自然方计量。

规划开采量　planned exploitation quantity　cantidad de explotación planificada
在设计需要量的基础上考虑料源可采性后，所需开采的各种天然建筑材料的总量。

料场规划开采量　planned exploitation quantity from borrow area or quarry　cantidad de explotación planificada del área de préstamo o cantera
在规划开采量的基础上扣除工程开挖料可利用量，所需开采的料场开采量。

土石方平衡　cut and fill balance　equilibrio de corte y llenado
土石方工程中对开挖量、填方量、加工利用量和弃料处置量在时间与空间上进行协调平衡的规划工作。

折方系数　volume conversion coefficient　coeficiente de conversión de volumen
土石方工程中单位设计压实方与相应自然方的比值。

施工生产设施　construction facilities　instalaciones de construcción
工程建设期用于加工和生产建筑材料和构配件，供应水、电和压缩空气，维修保养施工机械，储存物资与设备的施工辅助设施。包括砂石加工系统、混凝土生产系统、风水电供应系统、综合加工厂、金属结构拼装、钢管加工等施工工厂设施，施工材料、机电物资、油料、爆破材料等仓储设施，以及主体工程大型施工机械、缆机及进料线等。

施工工厂设施　workshop facilities　instalaciones de taller
为工程施工需要而设置的加工、制作、修配、供水和动力供应等临时性生产设施。

砂石加工系统　aggregate processing system　sistema de procesamiento de agregados
以开采的岩石料或天然砂砾料为原料，通过一系列生产流程将毛料加工为成品料的设施。

破碎系统　crushing system　sistema de trituración
将大粒径的石料通过机械方式加工成小粒径产品的设施。通常包括粗碎、中碎及细碎车间。

筛分系统　screening system　sistema de cribado
通过机械方式将砂石料按不同粒径范围进行分级的设施。

混凝土生产系统　concrete production system　sistema de producción de hormigón
将各种混凝土原材料通过贮料、运输、配料并进行拌制后制成半成品混凝土的设施。

混凝土制冷系统　concrete precooling system　sistema de preenfriamiento de hormigón
预冷混凝土生产系统中，为满足混凝土原材料中的一种或几种材料冷却需要而设置的冷媒制取设施。

混凝土制热系统 concrete preheating system sistema de precalentamiento de hormigón

预热混凝土生产系统中，为满足混凝土原材料中的一种或几种材料加热需要而设置的热媒制取设施。

施工供风系统 air supply system sistema de suministro de aire

为满足工程施工需要而设置的固定或移动式压气站及压缩空气供气管线等设施。

施工供水系统 water supply system sistema de suministro de agua

为满足工程施工需要而设置的，并形成系统的取水、净化、提水、蓄水和管线等供水设施。

施工供电系统 power supply system sistema de alimentación de energía

为满足工程施工需要而设置并形成系统的包括变电站、配电所、输电线路和备用电等供电设施。

综合加工厂 plant planta

为满足工程施工需要而设置的各项附属加工设施的总称。主要包括钢筋加工厂、木材加工厂及混凝土预制厂。

机械修配厂 machinery repair and maintenance workshop taller de reparación y mantenimiento de maquinaria

为保养、维护、修理各种施工和运输机械，并制造简单施工机具而设置的设施。

转轮拼装厂 runner assembly workshop taller de montaje de rodetes

用于拼接、组焊、停放及保养转轮机械的设施。

金属结构拼装场 metal structure assembly yard patio de ensamblaje de estructuras metálicas

为制作、加工、组装各种金属结构而设置的整套设施。

钢管加工厂 steel pipe processing workshop taller de procesamiento de tubos de acero

将钢板材料通过机械加工、拼接和组焊等方式制成不同样式钢管的设施。

施工总布置 construction general layout implantación general de construcción

工程建设及运行所需的料源、料场、渣场、场内外交通、施工生产设施、营地及工程管理区的布置位置、占地面积、施工用地范围。施工总布置按其功能可划分为料源料场、渣场、施工生产设施、营地及工程管理区及场内交通。

渣场区 spoil areas escombrera

包括开挖弃料堆放区域、堆渣体周边挡护、截排水设施区等项目的功能分区。

渣场规划　spoil area planning　planificación de uso de escombrera
对渣场的容量、布置位置、堆渣高程、渣体边坡、渣场挡排措施进行规划和设计。

永久渣场　permanent spoil area　escombrera permanente
在施工期堆放渣料并长期留存的渣场。

临时渣场　temporary spoil area　escombrera temporal
仅在施工期存在的渣场。

施工生产设施区　area of construction facilities　área de instalaciones de construcción
包括砂石加工系统、混凝土生产系统、风水电供应系统、综合加工厂、金属结构拼装、钢管加工等施工工厂设施，施工材料、机电物资、油料、爆破材料等仓储设施，主体工程大型施工机械、缆机及进料线等项目的功能分区。

营地　camp　campamento
工程建设和运行期的建设管理、生产运行的办公和生活基地。

工程管理区　project area　área de proyecto
工程枢纽建筑物、生态保护工程及其生产运行与安全管理区域。

施工用地　land for construction　terreno para construcción
根据工程建设与运行管理要求所确定的枢纽工程建设区占用的施工场地，包括永久占地和临时用地。

永久占地　permanent land occupation　terreno de ocupación permanente
工程建设永久使用的土地，以及虽属临时使用但不能恢复原用途的土地。

临时用地　temporary land for construction　terreno temporal para construcción
工程建设临时使用，且可以恢复原用途的土地。

沟水治理工程　gully treatment works　obras de tratamiento de quebradas
以拦挡、排导沟水为目的，由挡水坝（墙）、排水洞（涵）、排水明渠等建筑物组成，包括永久沟水治理工程和临时沟水治理工程。

施工总进度　master construction schedule　cronograma maestro de construcción
在时间上协调安排建设工程从开工到竣工的施工进度和施工程序的计划文件。

形象进度　graphic progress　progreso gráfico
用文字或图表反映各施工时段内完成程度、部位或面貌，表明该工程施工进度的指标形式。

控制性进度　critical schedule　cronograma crítico
对整个建设工程的施工程序和施工速度有影响的关键工程项目或环节的施工进度。

施工总工期　total construction period　plazo de construcción total

工程从开工直至完成全部设计内容，包括工程准备期、主体工程施工期及工程完建期的总时间。

施工进度计划　construction schedule plan　cronograma de construcción

协调安排工程项目之间的施工顺序、施工强度、劳动力、主要施工设备、施工材料以及施工工期而编制的图表和文件。

施工强度　working intensity　intensidad de trabajo

单位时间内完成的工程量。

施工有效工日　available working days　días laborables disponibles

按日历天数扣除假日和水文气象及其他因素影响作业的天数后，能够施工的天数。

横道图/甘特图　Gantt chart　diagramas de Gantt

以横轴表示时间、纵轴排列施工项目，用横道表示各项作业施工进度，对工程施工活动进行计划安排的图表。

流水作业法　flow operation method　método de operación de flujo

按工程施工工艺流程的顺序，安排各工种紧密衔接轮流作业的施工组织方法。

平行作业法　parallel operation method　método de operación paralela

同一个或两个及两个以上的施工对象，同时组织两个以上不同工作性质的作业并互不干扰的施工组织方法。

网络图　network diagram　diagrama de red

以节点和箭线按一定逻辑关系和组织关系将有关项目连接起来，用以表达所列各项目之间施工顺序关系的图形。

网络进度　network schedule　red de cronograma

用网络图表示的施工进度计划。

关键线路　critical path　ruta crítica

由关键工作组成的线路或总持续时间最长的线路。

关键线路法　critical path method；CPM　método de ruta crítica；CPM

按各工程项目中的控制性进度和关键环节安排各项目施工进度的逻辑关系，找出一系列"机动时间"等于零的单项程序表示所选用进度的方法。

合理工期　rational construction duration　duración de construcción racional

在严格执行基本建设程序，遵循国家法律法规和有关标准，按当前平均先进施工水平，综合考虑地质、天气、环境等施工条件，资源配置均衡情况下，为水电工程安排的计划工期。

工程筹建期　pre - preparatory period　periodo preparatorio

正式开工前为工程施工创造条件所需的时间。工程筹建期工作主要包括对外交通、施工供电、施工通信、施工区征地移民、招投标。

工程准备期　preparatory period　periodo preparatorio

准备工程开工起至关键线路上的主体工程开工前的工期。一般包括场地平整、场内交通、导流工程、施工工厂及生产生活设施等准备工程项目。

主体工程施工期　construction period of main structures　período de construcción de estructuras principales

从关键线路上的主体工程项目施工开始，至第一台（批）机组发电或工程开始受益为止的工期。

主要完成永久挡水建筑物、泄水建筑物和引水发电建筑物等土建工程及其金属结构和机电设备安装调试等主体工程施工。

工程完建期　completion period　periodo de finalización

自第一台（批）机组投入运行或工程开始受益为起点，至工程完建为止的工期。主要完成后续机组的安装调试、挡水建筑物、泄水建筑物和引水发电建筑物的剩余工作以及导流泄水建筑物的封堵拆除等。

高峰劳动力　peak labour force　fuerza laboral pico

施工期内需要的最多的劳动人数。

平均劳动力　average labour force　fuerza laboral promedio

一定时段内平均需要的劳动人数，如日平均劳动力、月平均劳动力、年平均劳动力等。

施工高峰强度　peak working intensity　intensidad de trabajo máxima

单位时间内完成的最大工作量。

5.3　地基处理与灌浆

开挖处理　excavation treatment　tratamiento de excavación

用开挖方式清除不合要求的地层，使建筑物基础放在符合要求的地基上的措施。

地基处理　foundation treatment　tratamiento del cimiento

为提高地基的承载、抗渗能力，防止过量或不均匀沉陷，以及为处理地基缺陷而采取的加固、改善措施。

桩工　pile works　obras de pilotes

各种桩的施工技术和使用机具施工的方法、工艺等的总称。

防渗墙施工 diaphragm wall construction；cutoff wall construction construcción de pared de diafragma；construcción de pared de corte

在松散透水地基中造孔或挖槽，以泥浆固壁，达到设计深度后，往孔内灌注混凝土、塑性混凝土或填筑黏土等防渗材料而建成的地下墙形建筑物的施工。

槽孔 trench zanja，trinchera

为浇筑防渗墙墙段而钻凿或挖掘的狭长深槽。

泥浆固壁 wall stabilization with slurry estabilización de pared con lechada

在防渗墙施工中，用黏土或膨润土配置成一定稠度的泥浆灌入孔或槽内，以保持孔壁或槽壁稳定的工程措施。

振冲法 vibroflotation method método de vibroflotación

采用振冲机具加密地基土，或在地基中建造碎石或卵石桩柱和周围土体组成复合地基，以提高地基的强度、抗滑及抗震稳定性的地基处理技术。

平均桩径 equivalent column diameter diámetro de columna equivalente

在复合地基深度范围内，增强体的直径按相应土层厚度的加权平均值。

深层搅拌法 deep mixing method método de mezcla profunda

利用深层搅拌机械将水泥等材料与土体强制搅拌，从而在土体内产生物理-化学反应，形成具有整体性、水稳定性和一定强度的增强体，与原土体构成复合地基、防渗墙或挡墙的施工方法。

搅拌桩 deep mixing column columna de mezcla profunda

深层搅拌法处理土体后，由水泥浆等材料和土体共同形成的一定强度的、具有整体性和水稳定性的柱状增强体。

沉井 caisson cajón

将在地面上制作成上下敞口带刃脚的空心井筒状结构，通过井内取土使之在自重作用下沉入到地下预定深度的地下构筑物。

混凝土防渗墙 concrete cutoff wall muro de corte de hormigón

利用钻孔、挖槽等机械设备，在松散透水地基或坝（堰）体中以泥浆固壁，挖掘槽形孔或连锁桩柱孔，在槽（孔）内浇筑混凝土或回填其他防渗材料筑成的具有防渗等功能的地下连续墙。

防渗墙导墙 guidewall muro de guía

为防渗墙施工建造的临时构筑物，其作用是为钻具导向、保护槽口和承重。

钻劈法 trenching by concussion and split zanja hecha por concusión y división

用冲击钻机钻凿主孔和劈打副孔形成槽孔的防渗墙成槽施工方法。

钻抓法　trenching by drilling and grabbing　zanja hecha por perforación y agarro

用冲击或回转钻机先钻主孔，然后用抓斗挖掘其间副孔形成槽孔的防渗墙成槽施工方法。

抓取法　trenching by grabbing　zanja hecha por agarro

用抓斗挖掘地层形成槽孔的防渗墙成槽施工方法。

铣削法　trenching by cutting　zanja hecha por corte

用专用的铣槽机铣削地层形成槽孔的防渗墙成槽施工方法。

塑性混凝土　plastic concrete　hormigón plástico

水泥用量较低，并掺加较多的膨润土、黏土等材料的大流动性混凝土，具有低强度、低弹模和大极限应变等特性。

固化灰浆　solidification slurry　lechada solidificada

以固壁泥浆为基本浆材，加入水泥、水玻璃、粉煤灰等固化材料以及砂和外加剂，经搅拌均匀后在槽孔内固化而成的低强度、低弹模和大极限应变的柔性墙体材料。

自凝灰浆　self - hardening slurry　lechada autoendurecible

以水泥、膨润土等材料拌制的浆液，在建造槽孔时起固壁作用，槽孔建造完成后可自行凝结成低强度、低弹模和大极限应变的柔性墙体材料。

灌浆　grouting　lechada

用压力将可凝结的浆液通过钻孔或管道注入建筑物或地基的缝隙中，以提高其强度、整体性和抗渗性能的工程措施。

水泥灌浆　cement grouting　lechada de cemento

用水泥浆液或以水泥为主要成分的浆液进行的灌浆。

化学灌浆　chemical grouting　lechada de material químico

用化学浆液进行的灌浆。

灌浆孔　grout hole　ajugero de lechada

为使浆液进入灌浆部位而钻设的孔道。

灌浆压力　grouting pressure　presión de inyección

将浆液注入灌浆部位所采用的压力值。

灌浆试验　grouting test　prueba de inyección de lechada

在进行灌浆处理前为了解地基可灌性及选定灌浆参数和工艺而在现场进行的试验工作。

简易压水试验　simple water pressure test　prueba simple de presión de agua

一种试验时间较短、精确度较低的压水试验，其目的是了解灌浆施工过程中岩体透水性变化的趋势。

循环式灌浆 circulation grouting inyección circulante

浆液通过射浆管注入孔段内，部分浆液渗入到岩体裂隙中，部分浆液通过回浆管返回，保持孔段内的浆液呈循环流动状态的灌浆方式。

纯压式灌浆 non – circulation grouting inyección no circulante

浆液通过管路压入孔段内和岩体裂隙中、不再返回的灌浆方式。

回填灌浆 backfill grouting inyección de relleno

用浆液填充混凝土与围岩或混凝土与钢结构之间的空隙和孔洞，以增强围岩或结构的密实性的灌浆。

固结灌浆 consolidation grouting inyección de consolidación

将浆液灌入岩体裂隙或破碎带，以提高岩体的整体性和抗变形能力为主要目的的灌浆。

帷幕灌浆 curtain grouting inyección de cortina

将浆液灌入岩体或土层的裂隙、孔隙，形成连续的阻水幕，以减小渗流量和降低渗透压力的灌浆。

接缝灌浆 joint grouting inyección para juntas

通过埋设管路或其他方式将浆液灌入混凝土块体之间预设的接缝缝面，以增强混凝土块体的整体性、改善传力条件的灌浆。

接触灌浆 contact grouting inyección de contacto

将浆液灌入混凝土与基岩或混凝土与钢板之间的缝隙，以增强接触面的结合能力的灌浆。

分段灌浆法 staged grouting method método de inyección por etapa

逐段钻孔，逐段安装灌浆塞进行灌浆的灌浆方法。分为自上而下的分段灌浆法和自下而上的分段灌浆法。

综合灌浆法 hybrid grouting method método de inyección híbrido

在钻孔的某些部位采用自上而下的分段灌浆，另一些部位采用自下而上分段灌浆的方法。

孔口封闭灌浆法 orifice – closed grouting method método de inyección con orificio cerrado

在钻孔的孔口安装孔口管，自上而下分段钻孔灌浆，各段灌浆时都在孔口安装孔口封闭器进行灌浆的方法。

劈裂式灌浆 hydrofracture grouting；splitting grouting inyección de hidrofractura；

inyección de separación

根据土坝坝体内小主应力的分布规律布孔，利用水力劈裂原理，有控制地劈裂坝体，并灌入黏土泥浆，形成防渗泥墙；同时也使与泥墙连通的其他裂缝、洞穴、软弱夹层等坝体隐患，得到浆液的充填和挤压密实，达到坝体防渗和加固目的的一种施工方法。

充填式灌浆 filling grouting inyección de relleno

利用泥浆自重，将泥浆注入堤坝内充填裂缝、洞穴等坝体隐患，以达到加固堤坝目的的一种施工方法。为提高灌浆效率和效果，也可在注浆孔口施加一定的泵压力。

先导孔 pilot hole orificio piloto

灌浆工程中，用于查明、验证或补充灌浆区域地质资料的先行施工的少数灌浆孔。

屏浆 grout pressurekeeping measure medida de mantenimiento de la presión de inyección

灌浆段的灌浆工作达到结束条件后，为使已灌入的浆液加快凝固、提高强度，继续使用灌浆泵对灌浆孔段内施加压力的措施。

闭浆 grout closing measure medida de cierre de inyección

灌浆段的灌浆工作结束后，为防止孔段内的浆液返流溢出，继续保持孔段封闭状态的措施。

串浆 grout leaking lechada goteando

灌浆时浆液在灌浆孔之间串通的现象。

可灌性 groutability inyeccionabilidad

灌浆时地基或建筑物接受浆液的有效灌浆能力。

高压灌浆 high pressure grouting inyección de alta presión

灌浆压力大于或等于 3MPa 的灌浆。

混合浆液 mixed grout lechada mixta

由水泥、水、黏土或膨润土、粉煤灰、外加剂等多种材料混合配制的浆液。

膏状浆液 colloidal grout lechada coloidal

具有较大的屈服强度和塑性黏度、较小的流动度及良好的触变性能，状似膏体的胶凝性浆液。

套阀管法 sleeve grouting method método de inyección con manga

在覆盖层中钻孔，在孔内置入套阀管并在管外环状空隙充填低强度灰浆，在套阀管内使用灌浆塞进行灌浆的方法。

沉管灌浆 casing pipe grouting method método de inyección con tubería de revestimiento

将钢制灌浆管通过锤击或其他方式沉入覆盖层中进行灌浆的方法，包括打管灌浆法、套管灌浆法等。

高压喷射灌浆/高喷灌浆 jet grouting inyección por chorro
采用高压水或高压浆液形成高速射流束，冲击、切割、破碎地层土体，并以水泥基质浆液充填、掺混其中，形成桩柱或板墙状的凝结体，用以提高地基防渗或承载力的施工技术。

旋喷灌浆 rotating jet grouting inyección por chorro giratorio
使喷射管做旋转、提升运动，在地层中形成圆柱形桩体的高喷灌浆施工方法。

摆喷灌浆 pendulum jet grouting inyección de péndulo
使喷射管做一定角度的摆动和提升运动，在地层中形成扇形断面的桩柱体的高喷灌浆施工方法。

定喷灌浆 directional jet grouting inyección por chorro direccional
使喷射管向某一方向定向喷射，同时一面提升，在地层中形成一道薄板墙的高喷灌浆施工方法。

单管法高喷灌浆 jet grouting with single pipe inyección por chorro con un solo tubo
喷射管为单一管路，喷射介质仅为水泥基质浆液的高喷灌浆方法。

双管法高喷灌浆 jet grouting with double pipes inyección por chorro con doble tubo
喷射管为二重管或两列管，喷射介质为水泥基质浆液和压缩空气，或水和水泥基质浆液的高喷灌浆方法。

三管法高喷灌浆 jet grouting with triple pipes inyección por chorro con tubo triple
喷射管为三重管或三列管，喷射介质为水、水泥基质浆液和压缩空气的高喷灌浆方法。

围井 enclosed well pozo cerrado
为检查高喷墙的防渗效果，以被检查的高喷墙段为一边，在其一侧用同样的方法构筑的封闭形井状结构物。

5.4 土石方施工

土石方开挖 earth-rock excavation excavación de tierra y roca
用人力、爆破、机械或水力等方法开采、挖除土石料的工作。

削坡 slope cutting corte del talud
按工程技术要求进行边坡开挖或切削坡面的工作。

修坡 slope trimming arreglo del talud

按工程技术要求修整开挖或填筑坡面的工作。

压实方 compacted volume；compacted measure volumen compactado；medida compactada

填筑的土石料经压实后的量测体积。

自然方 bank volume；bank measure volumen natural；medida natural
天然状态下土石料的量测体积。

松方 loose volume；loose measure volumen suelto；medida suelta
天然土石料经过开采扰动以后在疏松堆放状态下的量测体积。

保护层 excavation protective layer capa protectora de excavación
在坡面或基础开挖中，为避免坡面或地基遭受破坏，在设计开挖界限以内预留一定安全厚度，进行控制开挖挖除的岩层或土层。

开挖强度 excavation intensity intensidad de excavación
单位时间内开挖土石方的方量。

掌子面 heading face frontón
土石方开挖作业时挖掘进展方向的工作面。

疏浚 dredging dragado
为清除水道中的障碍及扩大加深水域而在水下进行的土石方开挖作业。

水力开挖 hydraulic excavation excavación hidráulica
利用水枪、吸泥泵等机械进行土料与砂砾料的开挖作业。

水下开挖 underwater excavation excavación submarina
在水面以下进行的开挖作业。

超挖 over-excavation sobre excavación
超过设计开挖线的开挖部分。

欠挖 under-excavation sub-excavación
应开挖但没有达到设计开挖线的部分。

扩挖 expanded excavation excavación expandida
分期开挖施工时，进一步扩大开挖至设计开挖界面的施工方法。

出渣 mucking desalojo
将开挖的土石料运出工作面的工作。

填筑料加工 processing of filling materials procesamiento de materiales de relleno
为满足坝料设计和施工要求，对筑坝土石料进行加工的措施。

反滤料　filter　*filtro*

反滤层所用材料的统称，包括砂石料和土工织物两类。为防止土粒流失，在心墙等土层渗流溢出处沿渗流方向按砂石材料颗粒粒径、土工织物孔隙尺寸，以逐渐增大的原则分层铺筑的滤水材料。

过渡料　transition material　*material de transición*

土石坝的过渡层采用的砂石料，一般布置在土石坝的防渗体和坝壳料之间以及面板堆石坝的垫层区和堆石区之间，具有保护或过渡作用的材料。

垫层料　cushion material　*material de replantillo*

直接支撑面板向堆石体均匀传递水压力，并起渗流控制作用的材料。

黏粒含量　clay content　*contenido de arcilla*

粒径小于等于 0.005mm 土颗粒的含量。

粉粒含量　silt content　*contenido de limo*

粒径大于 0.005mm 且小于 0.075mm 土颗粒的含量。

$P5$ 含量　$P5$ content　*contenido $P5$*

粒径大于 5mm 的粗粒含量。

$P20$ 含量　$P20$ content　*contenido $P20$*

粒径大于 20mm 的粗粒含量。

铺料　placing and spreading　*colocación y extensión*

把符合要求的土石料，按规定的厚度摊铺在填筑面上的施工作业。

填筑　filling　*relleno*

将土石料按要求摊铺到指定部位，压实到符合要求的施工作业。

碾压　rolling　*laminación*

利用碾压机械分层压实土石料、混凝土等材料，以提高其密实度的施工作业。

夯实　tamping　*apisonamiento*

对地基或填筑土石料进行夯击，以提高其密实度的施工作业。

冲压　stamping　*estampado*

利用压力机具施加冲击外力，使受力体产生塑性变形或分离的施工作业。

挤压　extruding　*extrudir*

利用压力机具加压，使受力体产生塑性变形或分离的施工作业。

水力冲填　hydraulic excavation and filling　*excavación y llenado hidráulico*

利用水力开采、输送土或砂砾料至填筑地点且排水固结的施工作业。

刨毛 scarifying；roughening escarificante；áspero

在土方填筑中，为使上下层土料结合良好，在铺上层土前，将已碾压合格的土料层的光面耙松一定厚度的工序。

超填 excessive fill relleno excesivo

在土石方填筑中，使填筑断面稍大于设计断面再按照设计断面削坡以保证填筑质量或预留变形沉降量的措施。

松散系数 bulk factor factor a granel

土石料松方与自然方的比值。

橡皮土 rubber soil suelo de goma

含水量过多的黏土，经碾压后因土中的孔隙水不能排出形成弹塑状的土层。

砾石土 gravel soil suelo de gravas

由碎石、砾石、砂、粉粒、黏粒等组成的宽级配土。

铺土层 loose earth layer capa de tierra suelta

土料填筑中铺土后未经碾压的土层。

吹填 dredging and filling dragado y llenado

用疏浚机械在水下开挖取土，经泥浆泵输送泥浆冲填坑塘、加高地面或填筑堤坝的施工方法。

备料系数 coefficient of material preparation coeficiente de preparación del material

相同状态下筑坝材料实际备料数量与填筑使用数量的比值。

人工制备料 artificial materials materiales artificiales

经加工或级配调整的筑坝材料。

平铺立采法 spreading and vertical excavation method método de extensión y excavación vertical

按不同比例分层铺填，立面或斜面开采的人工制备料生产方法。

挤压边墙 extruded curb bordillo extruido

将水泥、砂石混合料、外加剂等加水拌和均匀，采用挤压成型的工艺施工而成的墙体。

翻模 turning-over formwork encofrado volcado

由逐层支立、互相连接的三层模板组成，作为垫层料填筑的上游支挡结构和上游坡面防护砂浆施工用的模板结构。

爆破作业 blasting voladura

利用炸药的爆炸能量对介质做功，以达到预定工程目标的作业。

压缩圈/压缩区　**crushing zone**　zona de trituración
在无限介质中爆破时，在高温高压作用下，介质结构完全被破坏的区域。

破坏圈/破坏区　**fragmented zone；block zone**　zona fragmentada；zona de bloque
爆破作用力大于介质的极限强度，使介质形成径向和环向缝的破坏区域。

震动圈/震动区　**elastic zone**　zona elástica
爆破作用力小于介质的极限强度，介质只产生振动和弹性变形的区域。

自由面　**free surface**　superficie libre
临空面爆破时介质裸于大气中的界面。

药包　**charge；cartridge**　carga de explosivos ；cartucho
按爆破设计要求，装入炮孔或洞室里炸药的统称。

集中药包　**concentrated charge**　carga concentrada
长度与直径比小于等于 4 的药包。

延长药包/炸药卷　**prolongated charge；stick dynamite**　carga prolongada；dinamita en barra
长度与直径比大于 4、呈长柱体的药包。

爆破漏斗　**explosion crater**　cráter de explosión
集中药包在有限介质内爆炸时，所炸成的以药包中心为顶点、自由面为锥底的倒圆锥形爆破坑。

最小抵抗线　**burden line of least resistance**　línea de carga de menor resistencia
由药包中心到介质自由面的最短距离。

爆破作用指数　**crater shape characteristics**　características de la forma del cráter
以爆破漏斗半径与最小抵抗线的比值表示爆破程度的参数。

超钻深度　**overdrill depth**　profundidad de taladro
为提高爆破效果，钻孔深度超过设计开挖线部分的长度。

单位耗药量/单耗　**powder factor**　factor de polvo
爆破单位体积介质所需要的炸药量。

质点振动速度　**particle vibration velocity**　velocidad de vibración de partículas
在地震波作用下，介质质点往复运动的速度。

爆破影响深度　**blast - induced damage depth**　profundidad de daño inducida por explosión
爆破荷载作用下，保留介质产生裂缝或塑性变形的范围。

爆力 weight strength；specific energy fuerza de peso，energía específica
炸药破坏一定体积介质的能力，常以一定重量炸药能炸开铅柱内容空腔的容积计算。

猛度 brisance factor factor de brisance
炸药爆炸时粉碎一定体积介质的能力，常以一定重量炸药能炸塌铅柱的高度计算。

殉爆距 flash‐over tendency tendencia al destello
炸药爆炸时能引起邻近的不相联系的炸药起爆的最大距离。

延期雷管 delay blasting cap detonador de explosión retardada
引爆后延缓一定时间起爆的雷管。

毫秒延期雷管 millisecond delay blasting cap detonador de explosión retardada de milisegundo
毫秒雷管内装有一段缓燃剂以控制迟发起爆时间，一般微差时间为 25ms～200ms。

导火索 safety fuse mecha lenta
用明火点燃引爆火雷管和黑色炸药的索状引爆器材。

传爆索 detonation fuse mecha detonadora
由雷管引爆的高爆速，可直接引爆炸药或传爆器材的高敏感性炸药卷成的索状起爆传爆器材。

导爆管 primacord tube tubo de primacord
由雷管或击发枪引爆，管内壁涂有高敏感性炸药，以高爆速引爆雷管的导爆器材。

继爆管 relay primacord tube tubo de primacord de relé
由导爆管、延期体、起爆药、炸药等组成的毫秒延期传爆起爆器材。

爆破参数 blasting parameters parámetros de voladura
爆破介质与炸药特性、药包布置，炮孔的孔径、孔深，装药结构及起爆药量等影响爆破效果的因素的统称。

爆破孔 blast hole barreno de explosión
利用钻孔机具在介质中钻出的供装药爆破的孔。

周边孔 peripheral hole barreno periférico
为控制开挖轮廓，沿着设计开挖边界线设置的钻孔。

掏槽孔 cut hole barreno de corte
在地下洞室开挖过程中，为增加爆破自由面，减小抵抗线距离，在开挖面中间部位布置的先于其他炮孔起爆或不装药的钻孔。

崩落孔 stope hole barreno de rebajo

在掏槽孔的外围，起崩落岩体作用的主炮孔。

装药 charging；explosives loading cargando，cargando explosivos
按设计的药包位置、密度、重量与分段等向炮孔或药室装填炸药的作业。

分段装药 deck charging carga por segmento
为避免药包过分集中于炮孔底部，使爆破介质受到较均匀的爆破作用，将延长药包分段间隔装药的技术措施。

炮孔堵塞 stemming restaño
用土、砂石等材料，按设计要求堵塞已装填炸药的炮孔的作业。

拒爆 misfire fallo de encendido
在爆破作业中引爆药包而未能起爆的现象。

裸露爆破 concussion blasting voladura de concusión
将药包放在介质表面上引爆的爆破技术。

延时爆破 delay blasting voladura retardada
采用延时雷管使各个药包按不同时间顺序起爆的爆破技术；分为毫秒延时爆破、秒延时爆破等。

微差爆破 millisecond delay blasting voladura retardada de milisegundos
利用毫秒延期雷管或继爆管控制多段或多排爆破作业并按预定程序引爆的爆破技术。

梯段爆破 bench blasting voladura de bancos
使开挖面呈阶梯形状并利用毫秒爆破技术逐段、逐排、逐阶进行爆破的爆破技术。

浅孔爆破 shallow – hole blasting voladura de pozo poco profundo
炮孔直径小于或等于 50mm，并且深度小于或等于 5m 的爆破作业。

深孔爆破 deep – hole blasting voladura profunda
炮孔直径大于 50mm，并且深度大于 5m 的爆破作业。

缓冲孔爆破 buffering hole blasting voladura con barreno de amortiguación
台阶爆破时，在主爆破孔与预裂或光面爆破孔之间设置的钻孔密集程度大于主爆破孔、单孔装药量小于主爆破孔的爆破作业。

硐室爆破 chamber blasting voladura de cámara
采用集中或条形硐室装药药包，爆破开挖岩土的作业。

松动爆破 loosening blasting；crumbling blasting voladura de aflojamiento；voladura desmoronada
充分利用炸药爆炸破碎能，使岩石或固体介质破碎疏松后坍塌于爆区原地附近，不产生抛掷作用的控制爆破技术。

抛掷爆破　throwout blasting　*voladura de tiro*
在爆破作业中，爆破作用指数 n 大于 0.75，使介质抛落的爆破技术。当爆破作用指数 n 等于 1 时为标准抛掷，大于 0.75 小于 1 时为减弱抛掷、大于 1 时为加强抛掷爆破。

挤压爆破　tight blasting　*voladura apretada*
空间不足以使被爆岩体自由碎胀而形成相互挤压的爆破。

台阶爆破　bench blasting　*voladura de bancos*
开挖面呈阶梯形状，采用延时爆破技术的爆破作业。

预裂爆破　presplit blasting　*voladura de pre – corte*
沿开挖边界布置密集爆破孔，采取不耦合装药或装填低威力炸药，在主爆区之前起爆，从而在爆区与保留区之间形成预裂缝，以减弱主爆破对保留岩体的破坏并形成平整轮廓面的爆破作业。

光面爆破　smooth blasting　*voladura suave*
沿开挖边界布置密集爆破孔，采取不耦合装药或装填低威力炸药，在主爆区之后起爆，从而形成平整轮廓面的爆破作业。

定向爆破　directional throw blasting　*voladura direccional*
利用最小抵抗线控制方向，当所设计的装药结构爆破后，使被破碎的介质向预定地点抛掷、堆积的爆破技术。

岩塞爆破　rock – plug blasting　*voladura de tapón de roca*
在水库或天然湖泊水位以下修建隧洞时，将隧洞进水口处预留的岩体一次炸除的爆破技术。

控制爆破　controlled blasting　*voladura controlada*
对爆破介质的破坏方向、破坏范围、破坏程度和爆破有害效应等进行严格控制的爆破。

爆破有害效应　adverse effects of blasting　*efectos adversos de la voladura*
爆破引起的振动、个别飞散物、空气冲击波、噪声、水中冲击波、动水压力、涌浪、粉尘、有害气体等，对爆区附近保护对象可能产生有害影响的统称。

水下爆破　blasting in water；underwater blasting　*voladura en agua ；voladura sub-marina*
在水中、水底介质中进行的爆破作业。

拆除爆破　demolition blasting　*voladura para demolición*
采取控制有害效应的措施，按设计要求用爆破方法拆除建（构）筑物的作业。

聚能爆破 cumulative blasting；blasting with cavity charge voladuras acumuladas；voladuras con carga de cavidad

采用聚能装药方法进行的爆破作业。

钻爆法 drill – blast tunneling method método de excavación de túnel con perforación – explosión

用钻孔装药爆破的手段开挖隧洞的施工方法。

盾构法 shield tunneling method método de excavación de túnel con escudo

在松软不稳定地层中开挖隧洞时，用带防护罩的专用设备（盾构）完成掘进、支护交替作业的施工方法。

掘进机法 tunnel boring machine method；TBM method método de excavación de túnel con la máquina perforadora；método TBM

利用自行式具有滚动刀具的专用开挖机械进行隧洞开挖的方法，主要包括全断面掘进机法和悬臂掘进机法。

顶管法 pipe jacking method método de penetración con tubería

用千斤顶将管子逐节顶入土层中，再将管中的土挖走形成地下管道、涵洞的施工方法。

施工支洞 adit ventana

为增加地下工程施工的工作面，解决交通、通风和施工干扰等而设置的临时隧洞。

新奥法 new Austrian tunneling method；NATM nuevo método austríaco de túneles

在爆破掘进中充分保护和发挥围岩的自承能力，借助现场量测围岩变形的反馈信息，适时用锚杆、喷混凝土或其他组合形式对围岩进行柔性支护，以实现围岩和支护的同步变形及共同承载的隧洞工程设计和施工的技术。

导洞掘进法 heading and cut method método de piloto y corte

在地下洞室开挖中，先掘进一部分作为导洞，再扩挖到全断面的施工方法。

台阶掘进法 heading and bench method método de piloto y bancos

在大断面的地下洞室开挖工作中，先掘进其上部、下部或一侧后，再分台阶扩挖的施工方法。

全断面掘进法 full face driving method método de excavación a sección completa

在地下洞室开挖中，使整个设计断面一次开挖成形的地下洞室施工方法。

通风 ventilation ventilación

在地下洞室施工中，向洞内供给新鲜空气，冲淡或排出有害气体，以便符合劳动保护要求而进行的工作。

防尘 dust control control de polvo

为降低施工现场空气中的粉尘含量，以利于人员和机械作业而采取的措施。

超前支护 advance support *soporte anticipado*

对将遇到的不利地质情况，在开挖以前预先采取的灌浆、打排管或钢板桩等的防护措施。

临时支护 temporary support *soporte temporal*

地下建筑物开挖过程中，为保证施工安全，对不稳定围岩所进行的临时支撑或加固措施。

永久支护 permanent support *soporte permanente*

用于永久性建筑物的支护。

初期支护 initial support *soporte inicial*

洞室开挖后立即施工作业的第一次支护。

超前灌浆 advance grouting *inyección anticipada*

在地下洞室开挖中对将遇到的不良地质地段预先灌注水泥或化学浆液，以减少涌水、固结围岩的施工措施。

管棚 tube‐roof *tubo paraguas*

采用管式可注浆锚杆或钢管，以与洞轴线很小夹角进行超前支护，利用管与管之间的密集连续作用与注浆效果加固围岩，同时利用钢管和钢拱架或拱梁对围岩进行联合支撑的结构。

全长黏结型锚杆 full‐length bonded anchor bolt *perno de anclaje unido de longitud completa*

锚杆孔全长填充黏结材料的锚杆。

端头锚固型锚杆 fixed‐head anchor bolt *perno de anclaje de cabeza fija*

采用黏结材料或机械装置将锚杆里端锚固的锚杆。

树脂锚杆 resin anchor bolt *perno de anclaje de resina*

以树脂为黏结材料的锚杆。

水泥卷锚杆 cement‐roll anchor bolt *perno de anclaje de rollo de cemento*

以水泥卷为黏结材料的锚杆。

胀壳式锚杆 shell‐expanding anchor bolt *perno de anclaje expansible*

机械内锚头在锚杆体向锚杆孔外位移时胀大并撑紧孔壁，从而产生锚固力的锚杆。

楔缝式锚杆 wedge‐type anchor bolt *perno de anclaje tipo cuña*

锚杆体里端开缝并夹一铁楔送入锚杆孔内，冲击锚杆体，铁楔将锚杆体里端撑开并撑紧孔壁，从而产生锚固力的锚杆。

倒楔式锚杆　reverse wedge‑type anchor bolt　perno de anclaje tipo cuña inversa

锚杆体里端带有一对铁楔送入锚杆孔内，冲击铁楔，使其撑开锚杆体并撑紧孔壁，从而产生锚固力的锚杆。

缝管锚杆　slot‑tube anchor bolt　perno de anclaje de tubo de ranura

将沿纵向开缝的薄壁钢管强行推入比其外径小的钻孔中，借助钢管与孔壁之间的径向压力而产生的摩阻力起锚固作用的锚杆。

楔管锚杆　wedge‑and‑slot‑tube anchor bolt　perno de anclaje de tubo de ranura tipo cuña

用异型钢管加工而成，前半段为倒楔式锚杆，后半段为缝管锚杆。

水胀式锚杆　hydraulic expansion anchor bolt　perno de anclaje de expansión hidráulica

将薄壁钢管加工成的异型空腔杆体，送入比其略大的钻孔中，通过向杆体内注入高压水，使杆体膨胀、与孔壁产生摩阻力而起到锚固作用的锚杆。

管式锚杆　tube anchor bolt　perno de anclaje tipo tubo

用钢管作杆体的锚杆，可通过杆体对围岩进行固结灌浆。

自钻式注浆锚杆　self‑drill grouted anchor bolt　perno de anclaje autoperforante con inyección

具有造孔功能，将造孔、注浆和锚固结合为一体的锚杆。

有黏结预应力锚索　bonded prestressed tendon　cable postensado unido

张拉完成后，张拉段被充满锚索孔的黏结材料直接包裹而不能自由变形的预应力锚索。

无黏结预应力锚索　non‑bonded prestressed tendon　cable postensado no unido

张拉完成后，张拉段不被充满锚索孔的黏结材料直接包裹而能自由变形的预应力锚索。

设计张拉力　design tension　tensión de diseño

按锚固设计的要求，并预留一定安全余量及各种因素引起的预应力损失后，确定每束锚索应施加的张拉荷载。

超张拉力　extra design tension　tensión de diseño extra

为消除各种因素引起的预应力损失，锚索张拉时将设计张拉力提高一定比例后，实际施加的张拉荷载。

有效预应力　effective prestress　pretensión efectiva

预应力锚索张拉锁定后，受各种因素影响预应力逐渐降低至相对稳定后所提供的预应力值。

预应力损失　prestress loss　pérdida de pretensado

预应力锚索张拉锁定的应力至建立有效预应力过程中所出现的应力减少。

干喷法 dry shotcrete hormigón lanzado seco
混合料搅拌时不加水、只在喷头处加水的喷射混凝土施工方法。

湿喷法 wet shotcrete hormigón lanzado húmedo
混合料搅拌时加入全部用水（配制液态速凝剂的用水除外）的喷射混凝土施工方法。

钢纤维喷射混凝土 steel fiber shotcrete hormigón lanzado con fibra de acero
在混合料中掺入适量的钢纤维再喷射于岩面的喷射混凝土护面。

水泥裹砂喷射混凝土 cement - sand shotcrete hormigón lanzado con arena y cemento
采用全部用水量、绝大部分水泥用量和大部分砂用量，通过专用搅拌机制成水泥裹砂砂浆；同时将生产剩余的水泥、砂与全部石子及速凝剂搅拌成干混合料。通过砂浆泵输送的水泥裹砂砂浆与干喷机输送的干混合料在混合管混合后，经过喷头喷射于岩面。

潮料掺浆法喷射混凝土 shotcrete with cement paste and wet aggregate hormigón lanzado con pasta de cemento y agregado húmedo
将潮湿的砂、石同掺有速凝剂的水泥浆混合后喷射于岩面的喷射混凝土施工工艺。

锚筋桩 anchor pile pilar de anclaje
由数根钢筋集束而成，用于对岩（土）体进行加固的支护形式。

土锚钉 soil nail perno de suelo
采用注浆钢管（筋）作为土质边坡加固的一种支护形式。

5.5 混凝土施工

大体积混凝土 mass concrete hormigón masivo
混凝土结构物实体最小尺寸大于 1m 的混凝土，或预计会因混凝土胶凝材料水化引起的温度变化和收缩而导致有害裂缝产生的混凝土。

结构混凝土 structural concrete hormigón estructural
水工建筑物中用于梁、板和柱等结构中的混凝土。

清水混凝土 fair - face concrete hormigón de cara clara
直接利用混凝土成型后的自然质感作为饰面效果的混凝土，包括普通清水混凝土、饰面清水混凝土和装饰清水混凝土。

预应力混凝土 prestressed concrete hormigón pretensado
施加预应力且强度等级不低于 C30 的混凝土。

抗冲磨混凝土　abrasion resistant concrete　hormigón resistente a la abrasión
能耐受含砂石水流冲刷和空蚀，强度等级不低于 C35 的混凝土。

水下不分散混凝土　non‐dispersible underwater concrete（NDC）　hormigón subacuático
no dispersable
掺抗分散剂后具有水下不分散性的混凝土。

混凝土　normal temperature concrete　hormigón
混凝土各种原材料在常温状态下拌制生产的混凝土。

预冷混凝土　precooled concrete　hormigón preenfriado
对混凝土原材料中的一种或几种材料冷却后生产的混凝土。

预热混凝土　preheated concrete　hormigón precalentado
对混凝土原材料中的一种或几种材料加热后生产的混凝土。

自密实混凝土　self‐compacting concrete　hormigón autocompactante
具有高的流动性、间隙通过性和抗离析性，浇筑时仅靠其自重作用而无须振捣便能均
匀密实成型的混凝土。

现浇混凝土　cast‐in‐place concrete　hormigón colado en el lugar
按设计要求，在工程建筑部位就地浇筑的混凝土。

预制混凝土　precast concrete　concreto prefabricado
按设计要求，在预制构件厂等处预先制作成型，再安装至工程部位的混凝土构件。

常态混凝土　conventional concrete　hormigón convencional
混凝土拌和物坍落度为 10mm～100mm 的混凝土。

早强混凝土　early‐strength concrete　hormigón de resistencia temprana
能在早期获得比常规混凝土较高强度的混凝土。

高强度混凝土　high‐strength concrete　hormigón de alta resistencia
28d 龄期抗压强度达 50MPa 以上的混凝土。

埋石混凝土　rubble concrete　hormigón de escombros o guijarros grandes
在大体积混凝土浇筑中埋放块石或大卵石的混凝土。

堆石混凝土　rockfilled concrete；RFC　hormigón ciclópeo
利用高自密实性能混凝土填注堆石体的空隙，形成完整、密实、具有设计强度的混
凝土。

贫胶凝混凝土　lean concrete　hormigón magro
胶凝材料含量较低的混凝土。

富浆混凝土　fat concrete　hormigón rico
较常规混凝土增加砂浆含量的混凝土。

素混凝土/无筋混凝土　plain concrete；unreinforced concrete　hormigón simple；Hormigón no armado
不含钢筋等增强材料的混凝土。

无砂混凝土　no‑fines concrete　hormigón sin finos
具有良好的渗水性能、不含细骨料的断级配混凝土。

低流态混凝土　low‑slump concrete　hormigón de baja depresión
用水量较少，坍落度为 1cm～3cm 的混凝土拌和物。

干硬性混凝土　zero‑slump concrete　hormigón con asentamiento cero
坍落度为零的混凝土拌和物。

纤维混凝土　fiber‑reinforced concrete　hormigón reforzado con fibra
在水泥基混凝土中掺入均匀分布的短纤维形成的复合材料。

泵送混凝土　pump concrete　hormigón bombeado
利用混凝土泵等设备通过管道输送的混凝土拌和物。

喷射混凝土　shotcrete　hormigón lanzado
用混凝土喷射设备，将一定配比的水、水泥、骨料和外加剂等组成的混合物，直接喷向岩石或其他表面形成的混凝土。

水下混凝土　underwater concrete　hormigón subacuático
采用导管法、袋装混凝土、预填骨料压浆混凝土等直接将混凝土拌和物浇筑到水下设计部位的混凝土。

预填骨料压浆混凝土　prepacked concrete　hormigón preempacado
用压浆泵把水泥砂浆压进预先填好的粗骨料空隙里所形成的混凝土。

模袋混凝土　mold bag method concrete　hormigón de método de bolsa de molde
在上、下两层高强度土工织物（布）制作的大面积连续袋内灌注流动性混凝土或水泥砂浆，凝固后形成一种整体的、透水不透浆的防护结构混凝土。

轻质混凝土　lightweight concrete　concreto ligero
用水、水泥、砂和轻质骨料配制成的单位体积干重量小于 $1950kg/m^3$ 的混凝土。

重质混凝土　heavyweight concrete　hormigón pesado
用水、水泥、砂和重质粗骨料制成的单位体积干重量大于 $2500\ kg/m^3$ 的混凝土。

钢纤维混凝土　fiber‑reinforced concrete　hormigón reforzado con fibra de acero

在水泥砂浆或水骨料混凝土拌和物中掺一定量且均匀分布的短钢纤维制成的混凝土。

模板 formwork encofrado
混凝土工程中，用以使流态混凝土按设计要求凝固成型的模具。

滑动式模板 slipform encofrado deslizante
滑模随着混凝土浇筑的进展，利用特定机具使模板的面板沿着结构物轮廓移动的模板体系。

永久性模板 permanent form encofrado permanente
在混凝土浇筑后不拆除的模板。

爬升模板（顶升模板） climbing form（jacking form） encofrado de escalada（Encofrado elevador)
靠爬升或顶升装置整体上升至上一浇筑层位置的模板。

柔性模板 pliable form encofrado flexible
用带有防水纸里衬的钢丝网、加强防水型波形纸等柔性材料制作的模板。

保温模板 insulated form encofrado con aislamiento
在模板上敷设保温材料，以便降低混凝土与外界环境热交换速率的模板。

免拆模板网 Hy‑Rib Hy‑Costilla
用于垂直施工缝立模，无须处理即可继续浇筑相邻块体混凝土的金属模板网。

承重模板 structural form encofrado estructural
既承受混凝土拌和物的侧压力，又支承混凝土和钢筋等埋件的重量和其他操作荷载的模板。

悬臂模板 cantilever form encofrado de voladizo
模板支承构件依靠悬臂作用保持结构稳定，可逐层提升的模板体系。

真空模板 vacuum form encofrado de vacío
具有密封与反滤性能，能借助真空设备吸取混凝土表层一定深度内部分水分的模板。

滑框倒模 shifted form with sliding frame encofrado desplazado con marco deslizante
模板的主支撑结构沿滑道由提升系统沿着模板的背面滑动，适时拆除下层模板倒至上层的模板体系。

拆模 formwork stripping desmontaje de encofrados
浇筑的混凝土经养护达到规定的强度后拆除模板的工作。

爬轨器 hydraulic pressure climb clamps abrazaderas de escalada de presión hidráulica

沿轨道爬升的液压设备。

钢模台车 steel formwork trolley *carro de encofrado de acero*
将可伸缩的钢制定型模板安装在可沿轨道移动的台车上构成活动模板,用于混凝土衬砌施工的装备。

针梁模板台车 needle beam formwork trolley *carro de encofrado de viga de aguja*
依靠内置的钢桁架梁支承和移动的模板台车。

钢筋电弧焊 rebar arc welding *soldadura por arco de barras de refuerzo*
以焊条作为一极,钢筋为另一极,利用焊接电流通过产生的电弧热进行焊接的熔焊方法。包括焊条电弧焊和二氧化碳气体保护电弧焊。

钢筋电渣压力焊 rebar electroslag pressure welding *soldadura de presión de electroslag de barras de refuerzo*
将两钢筋安放成竖向对接形式,利用焊接电流通过两钢筋端面间隙,在焊剂层下形成电弧过程和电渣过程,产生电弧热和电阻热熔化钢筋后,加压完成的压焊方法。

钢筋气压焊 rebar gas pressure welding *soldadura de presión de gas de refuerzo*
采用氧乙炔、氧液化石油气等火焰对钢筋对接处加热,使其达到热塑性状态(固态)或熔化状态(熔态)后,加压完成的压焊方法。加热到固态的,为 1150 ℃~1250 ℃,称钢筋固态气压焊;加热达到熔态的,在 1540 ℃以上,称钢筋熔态气压焊。

钢筋窄间隙电弧焊 rebar narrow - gap arc welding *soldadura por arco estrecho entre varillas de refuerzo de*
将两钢筋安放成为水平对接形式,并置于钢模内,中间留有少量间隙,用焊条从接头根部引弧,连续向上焊接完成的电弧焊方法。

钢筋电阻点焊 rebar resistance spot welding *soldadura por puntos de resistencia de armaduras*
将两钢筋安放成交叉叠接形式,压紧于两电极之间,利用电阻热熔化母材金属,加压形成焊点的压焊方法。

钢筋闪光对焊 rebar flash butt welding *soldadura a tope de varilla de refuerzo*
将两钢筋以对接形式安放在对焊机上,利用电阻热使接触点金属熔化,产生强烈闪光和飞溅,迅速施加顶锻力完成的压焊方法。

预埋件钢筋埋弧压力焊 rebar submerged - arc pressure welding of prefabricated components *barras de refuerzo de soldadura por arco sumergido de componentes prefabricados*
将钢筋与钢板安放成 T 形接头形式,利用焊接电流通过,在焊剂层下产生电弧,形成熔池,加压完成的压焊方法。

对焊箍筋 butt - welded stirrup *estribo soldado a tope*

待焊箍筋经闪光对焊形成的封闭环式箍筋。

焊缝余高　weld reinforcement　saliente de soldadura
焊缝表面两焊趾连线上的金属高度。

接头抗拉强度　tensile strength of splice　resistencia a la tracción del empalme
接头试件在拉伸试验过程中所达到的最大拉应力值。

接头残余变形　residual deformation of splice　deformación residual del empalme
接头试件按规定的加载制度加载并卸载后，在规定标距内所测得的变形。

套筒挤压连接接头　sleeve extrusion connector　conector de extrusión de manga
通过挤压力使连接件钢套筒塑性变形与带肋钢筋紧密咬合形成的接头。

锥螺纹连接接头　taper‑threaded connector　conector roscado cónico
通过钢筋端头特制的锥形螺纹和连接件锥形螺纹咬合形成的接头。

镦粗直螺纹连接接头　upsetting straight‑threaded connector　molesto conector de rosca recta
通过钢筋端头特制的锥形螺纹和连接件锥形螺纹咬合形成的接头。

滚压直螺纹连接接头　rolled straight‑thread connector　conector de hilo recto enrollado
通过钢筋端直接滚轧或剥肋后滚轧制作的直螺纹和连接件螺纹咬合形成的接头。

钢筋加工　rebar preparation　preparación de armaduras
将钢筋制备成工程设计要求的形状和尺寸。

钢筋冷加工　rebar cold‑working　tratamiento en frío de barras de refuerzo
在常温下，拉拔或压轧钢筋，使其应力超过屈服极限，产生永久变形以提高钢筋的屈服强度和握裹力的工作。

钢筋骨架　rebar skeleton　esqueleto de armadura
用钢筋绑扎或焊接而成的稳定构架。

钢筋安装　rebar setting　montaje de armaduras
将加工成型的钢筋按规定要求安装在建筑物的设计部位的工作。

混凝土拌和与浇筑　concrete batching and placement　mezclas de concreto y colocación

混凝土设计配合比　concrete mix proportion　proporción de mezcla de hormigón
混凝土中各组成材料之间的质量比例关系。

混凝土施工配合比　construction mix ratio　relación de mezcla de construcción
根据设计及相关文件要求，采用实际选用的原材料，通过系统的试验和验证，满足混凝土设计性能和施工要求，用于施工的配合比。

配料 **batching** *procesamiento por lotes*
根据设计的混凝土配合比分别称量各项组成材料的工序。

拌和 **mixing** *mezcla*
将配好的各项组成材料按一定技术要求顺序倒入拌和机里制成混凝土拌和物的工序。

混凝土拌和物 **concrete mixture** *materiales para mezcla de concreto*
混凝土各组成材料按一定比例配料并拌制，具有一定工作性能、呈塑性状态的混合物。

拌和时间 **mixing time** *tiempo de mezcla*
全部材料开始加入并经过拌和至出料开始的时间。

水灰比 **water–cement ratio** *relación agua–cemento*
单位体积混凝土内的用水量与水泥用量的质量比值。

水胶比 **water–cementitious materials ratio；water–binder ratio** *relación agua–materiales cementosos；relación agua–aglutinante*
水泥混凝土或砂浆中拌和水（不包括骨料吸收的水）与胶凝材料的质量比。

混凝土龄期 **concrete age** *edad del hormigón*
混凝土从加水拌和时算起至试验或使用时止的凝结、硬化过程经历的时间。

混凝土耐久性 **concrete durability** *durabilidad del concreto*
在设计使用条件下，混凝土所具有的抗渗、抗冻、抗磨、抗侵蚀和抗风化等性能的统称。

工作度/和易性 **workability** *trabajabilidad*
表示混凝土拌和物能保持组分均匀、不发生分层离析、泌水等现象，适于运输、浇筑施工作业而很少损失均匀性的性能指标。

骨料离析/骨料分离 **aggregate segregation** *segregación agregada*
混凝土拌和物在浇筑和运输或混凝土骨料在装卸和运输过程中发生的粗骨料离散或粗细颗粒分布不均匀的现象。

速凝（瞬时凝结） **quick setting（flash setting）** *fraguado rápido（fraguado instantáneo）*
水泥拌和后受化学反应影响迅速凝结，并释放出大量水化热，不能再回到塑性状态的现象。

假凝 **false setting** *fraguado falso*
由于使用了过热的水泥和水或水泥中的石膏含量较多使拌和物迅速失去流动性，但产生的水化热不多，经进一步拌和后拌和物能恢复塑性的现象。

初凝   **initial setting**   fraguado inicial
水泥浆、砂浆或混凝土开始失去塑性时的状态。

终凝   **final setting**   fraguado final
水泥浆、砂浆或混凝土的塑性完全丧失，自身形状开始固定时的状态。

泌水   **bleeding**   sangrado
混凝土运输中和新浇混凝土表面或钢筋和粗骨料周围出现自由水的现象。

自密实性能   **self‑compacting ability**   capacidad de autocompactación
高自密实性能混凝土浇筑时，不加振捣施工也能依靠其自重均匀地填注到狭小空隙的性能。

自密实性能稳定性   **self‑compacting stability**   estabilidad autocompactante
混凝土自密实性能保持稳定的能力，包括流动性能、抗离析性能。可通过自密实性能稳定性试验评价。

抗离析性   **segregation resistance**   resistencia a la segregación
自密实混凝土拌和物中各种组分保持均匀分散的性能，以离析率表示。

混凝土成熟度   **maturity of concrete**   madurez del hormigón
混凝土养护时间（h）和等效养护温度（℃）的乘积。

表面积系数   **coefficient of superficial area**   coeficiente de área superficial
结构物的表面积与体积的比值。

混凝土运输   **concrete transportation**   transporte de hormigón
在一定时限内把混凝土拌和物按技术要求输送至浇筑部位的施工工序，主要采用汽车运输、起重机运输、皮带运输、泵送、溜槽、溜管等输送方式。

吊罐   **bucket**   cubo
用金属制作的专供装载混凝土拌和物的容器。一般为底开式，且与拌和及运输机械配套的工具设备。

混凝土浇筑   **concrete placing**   colocación de hormigón
将混凝土拌和物按设计要求卸入仓内，并以一定厚度及顺序铺平、振捣，使其密实的作业。

入仓   **placing**   colocando
混凝土拌和物进入仓位的工序。

平仓   **spreading and levelling**   extensión y nivelación
用人工或机械将卸入仓内成堆的混凝土拌和物按一定厚度摊开铺平的工序。

振捣　**vibrating**　*vibración*

用振捣机具将已平仓的混凝土拌和物按技术要求振动捣实，使之达到密实的工序。

插入式振捣器　**internal vibrator**　*vibrador interno*

工作时振动头插入混凝土内部，将其振动波直接传给混凝土的振捣器。

附着式振捣器　**external vibrator**　*vibrador externo*

工作时底板附着在模板上，振捣器产生的振动波通过底板与模板间接地传给混凝土的振捣器。

表面振捣器　**surface vibrator**　*vibrador de superficie*

放置在混凝土拌和物表面上进行振捣的振动器。

切缝（锯缝）　**joint sawing（cutter incision）**　*sierra de junta（incisión de cortador）*

用刀具将新浇的整体混凝土垂直切（锯）成缝，以实现浇筑分缝的工序。

毛面　**roughened surface**　*superficie rugosa*

经处理后无乳皮、露砂或微露小石的混凝土表面。

凿毛　**surface roughening**　*tratamiento de rugosidad de la superficie*

用人工、高压水、风砂枪或其他机械等将已初步硬化或已硬化的混凝土表面处理成毛面的工序。

乳皮/浮浆皮　**laitance**　*lechada*

由于稀浆上浮等原因，在新浇混凝土表面凝结的一层软弱灰浆层。

蜂窝麻面　**voids and pits**　*vacíos y hoyos*

由于混凝土和易性较差、模板漏浆、骨料集中、欠振漏振等原因，造成混凝土局部内部出现架空、气孔，表面出现石子聚集，表面缺浆和许多小凹坑和麻点的现象。

错台　**faulting of slab ends**　*fallas en los extremos de la losa*

由于相邻模板铺设不平整及浇筑过程中的变形，造成混凝土构件成型后表面错位的现象。

表面平整度　**surface smoothness；surface roughness**　*suavidad de la superficie，rugosidad de la superficie*

混凝土表面相对于理想平面的凹凸量的偏差值。

抹面　**finishing**　*acabado*

当新浇混凝土表面的泌水被吸收或蒸发后所进行的抹平工作。

龟裂　**craze**　*agrietamiento*

由于养护不善等原因，在硬化的混凝土表面出现无定向的细微收缩裂缝的现象。

插筋　dowel　*varilla*

为传递应力或加强连接，在相邻两层混凝土之间，或在岩基与混凝土之间，穿过接触面埋设的钢筋。

浇筑块　block　*bloque*

由混凝土建筑物的伸缩缝和临时施工缝将建筑物分成的便于浇筑的块段。

坝块　dam block　*bloque de presa*

为温度控制和便于施工，将混凝土坝用纵缝、横缝和施工缝分成的块状结构。

坯层　layer　*capa*

混凝土浇筑时，根据振捣能力或压实能力、拌和能力、运输能力、浇筑速度、气温等综合确定的铺筑层。

柱状浇筑法　columnar placement method　*método de colocación en columnas*

浇筑大坝混凝土时，用纵缝、横缝和临时施工缝分割成坝段和浇筑块，逐段逐块交替上升的方法。

通仓浇筑法　continuous placement method　*método de colocación continua*

浇筑大坝混凝土时，坝段内不设纵缝，只按水平分层进行整坝段混凝土浇筑的方法。

模袋法　geofabriform method　*método geofabriforme*

在上、下两层高强度土工织物（布）制作的大面积连续袋体内灌注流动性混凝土或水泥砂浆，凝固后形成一种整体的、透水不透浆的防护结构的施工方法。

浇筑间歇时间　concreting intermission time　*tiempo de intermedio de hormigonado*

混凝土振捣作业完毕至覆盖上层混凝土的时间。

冷缝　cold joint　*junta en frío*

混凝土浇筑过程中，当上层铺料平仓振捣完成，被其覆盖的下层铺料已初凝时，两层混凝土的结合面所形成的薄弱层面。

混凝土养护　concrete curing　*curado de hormigón*

混凝土浇筑后，在一定时间内采取的为保持混凝土水分和适当的温度与湿度，促进混凝土硬化的措施。

栈桥　trestle　*caballete*

专供施工现场交通、机械布置及架空作业用的临时桥式结构。

环氧砂浆　epoxy mortar　*mortero epoxi*

以环氧树脂为主要胶结材料的砂浆。

预缩砂浆　pre‐contracted mortar　*mortero precontratado*

将搅拌好的砂浆预先放置 1h～2h 左右后形成的干硬性砂浆。一般用于混凝土表面缺陷修复或裂缝修补。

碾压混凝土施工　roller compacted concrete construction　construcción de hormigón compactado con rodillo

碾压混凝土　roller compacted concrete；RCC　concreto compactado con rodillo；CCR
将干硬性的混凝土拌和物分层摊铺并经振动碾压密实的混凝土。

VC 值　vibrating compacted value　valor compactado vibrante
碾压混凝土拌和物的工作度。按试验规程规定的方法测得的时间，以秒为计量单位。

改性混凝土　metamorphic concrete　hormigón metamórfico
在碾压混凝土摊铺层底面铺洒水泥浆、定距插孔加注水泥浆、掏槽铺洒水泥浆静置一定时间后，可用插入式振捣器振捣的使其拌和物变成具有一定坍落度的混凝土。

变态混凝土　grout－enriched vibrated roller compacted concrete；GERCC
concreto compactado con rodillo vibrante enriquecido con lechada
在碾压混凝土拌和物中，掺入一定比例的灰浆或水泥浆后振捣密实的混凝土。

斜层平推碾压法　inclined concrete－spreading method　método de esparcido de hormigón inclinado
混凝土铺筑层面与浇筑块顶面和底面呈一定角度的碾压混凝土施工方法。

基准表观密度　basic apparent density　densidad aparente básica
已选定配合比的碾压混凝土在室内试验中，在确保配合比组成材料分布均匀前提下，获得的表观密度大值平均值。

层间间隔时间　intermittent time between layers　tiempo intermitente entre capas
从下层混凝土拌和物拌和加水时起至上层混凝土碾压完毕为止的历时。

斜层铺筑　slopping placement　colocación inclinada
当浇筑仓面较大时，为缩短层间间隔时间而采用的从一端向另一端逐层斜面摊铺和碾压的施工方法。

铺筑厚度　spreading thickness　espesor de propagación
每一碾压作业层未碾压前的混凝土厚度。

压实厚度　compacted thickness　espesor compactado
每一碾压作业层经碾压达到设计要求的表观密度或相对密实度时的厚度。

碾压层面　RCC lift surface　superficie de elevación de CCR
碾压混凝土上下层结合面。

直接铺筑允许时间　permissible time interval between placing layers　intervalo de tiempo permitido entre la colocación de capas

不经任何层面处理直接铺筑上层碾压混凝土就能满足层间结合质量要求的最大层间间隔时间。

加垫层铺筑允许时间 permissible time interval between placing layers with bedding mix intervalo de tiempo permitido entre la colocación de capas con la mezcla de cojín

在层面上铺垫层拌和物后，再铺筑碾压混凝土就能满足层间结合质量要求的最大层间间隔时间。

垫层拌和物 bedding mix mezcla de cojín

铺在浇筑层面之间或基岩面与碾压混凝土之间，保证层面结合质量的灰浆、砂浆或小骨料混凝土。

浆砂比 slurry－mortar ratio relación lechada－mortero

碾压混凝土拌和物中的浆液体积与砂浆体积的比值。

沥青混凝土 bituminous concrete hormigón asfáltico

由骨料、填料和沥青按一定的比例配制而成的混合料。

密级配沥青混凝土 dense－graded asphalt concrete hormigón asfáltico denso

粗骨料的粒径较小、细骨料和填料含量较多、渗透系数很小的沥青混凝土。

碾压式沥青混凝土 roller compacted asphalt concrete concreto asfáltico compactado con rodillo

沥青混合料经碾压密实后的沥青混凝土。

浇筑式沥青混凝土 guss asphalt guss asfáltico

在 220℃～260℃高温下拌和，依靠混合料自身的流动性摊铺成型、无须碾压的一种高沥青含量与高矿粉含量、空隙率小于 1% 的沥青混凝土。

沥青混合料填料 filler relleno de mezcla asfáltica

在沥青混合料中起填充作用的粒径小于 0.075mm 的矿粉。通常由石灰岩等碱性石料加工磨细得到，水泥、消石灰、粉煤灰等材料有时也可作为填料使用。

沥青砂浆 asphalt mortar mortero asfáltico

由沥青、细骨料和填料按一定比例在高温下配制而成的沥青混合料。

沥青玛蹄脂 asphalt mastic masilla de asfalto

由沥青和矿粉按照一定比例在高温下配制而成的胶凝材料。主要用于封闭防渗层孔隙，延缓防渗层老化。

沥青混合料 asphalt mixture mezcla de asfalto

经加热的矿料和沥青按适当的比例拌和均匀，尚未凝固的混合物。

混凝土温度控制　concrete temperature control　control de temperatura del hormigón
在大体积混凝土施工中，为防止混凝土由于水化热和外界温度影响产生裂缝的工程措施。

稳定温度场　steady temperature field　campo de temperatura estable
坝体建成多年、水化热影响消除后，坝体内部温度不随外界环境温度变化的温度场。

准稳定温度场　quasi – steady temperature field　campo de temperatura casi estable
坝体建成多年、水化热影响消除后，坝体内部温度随外界环境温度周期性变化的温度场。

基础约束区　foundation restraint area　área de restricción de la fundación
建基面以上 $0\sim0.4l$ 的高度范围，其中 $0\sim0.2l$ 为强约束区，$0.2l\sim0.4l$ 为弱约束区，（l 指混凝土浇筑块长边的长度）。

基础温差　foundation temperature difference　diferencia de temperatura de la fundación
基础约束区内，混凝土最高温度与稳定温度的差值。

新老混凝土温差　temperature difference between new and old concrete　diferencia de temperatura entre concreto nuevo y viejo
龄期超过 28d 的老混凝土面上新浇混凝土的最高温度与新混凝土开始浇筑时下层老混凝土的平均温度的差值。

内外温差　temperature difference of inner and outer of concrete　diferencia de temperatura de interior y exterior de hormigón
坝体或浇筑块的内部最高温度与其表面温度之差。

混凝土最高温度　highest temperature of concrete　temperatura más alta del hormigón
混凝土浇筑后浇筑块内部平均温度达到的最大值。

浇筑温度　temperature at concrete placing　temperatura en la colocación de hormigón
混凝土经平仓振捣或碾压后、覆盖上坯混凝土前，本坯混凝土面以下 5cm～10cm 处的温度。

入仓温度　temperature at concrete pouring　temperatura al verter hormigón
混凝土下料后平仓前测得的距表面 5cm～10cm 处的温度。

出机口温度　temperature at outlet　temperatura a la salida
在拌和楼出料口测得的混凝土拌和物深 3cm～5cm 处的温度。

接缝灌浆温度　joint grouting temperature　temperatura de lechada en juntas
考虑坝体温度应力、结构布置和接缝灌浆分区等因素，根据相应部位的稳定温度场或准稳定温度场分析确定的、在接缝灌浆前混凝土应达到的温度。

冷却水管 pipe cooling enfriamiento de tuberías

利用安设在混凝土浇筑块中的水管系统，通入冷水，使之循环流动以吸收浇筑块热量的混凝土冷却措施。

初期通水冷却 initial stage cooling enfriamiento en etapa inicial

以削减混凝土最高温度为目的，在浇筑混凝土数小时后开始并持续约 10d~21d，用冷却水管等措施对混凝土进行冷却的措施。

中期通水冷却 mid stage cooling enfriamiento a mitad de etapa

以防止混凝土温度回升过大、减小坝体混凝土内外温差或分担后期冷却降温幅度为目的，用冷却水管等措施对混凝土进行冷却的措施。

后期通水冷却 late stage cooling enfriamiento en etapa final

以满足混凝土接缝灌浆温度为目的，在接缝灌浆以前对混凝土进行的、使浇筑块冷却到设计要求的接缝灌浆温度的冷却措施。

闷水测温法 water filling temperature measurement medición de temperatura con llenado de agua

向混凝土内埋设的冷却水管内充水，封闭 3 d~5 d 后，通过测定冷却水管出水温度，确定混凝土内部温度的方法。

表面保护 surface insulation aislamiento superficial

对新浇筑的混凝土表面，为预防寒潮低温袭击或其他目的所采取的保护措施。

气温骤降 sudden drop in temperature caída repentina de la temperatura

日平均气温在 3d 内连续下降累计 6℃以上。

冷击 cold shock choque frío

早龄期混凝土由于受外界温度骤降影响或内外温差超过一定限度时可能造成裂缝的情况。

低温季节施工 construction in low temperature construcción en baja temperatura

日平均气温连续 5d 稳定在 5 ℃以下或最低气温连续 5d 稳定在−3 ℃以下时进行的混凝土施工。

蓄热法 method of heat accumulation método de acumulación de calor

采用保温措施，利用原材料加热和水泥水化热的热量，以保证混凝土强度正常增长的施工方法。

综合蓄热法 comprehensive method of heat accumulation método integral de acumulación de calor

掺早强或抗冻外加剂并利用外部热源对模板周边、周围空气及仓面中间部位加热升温，在浇筑过程中始终保持外部热源输送，将热量传递给混凝土，保证混凝土在正温条件下正常硬化的蓄热法。

5.6 质量评定

质量等级评定 quality grade evaluation evaluación de grado de calidad
将质量检验结果与国家和行业技术标准以及合同约定的质量标准所进行的比较活动。

主控项目 dominant items ítems dominantes
对单元工程或施工工序的功能起决定作用，或对安全、卫生、环境有重大影响的检验项目。

一般项目 general items ítems generales
除主控项目以外的检验项目。

工序 working procedure procedimiento de trabajo
按施工的先后顺序将单元工程划分成若干个具体施工过程或施工步骤。

合格 up to standard calificado
不划分工序的单元工程质量等级评定：主控项目检验结果应全部符合标准要求；一般项目逐项应有 70% 及以上的检测点合格，且不合格点不集中；各项报验资料应符合标准要求。划分工序的单元工程质量等级评定：各工序施工质量验收评定全部合格；各项报验资料符合标准要求。

优良 high quality alta calidad
不划分工序的单元工程质量等级评定：主控项目检验结果应全部符合标准的要求；一般项目逐项应有 90% 及以上的检测点合格，且不合格点不集中；各项报验资料应符合标准要求。划分工序的单元工程质量等级评定：各工序施工质量验收评定全部合格，其中优良工序应达到 50% 及以上，且主要工序应达到优良等级；各项报验资料符合标准要求。

质量事故 quality event evento de calidad
由于建设管理、监理、勘测、设计、咨询、施工、材料、设备等原因造成工程质量不符合国家和行业相关标准以及合同约定的质量标准，影响工程使用寿命和对工程安全运行造成隐患和危害的事件。

质量缺陷 quality defect defecto de calidad
对工程质量有影响，但小于质量事故的质量问题。

外观质量 appearance quality calidad de apariencia

通过检查和必要的量测所反映的工程外表质量。

返修 **repair** reparar

对工程不符合标准规定的部位采取整修等措施。

返工 **rework** rehacer

对不合格的工程部位采取的重新制作、重新施工等措施。

6 机电及金属结构

6.1 一般术语

水轮发电机组　hydraulic turbine-generator unit　unidad turbina-generadora hidráulica
由水轮机及受其驱动的发电机组成，用来将水能转换为电能的装置。

抽水蓄能机组　pumped storage unit　agregado de bombeo y almacenamiento
具有发电和抽水两种功能的机组。

可逆式机组　reversible unit　unidad reversible
具有水泵和水轮机两种工作方式和正反两种旋转方向，并由水泵水轮机与发电电动机组成的机组。

可变速机组　variable speed unit　unidad de velocidad variable
通过交流励磁或变极方式具有不同运行转速的机组。

6.2 水力机械

水力机械　hydraulic machinery　maquina hidráulica
将水能转换为机械能或将机械能转换为水能的机械，包括冲击式和反击式水轮机、蓄能泵和水泵水轮机。

水轮机　hydraulic turbine；turbine　turbina
将水能转换为机械能的水力机械。

蓄能泵　storage pump　bomba de almacenamiento
把机械能转换为水能的水力机械，蓄能泵把低处的水提升至高处蓄能，以备发电之用。

水泵水轮机　pump-turbine　bomba-turbina
既可作水泵运行又可作水轮机运行的水力机械。

组合式水泵水轮机　combined pump-turbine　bomba combinada de la turbina
同一根轴上分别装有水泵转轮和水轮机转轮，在不改变旋转方向的条件下可以作水轮机或水泵运行的水力机械。

反击式水轮机　reaction turbine　turbina de agua de reacción
利用水流势能为主做功的水轮机。

冲击式水轮机　impulse turbine　turbina impulsada por agua
利用水流动能做功的水轮机。

混流式水轮机　Francis turbine；radial-axial flow turbine　turbina de flujo mixto（turbina francis）
水流接近于径向流入转轮，在转轮叶片部位转变方向，然后接近于轴向流出转轮的反击式水轮机。

轴流式水轮机　axial flow turbine　turbina de flujo axial
水流沿轴线方向流入、流出转轮的反击式水轮机。

轴流转桨式水轮机　Kaplan turbine　hoja adjustable directriz de turbine kaplan
在机组运行中，转轮叶片角度可调节的轴流式水轮机。

轴流定桨式水轮机　propeller turbine　turbina de hélice de hoja fija
在机组运行中，转轮叶片角度不可调节的轴流式水轮机。

斜流式水轮机　Deriaz turbine　flujo diagonal de la turbina
水流倾斜于机组轴线流入转轮的反击式水轮机。

贯流式水轮机　tubular turbine　flujo que circula por turbina
引水部件、转轮、排水部件都布置在一条轴线上，水流道几乎成直线状的水轮机。

全贯流式水轮机　straflo-turbine　turbina generador de llantas
发电机转子布置在水轮机转轮外圆上的贯流式水轮机。

灯泡贯流式水轮机　bulb turbine　turbina de bulbo
发电机安装在位于流道中的灯泡体内的贯流式水轮机。

竖井贯流式水轮机　pit turbine　turbina de pozo
发电机位于水轮机流道竖井中的贯流式水轮机。

轴伸贯流式水轮机　shaft-extension type tubular turbine　turbina tubular de extensión de eje
具有 S 形流道，发电机布置在流道外的贯流式水轮机。

水斗式水轮机　Pelton turbine　turbina pelton
转轮具有多个瓢形曲面水斗、喷嘴射出的水流中心线重合于转轮节圆平面的冲击式水轮机。

斜击式水轮机　inclined-jet turbine；Turgo turbine　turbina reactiva inclinada；turbina turgo
从喷嘴射出的水流中心线以某一角度斜交于转轮节圆平面的冲击式水轮机。

水轮发电机　hydrogenerator　hidrogenerador
由水轮机驱动的发电机，用来将机械能转换为电能的一套机械。

发电电动机　generator-motor　generador-motor
既可作为发电机运行，又可作为电动机运行的旋转电机。

立轴水轮发电机组　vertical shaft hydrogenerator set　grupo hidrogenerador de eje vertical
主轴竖直布置的水轮发电机组。

卧轴水轮发电机组　horizontal shaft hydrogenerator set　grupo electrógeno de eje horizontal
主轴水平布置的水轮发电机组。

悬式发电机　suspended-type generator　generador tipo suspendido
推力轴承位于发电机转子上方的立轴水轮发电机。

伞式发电机　umbrella-type generator　generador tipo sombrilla
推力轴承位于发电机转子下方的立轴水轮发电机。

水轮机引水室　turbine flume　canal de turbina
反击式水轮机中将水引入导水机构的部件。

明槽引水室　open flume　canal abierto
具有自由水面的引水室。

蜗壳　spiral case　caracol
无自由水面的蜗状引水室；有金属蜗壳（圆形和椭圆形断面）和混凝土蜗壳（梯形断面）两种构造型式。

蜗壳包角　nose angle of spiral case　ángulo del inyector
从蜗壳尾端至其进口断面的蜗线所对应的水轮机中心的圆心角。

底环　bottom ring　anillo inferior
在立轴反击式水轮机中，支承导叶下部轴颈和轴承的环形部件。

座环　stay ring　anillo inferior
由上、下环形件及其间的固定导叶组成的承受轴向荷载的部件。

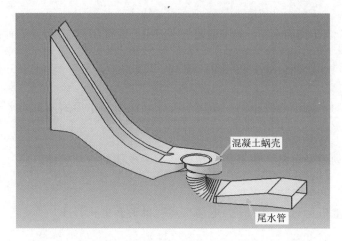

混凝土蜗壳

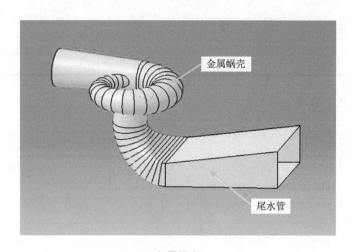

金属蜗壳

管形座 tubular support；inner/outer stay cone *soporte tubular；cono interno / externo*

由内外锥管构成贯流式水轮机的流道，并承受轴向和垂直荷载的部件。

基础环 foundation ring *anillo de base*

混流式水轮机的底环和尾水管锥管，并在安装、大修中用于承放转轮的基础部件。

固定导叶 stay vane *Álabes directrices fijadas*

起导水作用并用以连接座环上、下环形件的支柱。对灯泡式机组而言，固定导叶与贯流式座环内、外锥段相连。

导水机构 distributor；guide vane apparatus *distribuidor*

反击式水力机械中引导水流从高压侧流入转轮或从叶轮流向高压侧，并改变水流环量和调节流量的装置。

活动导叶 guide vane；wicket gate　álabes directrices

导水机构中能旋转动作以改变水流环量和调节进入转轮的流量的导流叶片。一般简称导叶。

导叶分布圆 gate circle；wicket gate circle　compuerta circular；compuerta de desagüe circular

导叶旋转轴中心所在的圆。

导叶开度 guide vane opening　apertura de la paleta guía

导叶背面出口边上某点与相邻导叶体之间的最短距离。

筒形阀 ring gate of turbine　puerta de anillo de la turbina

活门呈圆筒形，位于水轮机固定导叶和活动导叶之间，可沿水轮机轴线方向上下移动的、能切断水流的水轮机部件。

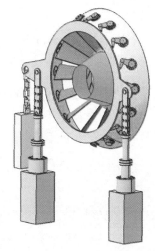

贯流式导水机构

事故配压阀 distributing valve　válvula distribuidora

在主配压阀失效情况下，控制导叶（喷针）或转叶（折向器/偏流器）接力器动作的液压操作配压阀。

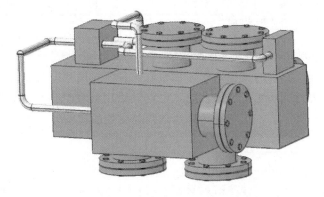

配压阀

剪断销 shear pin　pasador de corte

装设在导叶臂上易于剪断的圆柱销。

顶盖 head cover　tapa superior

在立轴反击式水轮机中，与底环一起构成过流通道，用以密封转轮腔并支承水轮机导叶、传动机构及操作机构等部件。

支持盖 support cover　cubierta de soporte

在立轴轴流式水轮机中，用于安装水导轴承，与顶盖和轴密封一起形成密封的转轮腔。

控制环 gate operating ring；regulating ring　anillo de operación de puerta

由接力器操作转动，再通过连杆、拐臂机构传递给全部导叶并使之同步动作的环状部件。

接力器　**servomotor**　servomotor
利用液压供给驱动导叶或转轮叶片或喷针的操作力的液压装置。

接力器行程　**servomotor stroke**　carrera del servomotor
主接力器自全关位置移动到任一中间位置的位移值，接力器最大行程为水轮机导水机构自全关至全开位置的行程。

接力器压紧行程　**servomotor compaction stroke**　carrera de compactación del servomotor
接力器关闭导叶之后，为使导叶关闭后有一定的压紧量，继续关闭的一段行程。

机械开度限制机构　**mechanical opening limiter**　limitador de apertura mecánica
用机械方法来实现限制导叶或喷针开度的机构。

转轮　**runner**　rodete
水力机械中实现水体机械能与旋转机械能相互转换的转动部件。混流式转轮由上冠、下环、叶片、泄水锥组成，轴流式、斜流式、贯流式转轮由轮毂体、叶片、泄水锥组成，冲击式机组转轮由轮盘和斗叶组成。

转轮公称直径　**nominal diameter of runner**　diámetro nominal del rodete
在转轮上指定部位测定的直径，作为水轮机代表性的尺寸。对混流式，公称直径可以采用转轮叶片高压边与下环相交处的直径，也可以采用叶片低压边为下环相交处的直径；对轴流式、斜流式和贯流式，指与转轮叶片轴线相交处的转轮室直径；对冲击式，指转轮节圆直径。

节圆直径　**pitch diameter**　diámetro de paso
水斗式和斜击式水轮机的转轮中心至射流中心线的距离的两倍。

射流直径　**jet diameter**　diámetro del chorro del agua
射流离开喷嘴出口后的最小直径。

射流直径比　**jet ratio**　rango del chorro de agua
冲击式水轮机的射流直径与转轮节圆直径之比。

转轮密封　**runner seal**　sello de rodete
混流式水轮机转轮上冠、下环与周围固定部件之间以环形狭窄间隙来减少漏水量的结构型式，包括转动密封和固定密封。

转轮体/轮毂体　**runner hub**　cuerpo de rodete
用以支承转轮叶片，并经相连的主轴传递机械能的轴流式、斜流式和贯流式水轮机转轮中的中心旋转体部分。

泄水锥　runner cone　cono del rodete
连接在转轮上冠或转轮体尾部、用以引导水流的锥形延长部件。

转轮室　discharge ring　cámara de rodete
构成轴流式水轮机转轮旋转空间的带有部分球面的圆筒形固定部件。

止漏环　seal ring　anillo de sello
设置在转轮与顶盖及底环间用于减小漏水并可更换的密封结构。

受油器　oil head　cabeza de aceite
将来自调速器的压力油从固定管道引向转动的操作油管，供给转轮叶片接力器压力油和回油的装置。

尾水管　draft tube　tubo de aspiración
回收转轮出口水流的部分动能并将水流引向水电站下游的管形部件，包括尾水锥管、肘管及尾水管扩散段。

尾水管里衬　draft tube liner　revestimiento de tubo de aspiración
敷设在尾水管过流表面上的用以保护尾水管混凝土免受破坏的金属里衬。

尾水管支墩　dividing pier of draft tube　pilar divisorio del tubo de tiro
根据水工结构要求设置在尾水管水平扩散段内的支墩。

水轮机主轴　turbine shaft　eje principal de turbina
连接转轮、支持转轮旋转并传递机械能的轴。

主轴密封　main shaft seal　sello del eje principal
安装在主轴上，用以减少转动部件与固定部件之间漏水的装置。

导轴承　guide bearing　cojinete guía
引导机组主轴正常旋转并承受径向力的滑动轴承。

喷嘴　nozzle　inyecctor
将水流的压能转变为射流动能的收缩管。

制动喷嘴　braking jet　inyecctor de freno
在工作喷嘴关闭后，为缩短停机过程而向转轮供给反向射流的喷嘴。

喷针　needle　aguja
用以改变射流直径、调节流量的装于喷嘴内腔、头部呈针状的部件。

平衡活塞　balance piston；relief piston　balance piston；relief piston
装在喷针杆上用以平衡喷针上不平衡水压力的活塞。

偏流器/折向器　deflector　deflector

装在喷嘴出口处，能迅速将射流全部或部分偏转使之不作用于转轮水斗的装置。

水斗 bucket cuchara
具有瓢形曲面、用以改变射流方向并接受水流能量的水斗式或斜击式转轮的组成部分。

水轮发电机转子 rotor rotor
发电机的转动部分。由支架、磁轭、磁极组成。

转子支架 rotor spider araña del rotor
由轮毂、轮辐等组成的支承磁轭和磁极的转子构件。

转子磁轭 rotor yoke yugo del rotor
用于固定磁极的凸极转子磁路的一部分。

气隙 air gap entrehierro
定子和转子之间的空气间隙。

发电机铁芯 core núcleo de hierro
发电机承载磁通的磁路部分，不包括气隙。

磁极 field pole polo
带有励磁绕组或为永久磁铁铁芯的一部分。

凸极 salient pole polo saliente
从轭部向气隙方向伸出的一种磁极。

隐极 non-salient pole polo no saliente
圆柱形铁芯的一部分，通过分布绕组的励磁效应起磁极作用。

定子 stator estator
由机座、静止磁路及其绕组组成的发电机的静止部分。

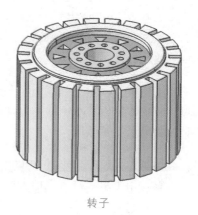

转子

定子

机座 stator frame estructura del estator
支承定子铁芯或铁心组件的构件。

定子绕组 stator winding bobinado del estator
指构成定子电气线路的线匝。

内冷定子绕组 inner-cooled stator winding devanado del estator refrigerado por el interior
定子线棒含空心股线，空心股线内通入绝缘冷却介质，采用强迫循环或自循环进行热交换冷却的定子绕组。

水内冷定子绕组　water inner-cooled stator winding　bobinado del estator refrigerado por agua

采用纯水作为冷却介质的内冷定子绕组。

蒸发冷却定子绕组　evaporative-cooled stator winding　devanado del estator enfriado por evaporación

采用蒸发冷媒作为冷却介质的内冷定子绕组。

上机架　upper support　soporte superior/bastidor superior

立式水轮发电机置于定子上方，用于推力轴承、导轴承支撑的部件。

下机架　lower support　soporte inferior；bastidor inferior

立式水轮发电机置于定子下方，用于推力轴承、导轴承、制动器支撑的部件。

推力轴承　thrust bearing　cojinete de empuje

承受机组轴向力的轴承。

推力径向轴承　thrust-journal bearing　muñón de rodamiento de empuje

同时承受轴向力和径向力的轴承。

镜板　thrust runner collar　collar de empuje

推力轴承中与推力瓦构成动压油膜润滑、承受轴向荷载的结构部件。

油膜厚度　thickness of oil film　espesor de la película de aceite

镜板与推力瓦面间油润滑层某一点的厚度，与镜板和推力瓦面的相对运行速度、油的黏度、油膜温度、瓦面平均比压等因素有关。

水轮发电机组参数和特性　parameters and characteristics of a turbine-generator unit parámetros y características de una unidad de turbina-generador

水轮机进口　turbine inlet　entrada de turbina

混流式、轴流式水轮机进口为蜗壳进口；贯流式水轮机进口为水轮机进水流道进口；冲击式水轮机进口为配水环管进口。

水轮机出口　turbine outlet　salida de turbina

混流式、轴流式、贯流式水轮机出口为尾水管出口；冲击式水轮机出口为斗叶出口。

水轮机设计水头　design head of turbine　diseño de altura de agua de turbina

水轮机在最高效率点运行的水头。

水轮机额定流量　rated discharge of turbine　caudal nominal de la turbina

水轮机在额定水头、额定转速和额定输出功率下的流量。

水轮机空载流量　no-load discharge of turbine　descarga de turbina sin carga

水轮机在规定的转速和水头下空载运行时的流量。

水轮机额定转速　rated speed　velocidad nominal
水轮机设计中选择的机组稳态转速。

同步转速　synchronous speed　velocidad de sincronismo
由电机供电系统的频率和电机本身的磁极数所决定的转速。

水轮机飞逸转速　runaway speed of turbine　sobre-velocidad de turbina
当发电机与负载或电网解列后，导叶和（或）转轮叶片处于能产生最高转速的位置，水轮机的最高转速。

水轮机比转速　turbine specific speed　velocidad específica de la unidad
相当于几何相似的水轮机当水头为 1m、输出功率为 1kW 时的转速。

水轮机比转速系数　turbine specific speed coefficient　coeficiente de velocidad específico de la turbina
水轮机比转速与水头开平方的乘积。

水泵比转速系数　pump specific speed coefficient　coeficiente de velocidad específico de la bomba
水泵比转速与扬程 3/4 次方的乘积。

水轮机输入功率　turbine input　potencia de entrada de la turbina
流入水轮机进口的水流所具有的水力功率。

水轮机输出功率　turbine output　potencia de salida de la turbina
水轮机主轴输出的机械功率。

水轮机额定输出功率　rated output of turbine　potencia nominal de la salida de la turbina
在额定水头和额定转速下水轮机应连续发出的最大输出功率（即由设计或合同规定的铭牌输出功率）。

水轮机最大输出功率　maximum output of turbine　potencia máxima de salida de la turbina
水轮机在额定转速和某一水头下连续安全运行时能达到的最大输出功率。

水泵最大功率　maximum power of pump　potencia máxima de la bomba
水泵水轮机在水泵工况时，在规定的运行范围内所需的最大水泵功率。

水泵零流量功率　pump power at zero discharge　potencia de la bomba con caudal cero
水泵水轮机转轮在水中以额定转速水泵旋转方向运行、泵流量为零时所需的水泵输入功率。

水轮机效率 turbine efficiency *eficiencia de la turbina*
水轮机输出功率与输入功率之比值。

水泵效率 pump efficiency *eficiencia de la bomba*
水泵输出功率与输入功率之比值。

加权平均效率 weighted average efficiency *eficiencia pormedio ponderada*
各效率与对应加权系数乘积之和的平均值。

水轮机最高效率 maximum efficiency of turbine *eficiencia máxima de la turbina*
水轮机各效率值中的最大值。

水轮机空化 turbine cavitation *cavitación de turbina*
当水轮机流道中水流局部压力下降至临界压力时，水中气核成长为空泡，空泡的积聚、流动、分裂、溃灭过程的总称。

水轮机空蚀 turbine cavitation erosion；turbine cavitation damage *erosión por cavitación de la turbina；daño por cavitación de la turbina*
由于空化造成的水轮机过流表面材料的损坏。

泥沙磨损 sand erosion *erosión de arena*
含沙水流对水轮机通流部件表面所造成的材料损坏。

磨蚀 combined erosion by sand and cavitation *cavitación y abrasión*
在含沙水流条件下，水轮机通流部件表面受空蚀和泥沙磨损联合作用所造成的材料损坏。

空蚀保证期限 cavitation guaranteed period *período de cavitación garantizado*
在水轮机投入运行后，考核空蚀损坏保证值的有效时间。

叶型空化 profile cavitation *cavitación de perfil*
水流绕经叶片时，由于局部压力降低而发生的空化。

间隙空化 clearance cavitation *cavitación de espacio*
水流通过狭窄间隙时由于流速升高、压力降低而发生的空化。

水轮机空化系数 cavitation factor of turbine；cavitation coefficient of turbine *factor de cavitación de la turbina；coeficiente de cavitación de la turbina*
表征水轮机空化发生条件和性能的无量纲系数。

临界空化系数 critical cavitation factor *factor crítico de cavitación*
在模型空化试验中用能量法确定的临界状态的空化系数。

初生空化系数 incipient cavitation factor *factor de cavitación incipiente*

转轮叶片开始出现空泡时的空化系数。

电站空化系数 plant cavitation factor factor de cavitación de la planta
在电站运行条件下的空化系数。

水力共振 hydraulic resonance resonancia hidráulica
水力系统中周期性的水力扰动力的频率和机组的水力系统或机械系统的固有频率一致时所引起的振动现象。

吸出高度 static suction head succión estática de la altura de agua
反击式水轮机规定的基准面至尾水位的高度。

排出高度 discharging head descarga de la altura de agua
立轴冲击式水轮机转轮节圆平面至尾水位的高度；卧轴冲击式水轮机转轮节圆直径最低点至尾水位的高度。

水轮机安装高程 setting elevation of turbine cota de montaje de la turbina
水轮机基准点的海拔高程。基准点规定为：立轴反击式水轮机的导叶中心；立轴冲击式水轮机的喷嘴中心；卧轴水轮机的主轴中心。

水轮机协联工况 combined condition；on-cam operating condition condición combinada；condición de funcionamiento en la leva
导叶和转轮叶片处于规定的协联关系下的运行工况。

非协联工况 off-cam operating condition condición de funcionamiento fuera de la leva
导叶和转轮叶片未处于规定的协联关系下的运行工况。

额定工况 rated condition condición nominal
根据给定的参数和设计要求所确定的基准工况。

发电调相工况 generator condenser mode modo condensador generador
转轮室压水后转轮在空气中旋转，机组发电方向并网运行的状态。

抽水调相工况 pump condenser mode modo condensador de bomba
转轮室压水后转轮在空气中旋转，机组抽水方向并网运行的状态。

相似工况 similar operating condition condición similar de operación
几何相似的水轮机满足运动相似条件下的运行工况。

单位转速 unit speed velocidad de la unidad
相当于转轮直径为1m、水头为1m时的水轮机转速。

单位流量 unit discharge caudal unitario
相当于转轮直径为1m、水头为1m时的水轮机通过的流量。

单位功率 unit power potencia unitaria
相当于转轮直径为 1m、水头为 1m 时的水轮机发出的功率。

轴向水推力 hydraulic thrust；water thrust empuje hidráulico；empuje de agua
水流沿主轴方向作用于水轮机转轮上的推力。

单位水推力 unit hydraulic thrust empuje hidráulico de la unidad
相当于转轮直径为 1m、水头为 1m 时，作用于水轮机的导叶或转轮叶片上的水推力。

单位水力矩 unit hydraulic torque torque hidráulico de la unidad
相当于转轮直径为 1m、水头为 1m 时，作用于水轮机的导叶或转轮叶片上的水力矩。

模型水轮机 model turbine modelo de la turbina
过流部分与真机几何相似，用以试验预测真机性能的水轮机。

水轮机模型试验 model test of turbine prueba modelo de la turbina
预测真机性能而利用模型水轮机进行的试验。包括能量（或效率）试验、气蚀试验、飞逸试验、稳定性试验和动力特性试验等。

综合特性曲线 combined characteristic curve diagrama de la colina；diagrama de rendimiento combinado
表示几何相似的水轮机水力性能（如开度、效率、气蚀系数及功率限制线）的等值线图（常以单位转速为纵坐标，单位流量为横坐标）。

运转特性曲线 performance curve curva de rendimiento
表示水轮机在某一确定的转速下的性能（如效率、吸出高度等）的等值线图（常以水轮机水头为纵坐标，输出功率为横坐标）。

四象限特性 complete characteristics；four-quadrant characteristics características completas；cuatro cuadrantes
表示水泵水轮机在各种可能工况下的静态特性。常以单位流量（或单位转矩）、单位转速为纵、横坐标的四象限内的等开度线表示。

水轮机调节系统 turbine regulating system sistema de regulación de la turbina
由水轮机控制系统和被控制系统组成的闭环系统。

有差调节 droop control regulación de la desviación
水轮机组在调速器自动调节下，其转速与负荷的静特性具有转速随负荷的增大或减小而减小或增大的调节特性（永态差值系数 $b_p > 0$）。

无差调节 isochronous control regulación sin desviación
水轮机组在调速器自动调节下，其转速与负荷的静特性具有转速不随负荷大小变化而改变的调节特性（永态差值系数 $b_p=0$）。

协联关系 combined relationship relación combinada
在一定水头下转桨式水轮机的轮叶开度与导叶开度，或水斗式、斜击式水轮机在投入运行的喷嘴数量与喷针行程所遵循的对应关系。

机械液压调速器 mechanical hydraulic governor regulador de velocidad hidráulico mecánico
测速、稳定及反馈信号用机械方法产生，经机械综合后通过液压放大部分实现驱动水轮机接力器的调速器。

电气液压调速器 electrohydraulic governor regulador de velocidad electrohidráulico
检测被控参量、稳定及反馈信号用电气方法产生，经电气综合、放大后通过电气转换和液压放大系统实现驱动水轮机接力器的调速器。

微机调速器 microcomputer based governor regulador de velocidad con micro computadora
以工业级微机为核心进行测量、变换与处理的电液调速器。

比例-积分-微分调速器 proportional integral derivative governor；PID governor regulador de velocidad derivado integral proporcional；regulador de velocidad PID
能够实现比例-积分-微分调节规律的调速器。

主配压阀 main distributing valve válvula distribuidora principal
控制导叶（喷针）或转叶（折向器/偏流器）接力器动作的液压操作配压阀。

电气开度限制单元 electrical opening limiter limitador de apertura eléctrica
实现限制导叶开度或喷针开度的电气单元或程序模块。

分段关闭装置 step-closure device dispositivo de cierre por sección
由预定的接力器位置开始到接力器全关（不计接力器端部的缓冲段），使接力器实现两种不同关闭速度的装置，可通过机械、液压、电气方式实现。

油压装置 oil pressure unit dispositivo de presión de aceite
为控制水轮机运行向调速系统、进水阀、调压阀和液压操作阀等供给压力油的装置；一般由压力油罐、回油箱、油泵及其他附件组成。

永态转差系数 permanent speed droop caída de velocidad permanente
在调速系统静态特性曲线图上，某一规定运行点处的斜率的负数。

压力油罐

暂态转差系数 temporary speed droop caída de velocidad temporal
缓冲装置不起衰减作用和永态转差系数为零时，在稳态下的转差系数，反映软反馈最大值的大小。

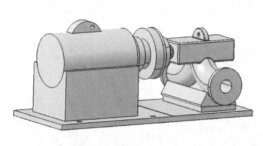

油泵

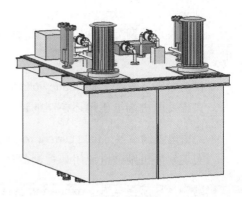

回油箱

微分时间常数 derivative time constant costante de tiempo de de aceleración

永态和暂态转速系数为零，在接力器刚刚反向运动的瞬间，转速偏差与加速度之比的负数。

转速死区 speed dead band banda muerta de velocidad giratoria

指令信号恒定时，不起调节作用的两个相对转速值间的最大区间。

机组惯性时间常数 unit inertia time constant; unit acceleration constant constante de tiempo de inercia de la unidad; constante de aceleración de la unidad

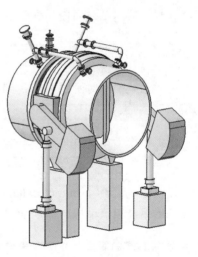

进水阀

在额定转矩的作用下，机组从转速为零加速到额定转速所需要的时间，在数值上为机组在额定转速时的动量矩与额定转矩之比。

工作油压 operating oil pressure presión de aceite en operación

使调速系统在规定的压力范围内工作的油压。

额定油压 rated oil pressure presión de aceite nominal

调速系统的额定工作油压。

励磁系统 excitation system sistema de excitación

供给发电机励磁电流的由专用电源及其电路、检测、保护控制设备组成的系统。

晶闸管励磁系统 SCR excitation system sistema de excitación de tiristor; sistema de excitación de SCR

用晶闸管整流元件将连接主机母线上的励磁变压器或与主机同轴的交流励磁机的输出

电流变为直流励磁电流的励磁系统。

励磁调节器　excitation regulator　regulador de excitación

按照一定的调节规律通过调节励磁电流实现对机端电压、无功功率、功率因数、励磁电流等进行实时控制的装置。

自动电压调节器　automatic voltage regulator（AVR）　regulador de voltaje automático

实现发电机端电压闭环控制的调节装置。

励磁电流调节器　field current regulator（FCR）　regulador de corriente de campo（FCR）

实现发电机励磁电流闭环控制的调节装置。

励磁系统顶值电流　excitation system ceiling current　corriente de techo del sistema de excitación

在规定的强励时间内，励磁系统可输出的最大直流电流。

励磁系统顶值电压　excitation system ceiling voltage　voltaje de techo del sistema de excitación

励磁系统强励时励磁电流达到规定的顶值电流的瞬间，励磁绕组两端整流电压的平均值。

顶值电流倍数　ratio of celling current　relación de corriente de techo

励磁系统顶值电流与额定励磁电流之比。

顶值电压倍数　ratio of celling voltage　relación de voltaje de techo

励磁系统顶值电压与额定励磁电压之比。

电力系统稳定器　power system stabilizer（PSS）　estabilizador del sistema de potencia

励磁调节器内附加的一个或一组单元，用以改善电力系统稳定性能。

起励　field flashing　iniciación de excitación

发电机在启动过程中，帮助发电机建立初始电压，使自动励磁调节器获得必要工作电压的过程。

自动灭磁　automatic deexcitation　desexcitación automática

将转子绕组磁能自动迅速减弱到最小的过程。

灭磁时间　deexcitation time　tiempo de desexcitación

从施加灭磁信号起，发电机励磁电流衰减到5％空载励磁电流以下的那一时刻的时间。

灭磁过电压　deexcitation overvoltage　sobretensión de desexcitación

灭磁过程中由于突然跳开灭磁开关，励磁回路自感电势形成的危险高电压。

强行励磁   forced excitation   excitación forzada

当发电机端电压下降至允许值以下时，快速增加发电机励磁，使发电机电压迅速回升的过程。

强行减磁   forced field discharge   reducción magnética forzada

当发电机机端电压超过允许值时，快速减少发电机励磁电流，使发电机电压下降到接近额定电压的过程。

水轮机进水阀   inlet valve for turbine   válvula de entrada para turbina

装在水轮机进口处用以截断水流并提供水轮机检修条件的阀门，包括蝴蝶阀和球阀。

进水阀公称直径   nominal diameter of inlet valve   diámetro nominal de la válvula de entrada

进水阀与上、下游压力引水管法兰相连处阀体的通流内径，单位为 mm。

调节保证设计   hydraulic transient guarantee design   diseño de garantía transitoria hidráulica

结合水电站安全运行基本要求，以工程的技术经济合理为目标，通过水力过渡过程分析研究，确定输水发电系统水力过渡过程控制性参数及相应的机组运行条件。

水力过渡过程   hydraulic transient process   proceso transitorio hidráulico

输水发电系统从某一稳定运行状态转换到另一稳定运行状态随时间变化的过程。

水力过渡过程计算控制值   calculation control value for hydraulic transient process   valor de control de cálculo para proceso hidráulico transitorio

根据机组类型、特性参数及其在电网中的作用，结合工程布置特点和类似工程实践，在计算前确定的水力过渡过程计算限制值。

水力过渡过程计算值   calculation value for hydraulic transient process   cálculo de valor del proceso de transición hidráulica

由计算得出的输水发电系统水力过渡过程参数值。

调节保证设计值   hydraulic transient guarantee design value   ajuste que garantice el valor de diseño de la transición hidráulica

根据选定控制工况的水力过渡过程计算值，进行修正后确定的设计参数，并在实际运行中应满足的水力过渡过程限制性参数。

水力过渡过程计算工况   calculation conditions for hydraulic transient process   condiciones de cálculo del proceso de transición hidráulica.

由输水发电系统水力过渡过程前的初始边界条件、扰动、机组运行操作方式构成，根据水电站输水发电系统布置、上下游特征水位、机组型式和参数、主接线型式、接入电力系统方式等拟定。

设计工况   design condition   codiciones de diseño

包含正常运行操作、一次偶发事件及正常运行操作和一次偶发事件组合的水力过渡过程计算工况。

校核工况 check condition *condiciones de comprobación*
包含两次相互独立的偶发事件的水力过渡过程计算工况。

小波动 small oscillation *pequeñas oscilaciones*
机组突增或突减不大于10%额定负荷时引起的输水发电系统水力过渡过程。

大波动 large oscillation *grande oscilación*
机组突增或突减较大负荷、突甩全部负荷及其组合时引起的输水发电系统水力过渡过程。

水力干扰 hydraulic disturbance *distribuciones hidráulicas*
同一水力单元中部分机组增减负荷或突甩全部负荷时引起的输水发电系统水力过渡过程。

机组状态在线监测系统 unit online condition monitoring system *sistemas de monitoreo en línea del estado de las unidades*
对机组主要部位运行状态进行实时在线监测、分析与辅助诊断的系统。

状态监测量 condition monitoring parameters *estado de los parametros de monitoreo*
反映机组状态的监测量，主要指振动、摆度、轴向位移、压力脉动、空气间隙、磁通密度、局部放电等。

磁通密度 magnetic flux density *densidad del flujo magnéctico*
穿过单位面积的磁通量，指发电机定子与转子之间的气隙磁通密度。

局部放电 partial discharge *descarga parcial*
在水轮发电机定子绕组绝缘层内部或边缘发生的导体间绝缘仅被部分桥接的电气放电现象，简称局放。

静平衡 static balancing *equilibrio estático*
调整旋转部件质量分布，使在非转动状态下其重心相对几何中心的偏差在允许范围内的工艺过程。

动平衡试验 dynamic balancing *balance dinámico*
调整旋转部件质量分布，使其在转动状态下的力与力偶的不平衡量在允许范围内的工艺过程。

盘车 barring *prueba rotación*
使水力机组旋转部件做低速转动来找正其主轴轴线的工艺过程。

机组空载试验 no-load test *prueba de la unidad sin carga*

投入发电机转子励磁，检验水轮发电机组在不带负荷工况下运转稳定性和可靠性的试验。

甩负荷试验　load rejection test　prueba de carga-rechazo

用于验证水力机组甩负荷时控制机构动作是否正常、主机及辅助设备是否安全可靠，同时测定蜗壳水锤压力上升值及其变化过程、尾水管压力下降值及其变化过程、机组转速上升值及其变化过程等的试验。

定子铁芯磁化试验　stator core magnetization test　pruebas de magnetism en el centro del estator

在叠装完成的发电机定子铁芯上缠绕励磁绕组，绕组中通入交流电流，使之在铁芯内部产生接近饱和状态的交变磁通，磁通密度通常取 1 特斯拉。

升流试验　short circuit test；rising current test　pruebas de cortocircuito；pruebas de corriente ascendentes

用递升电流的方法，检查互感器回路极性及连接正确性的试验。

升压试验　open circuit test；rising voltage test　pruebas de voltajes ascedentes

用递升加压的方法，检查发电机、变压器的绝缘、电压互感器接线、相别、相序是否符合要求的试验。

进相试验　phase lead operation test　pruebas de ingreso de las fases

发电机机端电流相位超前机端电压，从系统吸收无功的运行试验。

水轮机性能试验　performance test　pruebas de rendimiento de la turbina

测量原型水轮机、蓄能泵和水泵水轮机的效率、功率、流量及其他参量的试验。

6.3 电气

额定电压　rated voltage　voltaje nominal

指电气设备长时间正常工作时的最佳电压。

系统标称电压　nominal voltage of system　sistema de voltaje nominal

用于标志或识别电力系统电压的给定值。

最高工作电压　maximum working voltage　máximo voltaje de trabajo

按电气设备绝缘和与电压有关的其他性能所确定的保证电气设备正常工作的最高电压。

额定电流　rated current　corriente nominal continua

指电气设备在额定电压下，按照额定功率运行时的电流。

持续工作电流　continuous working current　corriente de trabajo continua
电气设备所容许的长期连续工作电流。

空载电流　no-load current　corriente sin carga
电动机或变压器等不接负载时，通过其初级绕组的电流。

励磁电流　field current　corriente de exitación
发电机、电动机或变压器等供给励磁绕组或初级绕组以产生磁场的电流。

高压　high voltage　voltaje alto
电力系统中高于 1kV、低于 330kV 的交流电压等级；电力系统中高于 1.5kV、低于 400kV 的直流电压等级。

超高压　extra high voltage（EHV）　ultra voltaje
电力系统中 330kV 及以上，并低于 1000kV 的交流电压等级。

特高压　ultra high voltage（UHV）　alto voltaje
电力系统中交流 1000kV、直流±800kV 及以上的电压等级。

电压降　voltage drop　caída de voltaje
沿有电流通过的导体或在有电流通过的电器中电位的降低。

电压偏移　voltage deviation　compensación de voltaje；voltaje de desviación
线路或电器的实际工作电压对其额定电压的偏移量。

标幺值　per-unit system；p. u. system　sistema expresado en pu（por unidad）
在电力系统计算中，电气量（如阻抗、导纳、电流、电压与功率等）用其相对值（无单位）来表示的体系，即电气量实际值与同单位基准值之比的计算体系。

输电线路　transmission line　línea de transmisión
传送电能的线路。

配电系统　distribution system　sistema de distribución
将输电设备输送过来的电力（电能）分配给电力用户的系统。

分裂导线　bundle conductor　conductor agrupado aéreo
由数根相互分开的导线组成的每相导线。

线路波阻抗　surge impedance of a line　impedancia de sobretensión de una línea
等同于所给定线路参数的一条无限长线路上的行波的电压与电流比值。

线路自然功率　natural load of a line　línea de poder natural
由线路电容和电感引起的无功功率相平衡而使线路呈现纯电阻性时，该线路所输送的功率。

调相容量　compensator capacity；condenser capacity　capacidad de modulación de fase

调相机、并联电容器、静止补偿器及同步发电机作为调相运行时发出的无功功率。

无功补偿　reactive power compensation　reactivos de compensación

在电力网和用户端设置电力系统所需的无功电源（调相机、并联电容器、静止补偿器等）。

过补偿　overcompensation　sobrecompensación

补偿后感性电流大于容性电流的补偿方案。

欠补偿　undercompensation　subcompensación

补偿后感性电流小于容性电流的补偿方案。

串联电容补偿　series capacitive compensation　condensador de compensación

静止电容器串联在输电线路中，对线路电感进行补偿。

线路充电功率　line charging power　recargo de poder de la línea

由线路的对地电容电流所产生的容性无功功率。

中性点有效接地系统　system with effectively earthed neutral　conexión a tierra eficaz de neutro

中性点直接接地或经低值阻抗接地的系统。通常本系统零序电抗与正序电抗的比值不大于 3，零序电阻与正序电阻的比值不大于 1。

中性点非有效接地系统　system with non-effectively earthed neutral；isolated neutral system　conexión a tierra ineficaz de neutro

中性点不接地或经高阻抗接地或谐振接地的系统。通常本系统的零序电抗与正序电抗的比值大于 3，零序电阻与正序电阻的比值大于 1。

线路负荷矩　line load moment　momento de carga de línea

线路有功功率与线路长度之乘积。

直轴同步电抗　direct-axis synchronous reactance　reactancia sincrónica de eje recto

电机在额定转速下运行时，由直轴电枢电流产生的直轴电枢绕组总磁链所感应的持续交流基波电压与交流基波电流之比。

交轴同步电抗　quadrature-axis synchronous reactance　reactancia sincrónica de eje transversal

电机在额定转速下运行时，由交轴电枢电流产生的交轴电枢绕组总磁链所感应的持续交流基波电压与交流基波电流之比。

直轴瞬态电抗　direct-axis transient reactance　reactancia transitoria de eje recto

电机在额定转速下运行时，由直轴电枢绕组总磁链产生的电枢电压中交流基波分量在突变时的初始值（不考虑开始几周内的快速衰减部分），与同时变化的直轴电枢交流基波电流之比。

交轴瞬态电抗　quadrature-axis transient reactance　reactancia transitoria de eje transversal

电机在额定转速运行时，由交轴电枢绕组总磁链产生的电枢电压中交流基波分量在突变时的初始值（不考虑开始几周内的快速衰减部分），与同时变化的交轴电枢交流基波电流之比。

直轴超瞬态电抗　direct-axis sub-transient reactance　eje recto súper reactancia transitoria

电机在额定转速下运行时，由直轴电枢绕组总磁链产生的电枢电压中交流基波电压在突变时的初始值与同时变化的直轴电枢交流基波电流之比。

交轴超瞬态电抗　quadrature-axis sub-transient reactance　reactancia súper transitoria de eje transversal

电机在额定转速下运行时，由交轴电枢绕组总磁链产生的电枢电压中交流基波分量在突变时的初始值，与同时变化的交轴电枢交流基波电流之比。

正序电抗　positive sequence reactance　reactancia de secuencia positiva

电机在额定转速下运行时，由额定频率正弦正序电枢电流所引起的正序电枢电压无功基波分量与该电流之比。

负序电抗　negative sequence reactance　reactancia de secuencia negativa

电机在额定转速下运行时，由额定频率正弦负序电枢电流所引起的负序电枢电压无功基波分量与该电流之比。

零序电抗　zero sequence reactance　reactancia de secuencia cero

电机在额定转速下运行时，由额定频率零序电枢基波电流所引起的零序电枢电压无功基波分量与该电流之比。

电枢短路时间常数　armature short circuit time constant　armadura de corto circuito constante de tiempo

按照励磁电流周期性分量自初始值衰减到 $1/e \approx 0.368$ 初始值时所需的时间。

直轴瞬态短路时间常数　direct axis transient short circuit time constant　constante de tiempo de cortocircuito transitorio de eje recto

瞬态电枢电流分量自初始值衰减到 $1/e \approx 0.368$ 初始值时所需的时间。

直轴超瞬态短路时间常数　direct axis subtransient short circuit time constant　constante de tiempo de cortocircuito súper transitoria de eje recto

超瞬态电枢电流分量自初始值衰减到 $1/e \approx 0.368$ 初始值时所需的时间。

直轴瞬态开路时间常数　direct axis transient open circuit time constant　constante de tiempo de circuito abierto transitorio de eje recto

同步电机的电枢绕组开路且在额定电压下运行，励磁绕组突然短路（阻尼绕组开路或无阻尼绕组）时，电枢电压的暂态分量衰减的时间常数。

系统综合电抗　composite system reactance　composición reactancia del sistema

一个水电厂出线端以外系统的所有元件电抗的组合电抗。

短路电流　short circuit current　corriente del corto circuito

在电路中，由于故障或误联接而造成短路时所产生的过电流。

短路电流周期分量　periodic component of short circuit current　periodo de componente del corto circuito

短路电流中一个成周期性变化（每个时间间隔的峰值电流不一定相同）的分量。

短路电流非周期分量　aperiodic component of short circuit current　componente no periódico de corriente de cortocircuito

短路电流中随时间衰变的直流分量。

短路比　short-circuit ratio　radio del corto circuito

电机在额定转速下运行时，其空载额定电压所需的励磁电流与对称短路产生稳态额定电流所需的励磁电流之比。

超瞬态短路电流　subtransient short circuit current　corriente súper transitoria de cortocircuito

有阻尼绕组的同步电机系统内三相突然短路时，在阻尼绕组起作用阶段所产生的短路电流。

起始超瞬态短路电流　initial subtransient short circuit current　corriente de cortocircuito super transitoria inicial

超瞬态短路电流周期性分量在短路开始后第一周期内的有效值。

冲击电流　impulse current　corriente de impulso

短路电流中最大的瞬时值（短路开始后半个周期内）。

稳态短路电流　steady-state short circuit current　corriente constante de cortocircuito

短路电流非周期分量衰减到零后，周期性分量停止变动时的短路电流值。

短路冲击系数　impulse coefficient of short circuit　coeficiente de impulso del corto circuito

短路电流的冲击电流值与稳态短路电流的幅值之比。

短路容量　short circuit capacity　capacidad de cortocircuito

短路电流与短路处的额定电压的乘积。

反馈电流　feedback current　retroalimentación de la corriente

电动机因电压或频率突然降低而向系统返送的电流。

潜供电流　secondary arc current　corriente de arco secundario

当故障线路故障相自两侧切除后，非故障相与断开相之间存在的电容耦合和电感耦合，继续向故障相提供的电流。

功率角　power angle　ángulo de potencia

发电机端电压和空载电势之间的夹角。

功角特性曲线　power angle characteristic curve　curva característica del ángulo de potencia

表示同步发电机向系统输送的有功功率与功率角之间关系的曲线。

电力系统静态稳定　steady-state stability　estabilidad del sistema de energía

电力系统受到小干扰后，不发生自发振荡和非周期性的失步，并能自动恢复到起始运行状态的能力。

电力系统暂态稳定　transient-state stability　sistema de potencia transitoria estabilidad

电力系统受到大干扰后，各同步电机保持同步运行并过渡到新的或恢复到原来稳态运行方式的能力；通常指保持第一或第二个振荡周期不失步。

电力系统动态稳定　dynamic-state stability　estabilidad dinámica del sistema de potencia

电力系统受到小的或大的干扰后，在自动调节和控制装置的作用下，保持长过程的稳定运行的能力。

额定开断电流　rated breaking current　corriente del interrupor nominal

在规定的使用和性能条件以及规定的电压下，开关装置开断端子处短路时的电流。

额定关合电流　rated making current　corriente nominal de cierre de interruptor con cortocircuito

在规定的使用和性能条件以及规定的电压下，开关装置关合端子处短路时的电流。

短时耐受电流　short-time withstand current　corriente soportada de corto tiempo

在规定的使用和性能条件下，在规定的短时间内，开关设备和控制设备在合闸位置能够承载的电流有效值。

峰值耐受电流　peak withstand current　corriente soportada de pico

在规定的使用和性能条件下，开关设备和控制设备在合闸位置能够承载的短时耐受电流第一个大半波的电流峰值。

工频耐受电压　power frequency withstand voltage　tensión soportada a frecuencia industrial de corto tiempo

在规定的使用和性能条件下，在规定的时间内，开关设备和控制设备能够耐受的工频电压有效值。

冲击耐受电压　impulse withstand voltage　voltaje de resistencia al impulso

在规定的条件下，电器能够耐受而不击穿的具有规定形状和极性的冲击电压峰值，该值与电气间隙值有关。

同步发电机　synchronous generator　generador sincronizado

作为发电机运行的同步电机。

同步调相机　synchronous condenser　condensador de sicronismo

一种不带机械负载，只供给或吸收电网无功功率的同步电机。

同步电动机　synchronous motor　motor de sicronismo

是由直流供电的励磁磁场与电枢的旋转磁场相互作用而产生转矩，以同步转速旋转的交流电动机。

异步电动机　asynchronous motor　motor asincrónico

作为电动机运行的异步电机。

鼠笼型感应电动机　squirrel cage induction motor　motor de inducción de jaula de ardilla

通常在定子上的初级绕组连接于电源，在转子上的次级笼型绕组承载感应电流的电动机。

绕线转子感应电动机　wound rotor induction motor　motor de inducción del rotor bobinado

通常在定子上的初级绕组连接于电源，在转子上的多相线圈绕组承载感应电流的电动机。

单相变压器　single-phase transformer　transformador de simple fase

一次绕组和二次绕组均为单相绕组的变压器。

三相变压器　three-phase transformer　transformador trifásico

在三相电路中作为三相运行的变压器。

三相组合式变压器　three-phase site-combined transformer　transformador combinado trifásico

由三个独立单元的单相变压器通过相间管道来连接引线和疏通油路，在现场组合安装在同一个基础上的三相变压器。

现场组装式变压器　site-assembled transformer　transformador montado en sitio
受交通运输条件限制，采用出厂解体运输、到现场进行组装的变压器。

变压器绕组　winding of transformer　devanado del transformador
构成与变压器标注的某一电压值相对应的电气线路的一组线匝。

双绕组变压器　double-winding transformer　doble devanado del transformador
包括一个初级绕组和一个次级绕组的单相或三相变压器。

三绕组变压器　three-winding transformer　triple devanado del transformador
有一个初级绕组和两个次级绕组的单相或三相变压器，通常此三个绕组分别称为高压绕组、中压绕组和低压绕组。

联络变压器　interconnecting transformer　transformador interconectado
变电所或发电厂中用以连接两个不同输电系统，并可根据电力潮流的变化，每侧都可作为一次侧或二次侧使用的变压器。

分裂式变压器　split winding type transformer　transformador tipo separado（individual）
几个低压绕组可单独或并联运行，如一个低压侧负载或电源发生故障，其余低压绕组仍能运行一种变压器。

有载调压变压器　transformer fitted with on-load tap-changing　transformador regulador de voltaje en carga
装有有载分接开关、能在负载下进行调压的变压器。

无励磁调压变压器　off-circuit-tap-changing transformer　transformador regulador de voltaje sin excitación
装有无励磁分接开关且只能在无励磁的情况下进行调压的变压器。

自耦变压器　auto-transformer　autotransformador
原边绕组和副边绕组具有公共部分，两者既有磁的联系又有电的直接联系的变压器。

隔离变压器　isolating transformer　transformador aislado
将发电机或网络与另一网络在电方面隔离的变压器，其变压比通常为 1∶1。

干式变压器　dry-type transformer　transformador seco
铁芯和绕组不浸在绝缘液体中的变压器。

油浸式变压器　oil-immersed type transformer　transformador con tanque de aceite de aislamiento
铁芯和绕组浸在绝缘油中的变压器。

变压器绕组的分级绝缘　non-uniform insulation of a transformer winding　aislamiento gradual de bobinados de transformadores.

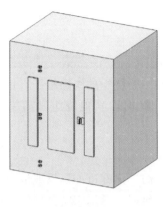

干式变压器

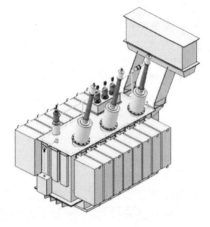

油浸式变压器

变压器绕组的一端作成直接或间接接地时，此接地端或中性点端的绝缘水平比线端要低。

变压器绕组的全绝缘 uniform insulation of a transformer winding aislamiento uniforme de un devanado de transformador

变压器绕组的所有与端子相连接的出线端都具有相同的对地工频耐受电压的绝缘。

连接组标号 connection symbol grupo de conexiones del transformador

表示三相变压器高压绕组、中压绕组（如果有）和低压绕组的连接方式和以钟时序表示的相对相位移的通用标号。

变压器分接头 transformer tapping separador de acople del transformador

变压器为改变电压比而在绕组上引出的抽头。

有载分接开关 on-load tap-changer desconexión de los interruptores de carga

一种适合在变压器励磁或负载下进行操作的用来改变变压器绕组的分接连接位置的装置。

变压器阻抗电压 impedance voltage of transformer transformador de impedimento de voltaje

双绕组变压器当一侧绕组的端子短路，以额定频率的电压施加于变压器另一侧绕组的线路端子上或单相变压器另一侧绕组的端子上，并使其中流过额定电流时所施加的电压；多绕组变压器以任一对绕组组合为准，当该对中的一侧绕组短路，以额定频率的电压施加于多相变压器该对中另一侧绕组的线路端子上或单相变压器同一对中另一侧绕组的端子上，并使其中流过相当于该对中最小功率的额定电流时所施加的电压。

变压器额定容量 rated capacity of transformer；transformer rated power capacidad nominal del transformador

某一个绕组的视在功率的指定值，与该绕组的额定电压一起决定其额定电流。

变压器空载损耗　no-load loss of transformer　pérdida del transformador sin carga
当额定频率下的额定电压（分接电压）施加到一个绕组的端子上，其他绕组开路时所吸取的有功功率。

变压器负载损耗　load loss of transformer　pérdida del transformador con carga
变压器的一对绕组中，当额定电流（分接电流）流经一个绕组的线路端子，且另一绕组短路时在额定频率及参考温度下所吸取的有功功率。此时，其他绕组（如果有）应开路。

变压器套管　bushing　bushing
由导电杆和套形绝缘件组成的一种组件，用它使其内的导体穿过如墙壁或油箱一类的结构件，并构成该导体与此结构件之间的电气绝缘。对变压器，是用它将其内的绕组引出线与电力系统或用电设备进行电气连接。

储油柜　oil conservator　tanque conservador de aceite
为适应油箱内变压器油体积变化而设立的一个与变压器油箱相通的容器。

冷却器　cooler　enfriadores
强迫油循环变压器用的一种热交换装置。

散热器　radiator　calentadores
油浸式变压器采用的一种热交换装置，可作成自冷式或风冷式。

电流互感器　current transformer　transformador de corriente electromagnético
在正常使用情况下，其二次电流与一次电流实质上成正比，而其相位差在连接极性正确时接近于零的电磁感应式变流设备。其二次电流可供仪表、继电器等使用。

电压互感器　voltage transformer　transformador de voltaje
在正常使用条件下，其二次电压与一次电压实质上成正比，且其相位差在连接方法正确时接近于零的互感器。其二次电压可供仪表、继电器等使用。

电磁式电压互感器　inductive voltage transformer　transformador de voltaje electromagnético
在正常使用情况下，其二次电压与一次电压基本上成正比，在连接方向正确时，其相位差接近于零的电磁感应式变压设备。其二次电压可供仪表、继电器等使用。

电容式电压互感器　capacitive voltage transformer　transformador de voltaje capacitivo
由电容分压器和电磁单元组成的电压互感器。其设计和相互连接使电磁单元的二次电压与加到电容分压器上的一次电压基本上成正比，且相角偏移接近于零。

电子式互感器　electronic instrument transformer　transformador de corriente electrónico
由连接到传输系统和二次转换器的一个或多个电压或电流传感器组成，用以传输正比于被测量的量，供给测量仪器、仪表和继电保护或控制装置，包括无源电子式互感器和有源电子式互感器。

耦合电容器　coupling capacitor　condensador de acoplamiento
在电力网络中传送信号的电容器。

阻波器　trap　trampa de ónda
阻止通信信号波进入电气设备的电感线圈。

光纤维互感器　optical fiber transformer　transformador de fibra óptica
利用光纤传感技术和光电子技术来实现电力系统电压、电流等电量测量的互感器。

断路器　circuit breaker　interruptor；disyuntor
能关合、承载、开断正常回路条件下的电流；在规定的时间内承载规定的电流，并能关合和开断在异常回路条件（如各种短路条件）下的电流的机械开关装置。

真空断路器　vacuum circuit breaker　interruptor en vacío
触头在真空中关合、开断的断路器。

六氟化硫断路器 SF_6 circuit breaker　interruptor con gas SF_6
用 SF_6 气体为绝缘介质和灭弧介质的断路器。

发电机断路器　generator circuit breaker（GCB）　interruptor de máquina
装设在发电机与升压变压器之间的断路器。

负荷开关　load switch　interruptor sin carga
接通与断开电路并具有切断负荷电流能力的开关。

隔离开关　isolating switch；disconnecting switch　seccionador de aislamiento
接通与断开无负载电路的开关；此开关无灭弧结构，仅起电隔离作用。

换相隔离开关　phase reversal disconnector　intercambiador del seccionador
为满足变换相序的要求而设置的隔离开关。

接地开关　earthing switch　seccionador de puesta a tierra
为保证检修人员工作安全而设置的将被检修电气设备或线路直接接地的开关（一般与隔离开关联动）。

快速接地开关　fast earthing switch；FES　seccionador de puesta a tierra rápido
具有关合短路电流及开合感应电流能力的接地开关，通常装设在线路出线侧。

储能操作　stored energy operation　operación con energía ya cargada
利用操作前存储于机构本身内的能量，并且在预定条件下足以完成断路器合闸或分闸的行为。

操动机构　operating device　mecanismo de maniobras；funcionamiento

操作开关设备使之合、分的装置。

熔断器　fuse　fusible

当电流超过规定值足够长的时间后，通过熔断一个或几个特殊设计的相应的部件，断开其所接入的电路并分断电源的电器。熔断器包括组成完整电器的所有部件。

电涌保护器　surge protection device；SPD　protector contra sobretensiones

限制瞬态过电压和泄放电涌电流的电器，它至少包含一个非线性的元件，也称为浪涌保护器。

软启动器　soft starter　arrancador suave

一种特殊形式的交流半导体电动机控制器，其启动功能限于控制电压和（或）电流上升，也可包括可控加速；附加的控制功能限于提供全电压运行。软启动器也可提供电动机的保护功能。

电气间隙　clearance　brecha eléctrica

导电部件间的最短空间距离。

电气制动　electric braking　freno eléctrico

利用改变电机电源的相序，使定子绕组产生相反方向的旋转磁场，因而产生制动转矩的一种制动方法，俗称电气刹车。

组合电器　composite apparatus　aparatos eléctricos combinados

两种或两种以上的电器，按接线要求组合成一个有机整体，而各电器仍保持原性能的装置。

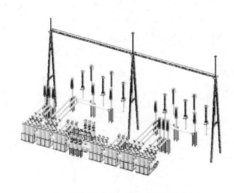

气体绝缘金属封闭开关设备

气体绝缘金属封闭开关设备　gas-insulated met-al-enclosed switchgear；GIS　equipo metálico de gas y aislamiento del interruptor cerrado

全部或部分采用气体而不采用处于大气压下的空气作绝缘介质的金属封闭开关设备。

高压配电装置　high voltage switchgear installation　dispositivo de distribución de energía de alto voltaje

按规定的供电和配电功能，依一定顺序连接和以各种型式分间隔布置的，由高压开关电器及其控制、保护、测量和信号设备，以及有关土建部分等组成的统一整体。

低压配电装置　low voltage switchgear installation　dispositivo de distribución de energía de bajo voltaje

具有低压开关设备的配电装置。

单列布置 single row layout diseño de una sola línea
配电装置中，进线（或出线）断路器及其相应的隔离开关排成一列的布置方式。

双列布置 double row layout diseño de doble fila
配电装置中，进线（或出线）断路器及其相应的隔离开关排成双列的布置方式。

高压开关柜 high voltage switchgear gabinetes de interruptores de alto voltaje
按主接线要求，将高压断路器、隔离开关、互感器及其控制、测量、信号及保护设备等电气设备组装在金属柜内，并能完成电路开断控制、测量、保护等功能的成套配电装置。

低压开关柜 low voltage switchgear gabinete de interruptores de bajo voltaje
具有低压开关电器和测量仪表，能够完成配电功能的屏（盘）式电气装置。

电抗器 reactor dispositivo de reactancia
由于其电感而在电路或电力系统中使用的电器。

限流电抗器 current-limiting reactor dispositivo de reactancia de corriente limitada
在系统中作串联连接的电抗器，用以限制系统出现故障时的电流。

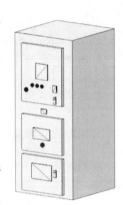

高压开关柜

中性点接地电抗器 neutral earthing reactor reactor de puesta a tierra neutral
一种限流电抗器，接在系统中性点与地之间，用以限制系统出现故障时的电流。

并联电抗器 shunt reactor reactor de derivación
并联连接在系统中，用以补偿电容电流的电抗器。

干式电抗器 dry-type reactor dispositivo de reactancia seco
绕组和铁芯不浸于绝缘介质中的电抗器。包括：无铁芯的电抗器即空心电抗器、干式铁芯电抗器。

消弧线圈 arc-suppression coil bobina de extinción de arco / bobina petersen
接在不接地系统的中性点与地之间的单相电抗器，用以补偿单相接地故障时对地电容电流。

接地变压器 earthing transformer transformador puesta a tierra
中性点耦合器 neutral coupler transformador de puesta a tierra
接到电力系统中，为系统提供一个直接接地或经阻抗接地的中性点的三相变压器或电抗器。

母线 busbar barra

将进、出导线（导体）统一连接以汇集和分配电能的导线（导体）。

气体绝缘金属封闭输电线路   gas-insulated transmission line；GIL   gas y aislamiento metálico de la línea de transmisión cerrado

将导体封装在充以压缩绝缘气体管道里的电力线路；其外壳接地，绝缘介质为无腐蚀的绝缘气体。

金属封闭母线   metal-enclosed busbar   barras metálicas cerradas

用金属外壳将导体连同绝缘材料等封闭起来的组合体。

全连式离相封闭母线   connected isolated-phase busbar   conexión completa de la fases y de las barras cerradas

每相具有单独金属外壳且各相外壳间有空隙隔离的金属封闭母线。

共箱封闭母线   common enclosure busbar   barra de fases no segregadas；barras encapsuladas

三相母线导体封闭在同一个金属外壳中的金属封闭母线。

隔相共箱封闭母线   segregated-phase common enclosure busbar   barra colectora de gabinete común de fase segregada

各相母线导体间用隔板隔开的共箱封闭母线。

浇注绝缘母线   cast resin insulated busbar   barra colectora con aislamiento de resina colada

导体外表面采用复合绝缘材料浇注而成的母线。

母线槽   busways   ducto de barras

母线在线槽中由绝缘材料支撑或隔离的导电设备。

充油电缆   oil-filled cable   cables lubricadas de aceite

加压流体为绝缘油的一种自容式压力电缆。

交联聚乙烯绝缘电缆   XLPE insulated cable

以经过电子辐照或化学反应进行交联的聚乙烯为绝缘材料的电缆。

阻燃电缆   flame retardant cable   cable con aislamiento xlpe

具有阻止或延缓火焰发生或蔓延特性的电缆。

耐火电缆   fire resistant cable   conductor refractario

在特定高温、时间的火焰作用下，电缆能维持通电运行的特性。

难燃电缆   fire retardant   cable cable retardante al fuego

在特定试验条件的火焰温度、时间的火焰作用下，使被烧着的电缆撤去火源能迅速自熄的特性。

电缆附件　cable accessories　accesorios de cables

指终端、接头、充油电缆压力箱、交叉互联箱、接地箱、护层保护器等电缆线路的组成部件的统称。

电缆铠装层　cable armour　armadura de cable

由金属带或金属丝组成的包覆层，通常用来保护电缆不受外界的机械力作用。

电缆终端　cable termination　terminal de cable

安装在电缆末端，以使电缆与其他电气设备或架空输电线相连接，并维持绝缘直至连接点的装置。

电气主接线　main electrical connection　conexión eléctrica principal；circuito eléctrico principal

发电厂、变电所主要电气设备（如发电机、开关电器、母线及变压器等）之间按一定顺序连接的接线方式。

单元接线　generator-transformer unit connection　conexión del conjunto generador-transformador；conexión unitaria

发电机直接（或经一台隔离开关、或经一台断路器及相应的隔离开关）与变压器连接成一个单元，将电能送至高一级电压电网的接线方式。

扩大单元接线　multi-generator-transformer unit connection　conexión multiple-generator-transformador

多台发电机分别经过一台断路器和一台隔离开关与一台变压器连接成一个单元的接线方式。

联合单元接线　combined generator-transformer unit connection　conexión del conjunto generador - transformador

多个发电机-变压器组单元接在一起的接线方式。

变压器-线路组接线　transformer-line unit connection　conexión del conjunto transformador-línea

变压器经过一台断路器和隔离开关直接（不经过母线）与线路连接的接线方式。

单母线接线　single-busbar connection　conexión de barra simple

每条进、出线经过一台断路器和一台隔离开关连接到一条母线上的接线方式；当母线用分段断路器分段时，则称为单母线分段接线；如果通过旁路断路器再与另一条旁路母线相连时，则称为单母线带旁路接线。

双母线接线　double-busbar connection　conexión de doble barra

每个回路经过一台断路器和可选择的两组隔离开关接到两组母线的任一组母线上的接线。当一条工作母线用分段断路器分段时，则称为双母线分段接线；如果通过旁路断路器再与另一条旁路母线相连时，则称为双母线带旁路接线。

桥形接线　bridge connection　conexión de puente de graetz
两组变压器-线路组之间经过一台断路器作为桥连接起来的接线。桥接断路器设在变压器-线路组断路器的内、外侧时，可分别称为内桥接线和外桥接线。

角形接线　angular busbar connection　conexión angular
以一台断路器的两侧各有一台隔离开关作为一边构成的多边形的接线方式。

均衡母线接线　balance-busbar scheme　esquema de barra de equilibrio
每个发电机-变压器-线路组单元都经过另一台断路器接到一组公共均衡母线的主接线方式。

一倍半断路器接线/3/2 断路器接线　3/2 circuit-breaker connection　3/2 cableado del disyuntor；cableado de un circuito y medio
三台断路器串联跨接在两组母线之间，且两个回路分别接到中间断路器的两端的接线。

三分之四断路器接线　4/3 circuit-breaker connection　conexión de cuatro tercios interruptor
四台断路器串联跨接在两组母线之间，且每两个断路器之间连接一个回路的接线。

过电压　overvoltage　sobrevoltaje
峰值超过系统最高相对地电压峰值或最高相间电压峰值时的任何波形的相对地或相间电压分别为相对地或相间过电压。

内部过电压　internal overvoltage　sobrevoltaje interno
在电力系统中，由操作或故障引起的暂时（暂态）过电压或瞬态过电压。

外部过电压　external overvoltage　sobrevoltaje exterior
在电力系统中，由大气放电或感应现象所产生的暂时（暂态）过电压或瞬态过电压。

直击雷过电压　direct lightning overvoltage　sobrevoltaje directo
落雷时，被直接击中的导线或电气设备上所形成的过电压。

雷电侵入波过电压　lightning surge overvoltage　sobretensión de onda intrusiva de rayo
雷电波沿架空线侵入发电厂或变电所产生的过电压。

感应雷过电压　induced lightning overvoltage　sobretensión inducida por rayos
落雷时，在其附近但未被直接击中的导线或电气设备上因感应产生的过电压。

耐受电压　withstand voltage　voltaje resistente
在规定的条件下进行耐压试验时施加的试验电压值。

持续工频电压　continuous power frequency voltage　voltaje continua de frecuencia de potencia

有着稳定有效值、持续作用在某一绝缘结构的任一对端子上的工频电压。

暂时过电压　temporary overvoltage；TOV　sobrevoltaje temporal

较长持续时间（对应于瞬态过电压）的工频过电压。

瞬态过电压　transient overvoltage　sobretensión transitoria

几毫秒或更短持续时间的过电压，通常为高阻尼振荡的或非振荡的。瞬态过电压包括缓波前过电压、快波前过电压和特快波前过电压。

缓波前过电压　slow-front overvoltage；SFO　sobretensión frontal de onda lenta

一种瞬态过电压，通常为单向的，到达峰值的时间为 $20\mu s < T_1 \leqslant 5000\mu s$，而波尾持续时间 $T_2 \leqslant 20ms$。

快波前过电压　fast-front overvoltage；FFO　sobretensión frontal de onda rápida

一种瞬态过电压，通常为单向的，到达峰值的时间为 $0.1\mu s < T_1 \leqslant 20\mu s$，波尾持续时间 $T_2 < 300\mu s$。

特快速瞬态过电压　very-fast-transient overvoltage；VFTO　sobrevoltaje transitorio muy rápido

一种瞬态过电压，通常为单向的，到达峰值的时间 $T_1 \leqslant 0.1\mu s$，有或没有叠加振荡，振荡频率在 $30kHz < f < 100MHz$ 之间。

操作过电压　switching overvoltage　sobretensión de funcionamiento

因特定通断操作或故障通断，在系统中的任何位置上出现的瞬时过电压。

谐振过电压　resonating overvoltage　sobretensión resonante

电力系统中电感、电容等储能元件在某些接线方式下与电源频率发生谐振所造成的过电压；包括线性谐振过电压、铁磁谐振过电压、参数谐振过电压。

防雷装置　lightning protection system；LPS　dispositivo de protección contra rayos

用于减少闪击击于建（构）筑物上或建（构）筑物附近造成的物质性损害和人身伤亡，由外部防雷装置和内部防雷装置组成。

避雷器　surge arrester；lightning arrester　pararrayos

用于保护电气设备免受高瞬态过电压危害并限制续流时间，也常限制续流幅值的一种电器。

金属氧化物避雷器　metal-oxide surge arrester；metal-oxide lightning arrester　pararrayos de óxido de zinc

由金属氧化物电阻片相串联或并联或无放电间隙所组成的避雷器，包括无间隙和有串联、并联间隙的金属氧化物避雷器。

放电计数器　discharge counter　contador de descargas
记录避雷器的动作次数的一种装置。

保护间隙　protection gap　brecha de protección
用于带电部分与地之间用以限制可能产生危害的过电压的间隙。遭受雷击时，在过电压作用下，首先被击穿放电，将大量的雷电流泄入大地，使过电压大幅度下降，从而保护线路绝缘子或电气设备的绝缘不致发生闪络或击穿。

避雷器持续运行电压　continuous operating voltage of lightning arrester　pararrayos voltaje de funcionamiento continuo
允许长期连续施加在避雷器两端的工频电压有效值。

避雷器工频放电电压　power frequency discharge voltage of lightning arrester　pararrayos frecuencia de alimentación voltaje de descarga
避雷器或电气设备绝缘在加上工频电压后达到保护间隙或绝缘击穿的最大电压。

工频参考电压　reference voltage　parámetros de voltaje de frecuencia de potencia
每只避雷器的参考电压应在制造厂选定的参考电流下由制造厂测量。在例行试验中，应规定选用的参考电流下的避雷器最小参考电压值，并应在制造厂的资料中公布。

直流 1mA 参考电压　direct-current 1 mA reference voltage　voltaje de referencia DC 1mA
对整只避雷器（或避雷器元件）测量直流 1mA 参考电流下的直流参考电压值。

标称放电电流　nominal discharge current　corriente de descarga nominal
用来划分避雷器等级的、具有 8/20 波形的雷电冲击电流峰值。

冲击放电电压　impulse discharge voltage　impulso de descarga de corriente de voltaje
过电压保护设备或电气设备绝缘在规定的冲击电压作用下达到保护间隙或绝缘击穿的最大冲击电压。

避雷器的残压　residual voltage of lightning arrester　tensión residual
放电电流通过避雷器时，其端子间的最大电压峰值。

绝缘水平　insulation level　nivel de aislamiento
电气设备绝缘所能承受的试验电压值，分雷电冲击绝缘水平和操作冲击绝缘水平。

爬电距离　creepage distance　distancia de fuga específica
两导电部件之间沿固体绝缘材料表面的最短距离。

绝缘配合　insulation coordination　coordinación de aislamiento

考虑所采用的过电压保护措施后，决定设备上可能的作用电压，并根据设备的绝缘特性及可能影响绝缘特性的因素，从安全运行和技术经济合理性两方面确定设备的绝缘强度。

外绝缘　external insulation　aislamiento exterior
空气间隙及设备固体绝缘的外露表面，它承受电压并受大气、污秽、潮湿和异物等外界条件的影响。

内绝缘　internal insulation　aislamiento interior
不受大气和其他外界条件影响的设备的固体、液体或气体绝缘的内部间隙。

接地　earthing　puesta a tierra
在系统、装置或设备的给定点与局部地之间作电连接。

接地极　earthing electrode　electrodo（de tierra）vertical
埋入地中并直接与大地接触的金属导体，称为接地极。接地极分为水平接地极和垂直接地极。

自然接地体　natural earthing body　cuerpo de puesta a tierra natural
建筑物的钢筋、引水管道和金属门槽等原有的可利用的接地体。

人工接地体　artificial earthing conductor　puesta a tierra artificial
为满足电气设备接地要求而人为埋设的接地体。

接地导体　earthing conductor　conductor de puesta a tierra
在布线系统、电气装置或用电设备的给定点与接地极或接地网之间，提供导电通路或部分导电通路的导体。

保护接地导体　protective earthing conductor　conductor de protección de la puesta a tierra
用于保护接地的导体。

保护联结导体　protective bonding conductor　conductor de conexión de protección
用于等电位联结的导体。

中性导体　neutral conductor　conductor neutral
与中性点连接并用于配电的导体。

外露可导电部分　exposed-conductive part　partes expuestas del conductor
用电设备上能触及的可导电部分。

外界可导电部分　extraneous-conductive part　partes conductoras externas
非电气装置的组装部分，且易于引入电位的可导电部分。

总接地端子 main earthing terminal；main earthing busbar   terminal de tierra princi-pal；barra de tierra principal

电气装置接地配置的一部分，并能用于与多个接地用导体实现电气连接的端子或总母线，又称总接地母线。

接地干线 earthing busbar   barras de tierra

与总接地母线（端子）、接地极或接地网直接连接的保护导体。

接地线 earthing conductor   conductor de puesta a tierra

电气装置、设施的接地端子与接地极连接用的金属导电部分。

接闪器 air-termination system   sistema de terminación de chispas

接受雷电闪击装置的总称，包括避雷针、避雷带、避雷线、避雷网以及金属屋面、金属构件等。

接地网 earthing network   regilla de puesta a tierra

由埋入地中的接地体和接地体之间的接地连接线所构成的地下网络。

等电位接地网 equipotential earthing grid   rejilla de puesta a tierra equipotencial

由水平导体纵横连接构成的各节点处于等电位的接地网，最终与土壤中接地网相连接。

地电位升高 earth potential rise   aumento potencial de tierra

电流经接地网流入大地时，接地网与参考地之间的电位差。

均压网 equalizing earthing net   red de puesta a tierra de compenacion

将处于需要防雷空间内的防雷装置和建筑物的金属构架、金属装置、外来导线、电气设备、装置等连接起来，形成的均压等电位连接网络。

工作接地 working earthing   puesta a tierra de servicio

为电路或设备达到运行要求的接地。

保护接地 protective earthing   puesta a tierra de seguridad / puesta a tierra de protección

为人身安全要求的接地。

接触电位差 touch potential difference   potencial de contacto

当短路电流流入接地网时，设备外壳或架构距离地面 2.0m 处与该处地面水平距离 1.0m 处，两点间的电位差。

跨步电位差 step potential difference   potencial de paso

当接地故障（短路电流）流入接地网时，地面上水平距离为 1.0m 的两点间的电位差。

接地电阻 earthing resistance   resistencia de puesta a tierra

接地体与地下零电位面之间的接地引线电阻、接地体电阻、接地体与土壤之间的过渡电阻和土壤的溢流电阻之和。

冲击接地电阻 impulse earthing resistance impulso de resistencia de la puesta a tierra

按通过接地体流入大地中的冲击电流（或经过限制后）求得的接地电阻，其数值等于接地体电位最大值与冲击电流最大值的比值。

厂用供电系统 service power supply system sistema de suministro de energía de uso de la planta

发电厂内由厂用变压器、厂用母线、开关电器及馈电线组成的供电系统。

厂用负荷 load of plant carga de la planta

为维持发电厂正常运行和检修所需的一切用电负荷的总称，包括发电机组、变压器、辅助机械的用电，检修用的机械用电，照明及直流系统等用电负荷。

全厂公用电 common power demand of plant energía común de demanda de la planta

除各发电机组本身及辅助机械用电外的厂内其他公共用电。

机组自用电 unit service power energía de autoconsumo de las unidades

机组本身辅助机械（有的还包括与本机组相连的主变压器冷却系统）的用电。

双电源供电 duplicate power supply doble fuente de alimentación

由两个相互独立的电源回路向负荷供电。

厂用电工作电源 normal service power supply energía que se utiliza para el trabajo de la planta

正常运行时投入运行的厂用电电源。

厂用电备用电源 standby service power supply fuente de alimentación auxiliar

当正常工作电源中断或其他原因退出运行后的补充电源。

厂用电保安电源 emergency service power supply fuente de alimentación de seguridad de potencia de fábrica

用于厂用电工作电源和备用电源都失效时向保安负荷供电的电源。

黑启动电源 blackstart power supply fuente de arranque en negro

当水电厂失去厂用工作和备用电源时，机组靠本厂机组或与其连接的电力系统的电源之外的电源启动，这种供电电源即黑启动电源。

备用电源自动投入 automatic transfer switch to reserve power supply；ATS dispositivo de transferencia automática a la fuente de alimentación de reserva

当供电设备（如厂用电源、线路、变压器）因故障被切除后，自动地将完好的备用供电设备投入使用，以保证正常供电的过程。

交直流电源切换 AC/DC power changeover inversor ac-dc

在交流电源故障时转到直流电源，在交流电源恢复正常时又返回到交流电源的自动或手动切换。

工作照明　working lighting　iluminación de trabajo
发电厂内各工作场所在正常工作时及检修时所需要的照明。

应急照明　emergency lighting　iluminación de emergencia
因正常照明的电源失效而启用的照明。应急照明包括疏散照明、安全照明、备用照明。

疏散照明　evacuation lighting　iluminación de evacuación
用于确保疏散通道被有效地辨认和使用的应急照明。

照明配电箱　lighting distributing box　tablero de iluminación
分配和开断照明线的箱式电气装置。

事故照明切换屏　emergency lighting changeover panel　pantalla intercambiables de iluminación de accidentes
具有交、直流开关电器及其控制、测量、保护和信号设备，并在交流照明电源或线路故障时自动进行交、直流电源切换的屏。

出厂试验　workshop test；factory test　pruebas de fabrica
设备或产品出厂时按照合同规定和有关标准所进行的试验。

交接试验　delivery test；hand-over test　pruebas de recepción
电气设备安装完毕后现场进行的试验称为交接试验，试验合格后设备方能投入使用。

型式试验　type test　tipo de pruebas
对按某一设计而制造的一个或多个电器进行的试验，以表明这一设计符合某些规范。

交流耐压试验　AC　voltage withstand test　pruebas de resistencia de corriente alterna
按规定的加压方式对电气设备或绝缘结构施加规定交流电压以考验其耐受交流电压能力的试验。

直流耐压试验　DC　voltage withstand test　pruebas de resistencia de corriente directa
按规定的加压方式对电气设备或绝缘结构施加规定直流电压以考验其耐受直流电压能力的试验。

6.4 控制、保护和通信系统及设备

水电站自动化　automation of hydroelectric station　automatización de la central hidroeléctrica
对整个水电站主、辅设备和公用设备的启动停止、投入切除、运行方式转换以及参数

调节等自动监测和控制的过程。

集中控制系统　centralized control system　sistema de control centralizado

设立在电站的中央控制系统，借以实现对水电站全厂及其机电设备的集中监视控制的电工、电子设备及其系统。

分层分布的监控系统　hierarchical distributed supervision and control system　sistema jerárquico de supervisión y control distribuido

结构采用分布式、功能采用分层分散式设置的监控系统。

梯级水电厂集中监控　centralized supervisory and control of cascade hydropower plants　supervisión y control centralizado de centrales hidroeléctricas en cascada

流域或其某个河段上的各梯级水电厂，设置梯级调度中心，利用计算机、远动、通信技术，对梯级各被控水电厂的运行实行不通过电厂运行值班人员的直接集中监视、控制、调度的运行管理方式。

计算机监控系统　computer supervision and control system（CSCS）　sistema de control y supervisión

利用计算机对电站机电、金属结构设备及生产过程进行实时监视和控制的系统。

实时控制　real time control　control en tiempo real

用电子计算机对电力系统中电气量的变化、事件、故障等当时出现的各种运行工况进行计算、判断并进行处理的过程。

主控级　main control level　nivel principal de control

指水电厂计算机监控系统中央控制一级，包括主机、历史数据库服务器、操作员工作站、工程师工作站等设备。

现地控制级　local control level　nivel de control en sitio

指水电厂计算机监控系统被控设备按单元划分后在现地建立的控制级。

主计算机　main computer；data server　computadora principal

也称实时数据服务器，承担监控系统的后台工作、计算量较大的工作的计算机，负责自动发电控制（AGC）、自动电压控制（AVC）、实时数据库等功能。

现地控制单元　local control unit（LCU）　control local de la unidad

负责对机组、开关站、厂用电系统、公用设备、闸门等实施监控的设备。

自动发电控制　automatic generation control；AGC　control de generación automática

根据上级调度中心下达的有功功率给定值或负荷曲线，考虑调频、备用容量等需要，在躲过振动、空化等各项限制条件下，以节水多发为目标，确定厂内发电最优机组台数、组合及负荷分配。

自动电压控制　automatic voltage control；AVC　control de voltaje automático

根据上级调度中心下达的本厂高压母线电压或无功功率的给定值进行优化实时控制，在满足各项限制条件的前提下，确定每台机组的无功功率。

现场总线　field-bus　BUS de campo

与工业控制或仪表设备（如变送器、执行器和现地控制器等）通信的数字式串行、多点数据总线。

事件顺序记录　sequence of events；SOE　secuencia de eventos

根据事件发生的先后顺序及发生时刻，按规定的分辨率对其所做的记录。

安全分区　secure partition　partición segura

将发电厂基于计算机及网络技术的业务系统划分为生产控制大区和信息管理大区，并根据业务系统的重要性和一次系统影响程度将生产控制大区划分为控制区（安全区Ⅰ）及非控制区（安全区Ⅱ）。

生产控制大区　production control zone　área de control de producción

由控制区（安全区Ⅰ）和非控制区（安全区Ⅱ）组成。其中，控制区是指具有实时监控功能、纵向联结使用电力调度数据网的实时子网或专用通道的各业务系统构成的安全区域；非控制区是指在生产控制范围内由在线运行但不直接参与控制、纵向联结使用电力调度数据网的非实时子网的各业务系统构成的安全区域。

管理信息大区　management information zone　área de administración de información

生产控制大区以外的电力企业管理业务系统的集合。

网络专用　network dedicated　red dedicada

电力调度数据网是与生产控制大区相连的专用网络，承载电力实时控制、在线生产交易等业务。发电厂端的电力调度数据网在专用通道上使用独立的网络设备组网，在物理层面上实现与电力企业其他数据网及外部公共信息网络的安全隔离。发电厂端的电力调度数据网划分为逻辑隔离的实时子网和非实时子网，分别连接控制区和非控制区。

横向隔离　lateral isolation　aislamiento lateral

横向隔离是电力监控系统安全防护体系的横向防线。采用不同强度的安全设备隔离各安全区，在生产控制大区与管理信息大区之间设置经国家指定部门检测认证的电力专用横向单向安全隔离装置；隔离强度应当接近或达到物理隔离。生产控制大区内部的安全区之间应当采用具有访问控制功能的网络设备、安全可靠的硬件防火墙或相当功能的设施，实现逻辑隔离。

纵向认证　vertical certification　certificado vertical

纵向加密认证是电力监控系统安全防护体系的纵向防线。发电厂生产控制大区与调度数据网的纵向连接处设置经过国家指定部门检测认证的电力专用纵向加密认证装置，实现双向身份认证、数据加密和访问控制。

同步 synchronization sincronización

一台同步电机与电源或另一台同步电机在电压、频率、相位相同时建立并列运行的操作。

失步 out of step sin sincronismo

同步发电机转速落后或超前于旋转磁场转速的状态。

手动准同步 manual precise synchronization manuel preciso de sincronismo

在使同步电机与另一台同步电机或电源并列运行时，由人工调节电压、频率和相位角，使该同步电机的电状态尽可能与对方一致的操作。

自动准同步 automatic precise synchronization automatización precisa de sincronismo

在使同步电机与另一台同步电机或电源并列运行时，由自动装置调节电压、频率和相位角，使该同步电机的电状态尽可能与对方一致的操作。

一次回路 primary circuit；main circuit circuito primario

由电源到用户的电力回路。

二次回路 secondary circuit circuito secundario

由二次设备（继电器、表计、传感器、变送器、电压互感器和电流互感器的二次侧的回路及其控制电源等）所组成的回路。

同名端 same polarity terminal de puntos

当两个线圈流过电流所产生的磁力线方向一致时各自的始端（或末端）。

互感器额定变比 rated transformation ratio relación de transformación nominal

互感器额定一次电流（电压）与额定二次电流（电压）之比。

电流互感器精度等级 accuracyclass of current transformer clase de precisión de transformadores de corriente

电流互感器的电流从额定值的120%变到100%或（50%）时所规定的二次负荷下所产生的最大电流误差百分值。

电压互感器精度等级 accuracyclass of potential transformer clase de precisión de transformadores de potencial

电压互感器在负载从额定值的25%变到100%、初级电压从额定值的90%变到110%和功率因数为0.8时的最大容许电压误差百分值（分为0.2级、0.5级、1级等）。

互感器二次负载 secondary load of instrument transformer carga secundaria del transformador

互感器在以某一精确等级下工作时的实际负载。

继电保护灵敏性 relaying protection sensitivity sensibilidad

保护装置在其保护范围内发生故障和不正常工作状态下的反应能力，一般用灵敏系数表示。

继电保护选择性　relaying protection selectivity　selectividad
系统或元件发生故障时，继电保护装置只将故障部分切除，保证非故障部分继续运行的性能。

继电保护快速性　relaying protection rapidity　rapidez
继电保护装置以最短时限切除故障，使电力系统的损失及设备损坏程度为最小的性能。

继电保护可靠性　relaying protection reliability　confiabilidad
继电保护装置在一定条件下及规定时间内完成预定功能的能力。

双重化配置　double configuration　doble configuración
指继电保护装置按两套独立的、能瞬时切除被保护范围内各类故障的保护来配置，可保证当其中一套发生异常时，另一套仍保持完整性，能可靠切除故障。

接线系数　connection factor　coeficiente de cableado
流过继电器的电流与电流互感器二次电流的比值。

配合系数　coordination factor　coeficiente de coincidencia
力使被整定保护与相邻保护相配合，获得被整定保护的选择性，在被整定保护动作值中引入的一个大于 1 的一个计算值。

分支系数　branching factor　factor de ramificación
流过所整定保护装置的电流与流过短路点的故障电流的比值。

返回系数　reset factor；drop out to pick up　factor de retorno
继电器返回值与动作值的比值。

整定值　setting value　valor de ajuste
按预定要求所计算出的保护装置、继电器、自动装置等的动作值。

整定　setting　ajuste
对继电器或自动装置动作值的调整。

正序分量　positive sequence component of a three-phase system　componente de secuencia positiva
三个对称相序分量之一，它存在于对称的和不对称的正弦量三相系统中，表示电流或电压的相矢量的正序分支。

负序分量　negative sequence component of a three-phase system　componente de secuencia negativa

三个对称相序分量之一，它仅存在于一个不对称的正弦量三相系统中，表示电流或电压的相矢量的负序分支。

零序分量 zero sequence component of a three-phase system componente de secuencia cero

三个对称相序分量之一，它仅存在于一个不对称的正弦量三相系统中，表示电流或电压的相矢量的零序分支。

启动值 pickup value；starting value valor de inicio
使继电器始动的临界值。

返回时间 dropout time；resetting time tiempo de retorno
当继电保护装置动作因素消失，装置回到原始状态为止的全部时间。

电流互感器 10％误差曲线 10% error curve of current transformer curva de error 10％
电流互感器变比误差为 10％，角度误差小于 7％时，允许一次电流倍数和允许二次负载的关系曲线。

复合误差 composite error error complejo
电流互感器的稳态误差指标。

动合触点/常开接点 make contact；normally open contact contacto abierto normalmente
继电器有预定激励时闭合、无激励时断开的触点组件。

动断触点/常闭接点 break contact；normally closed contact contacto de ruptura dinámica contacto cerrado normalmente
继电器有预定激励时断开、无激励时闭合的触点组件。

延时闭合动合触点/延时闭合常开接点 make contact with time delay on closure；normally open contact with time delay on closure cierre de retardo de tiempo de contacto de cierre dinámico；contacto abierto normalmente de cierre retardado
继电器有预定激励时带一定延时闭合、无激励时瞬时断开的触点组件。

越级跳闸 exceeding limit tripping off disparo inmediato sin selectividad
远离故障点的保护装置较靠近故障点的保护装置先动作的无选择性的行为。

主保护 main protection protección principal
保护范围内发生故障时，能以最短的时限有选择地优先将被保护对象切除，保证其他非故障部分继续运行，或制止并结束异常工况的继电保护。

后备保护 backup protection；reserve protection protección de respaldo
主保护或相邻设备（或断路器）的保护拒绝动作时，能带一定时限切除被保护对象的继电保护。

辅助保护　**auxiliary protection**　protección auxiliar
为加速切除某部分故障或弥补主保护性能不足，起辅助作用的、但又不能代替主保护功能的简单继电保护。

继电保护死区　**dead zone of relay protection**　zona muerta del relé de protección
当保护范围内某些区段发生故障时，继电保护装置不能做出反应的区域。

回路断线闭锁　**circuit break blocking**　bloqueo del circuito de falla
防止电流（电压）互感器二次回路开路后引起异常情况或造成保护装置误动作所采取的一种接线措施。

近后备　**local backup**　protección de respaldo local
用被保护对象的保护作为后备保护的保护方式。

远后备　**remote backup**　protección de respaldo remoto
用相邻元件的保护作为被保护对象的后备保护的保护方式。

不平衡电流　**unbalance current**　corriente desequilibrada
正常运行情况和外部穿越短路时流过差动回路的电流，或对称运行情况下负（或零）序滤过器的输出电流。

励磁涌流　**magneting inrush current**　corriente de arranque
变压器空载投入或外部故障被切除后的瞬间，变压器绕组中产生的暂态励磁电流。

瞬动电流　**instantaneous acting current**　corriente instantánea
在反时限过流感应继电器中，使继电器产生瞬时特性的电流。

最小精确工作电流　**minimum accurate operating current；minimum operating current**　corriente de trabajo precisa mínima
阻抗继电器中，当继电器的启动阻抗等于0.9倍整定阻抗时，流入继电器的最小工作电流值。

微机保护　**computer protection**　protección de la computadora
由微型计算机芯片为主体所构成，将模拟信号通过采样变成数字信号并经过运算和逻辑判断，执行预定的功能的技术措施。

保护区　**protected section**　sección protegida
电力系统网络或网络内回路中应用规定保护的部分。

就地判别　**in-situ discrimination**　discriminación en sitio
可以作为就地故障判别元件启动量的有：低电流、过电流、负序电流、零序电流、低功率、负序电压、低电压、过电压等。就地故障判别元件应保证对其所保护的相邻线路或电力设备故障有足够灵敏度。

相继动作 sequential operation *actuación secuencial*
被保护线路一端的继电保护先动作，断路器跳闸后，另一端继电保护才动作的过程。

按相启动 phase after phase startup *arranque paso a paso*
为避开非故障相电流的影响，将同名相电流继电器和功率方向继电器串联单独组成跳闸回路的接线。

穿越性故障 through fault *falla de recorrido*
在保护装置保护区以外的故障电流流过被保护区，则该故障称为穿越性故障。

电力系统振荡 power system oscillation；power system swing *sistema de potencia de oscilación*
当电力系统中出现扰动时，系统中各处电压、电流及所呈现的阻抗出现周期性剧烈波动的一种动态过程。

振荡闭锁 power swing blocking；power oscillation blocking *bloqueo por oscilación de potencia*
当系统发生振荡时，能可靠闭锁保护装置不让其动作的功能。

故障录波 fault oscillography *registro de fallas*
自动记录电力系统故障过程中各电气量波形，有助于事故分析的一种手段。

故障测距 fault location *localización de fallas*
自动测定线路上电源端至故障点之间距离的一种手段。

发电机保护 protection of synchronous generator *protección para generador*
反映同步发电机各种故障和异常工作状态的保护。

发电机-变压器组保护 protection for generator-transformer unit *proteccion de Generadores-transformadores*
将发电机和与其相连的升压变压器作为一个电气单元，采取反映其各种故障和异常状态所采用各种保护。

纵联差动保护 longitudinal differential protection；line differential protection *protección diferencial longitudinal*
其动作和选择性取决于被保护区各端电流的幅值比较或相位与幅值比较的一种保护。

不完全纵差保护 incomplete longitudinal differential protection *protección diferencial longitudinal incompleta*
由发电机机端电流和中性点分支电流构成的差动保护，能反映发电机定子绕组及其引出线相间短路故障、定子绕组匝间短路故障、定子绕组开焊。

横联差动保护 transverse differential protection protección diferencial horizontal
应用于并联电路的一种保护，其动作取决于这些电路之间的电流的不平衡分配。

裂相横差保护 split-phase transverse differential protection protección diferencial transversal de fase dividida
由发电机中性点不同分支电流构成的差动保护，能反映发电机定子绕组内部相间短路故障、定子绕组匝间短路故障、定子绕组开焊。

发电机过电流保护 overcurrent protection for generator generador de protección contra sobrecorriente
预定在电流超过规定值时动作的保护，分为定时限和反时限两种过电流保护。

过电压保护 overvoltage protection protección sobrevoltaje
预定在电压超过规定值时动作的保护。

欠电压保护 undervoltage protection protección contra subtensión
预定当电压降到低于规定值时动作的保护。

低压过流保护 low voltage and overcurrent protection protección contra sobrecorriente de bajo voltaje
预定当电压下降且电流超过规定值时动作的保护。

过负荷保护 overload protection protección contra sobrecarga
当被保护元件的电流超过正常负荷电流时，按预定的电流-时间特性动作的保护。

阻抗保护 impedance protection protección de impedancia
通常利用配置在变压器高压侧的全阻抗继电器作为大型发电机-变压器组的相间短路后备保护。

发电机过激磁保护 over-excited protection of generator generador de protección contra sobreexcitación
发电机因频率降低或电压过高引起铁心工作磁密过高的保护。

逆功率保护 reverse power protection protección de potencia inversa
机组发电工况运行时出现吸收有功功率的保护。

频率保护 frequency protection protección de frecuencia
在频率过高或过低时，按预定的规定值动作的保护。

误上电保护 fault power on protection protección de encendido
防止启停机时发电机出口开关误合闸操作的保护。

发电机定子绕组的单相接地故障保护 single phase earthing fault protection of generator stator winding protección de falla a tierra monofásica del devanado del estator del generador

根据发电机中性点接地方式和发电机接地电流允许值装设的接地保护，包括外加低频交流电源型定子绕组单相接地保护和基波零序电压＋三次谐波电压型发电机定子接地保护。

中性点接地保护　neutral grounding protection　protección de puesta a tierra neutral
预定对变压器、电抗器等的中性点接地故障动作的保护。

负序电流保护　negative sequence current protection　protección de corriente de secuencia negative
为防止负序电流对发电机转子的危害，当负序电流超过预定允许值时带一定延时跳闸的保护。

发电机复合电压启动过电流保护　complex voltage-started overcurrent protection for generator　generador sobre tensión de arranque sobre protección de corriente
由负序电压继电器和低电压继电器组成"与"关系作启动元件，带一定延时而跳闸的发电机（变压后）的保护。

小接地电流系统接地保护　earthing fault protection of system with insulated neutral protección a tierra del sistema de corriente a tierra pequeña
中性点不接地或经消弧线圈接地的电力网单接地故障的保护。

失磁保护　loss-of-excitation protection　protección contra pérdida de excitación
发电机励磁电流完全消失或部分消失而动作的保护。

失步保护　out-of-step protection　protección contra pérdida de sincronismo；protección contra fuera de paso
大型发电机在系统发生振荡过程中与系统或相连接的电机失去同步运行而动作的保护。

励磁回路一点接地保护　protection for single point earthing fault inexcitation circuit
protección de falla a tierra en un punto del circuito de exitación
发电机励磁或转子回路发生一点接地而动作的保护。

励磁回路两点接地保护　protection for two point earthing fault in excitation circuit
protección de falla a tierra en dos puntos del circuito de exitación
发电机励磁回路发生两点接地而跳闸的保护。

轴电流保护　shaft-current protection　protección de corriente del eje
由于绝缘损坏造成定子磁路不对称等原因在大轴产生较大电流、导致损坏轴瓦而动作的保护。

发电电动机保护　protection of generator motor　protección de motor de generador

发电电动机各种故障和异常工作状态的保护。

电压相序保护　phase sequence protection　protección de secuencia de fase de voltaje
机组启动过程中电压相序与机组旋转方向不一致的保护。

低功率保护　underpower protection　protección de baja potencia
机组抽水工况运行时吸收有功功率过低的保护。

低频保护　underfrequency protection　protección de baja frecuencia
机组调相工况和抽水工况运行时电网频率过低的保护。

变压器保护　protection of transformer　protección del transformador
电力变压器各种故障和异常工作状态的保护。

比率制动差动保护　percentage restraint differential protection　relación protección diferencial freno；protección diferencial con porcentaje restringido
保护的制动作用随外部短路电流大小成比例变化，保护的动作电流反映内部短路总电流，不带人为延时而跳闸的保护。

谐波电流制动比率差动保护　harmonic current restraint percentage differential protection　protección diferencial de la corriente armónica con porcentaje restringido
利用变压器励磁涌流中的特征谐波及随外部短路电流大小成比例变化的关系作制动量，变压器内部故障时的总短路电流作动作量，不带人为延时而跳闸的保护。

变压器过电流保护　overcurrent protection of transformer　protección del transformador sobrecorriente
电流超过规定值时动作的一种保护。

变压器复合电压启动的过电流保护　complex voltage-started overcurrent protection of transformer　protección contra sobrecorriente del arranque de voltaje complejo del transformador
采用负序电压和线间电压启动的电流超过规定值时动作的一种保护。

复合电流保护启动的过电流保护　complex current-started overcurrent protection　protección contra sobrecorriente iniciada por protección de corriente compuesta
采用负序电流和单相电压启动的电流超过规定值时动作的一种保护。

变压器零序保护　transformer zero-sequence protection　protección de transformador de secuencia cero
变压器高、中压侧和相邻元件发生接地短路而动作于跳闸，作为变压器和相邻元件的后备保护的保护。

变压器过激磁保护　overexcitation protection　protección contra sobreexcitación

防止大型变压器因电压升高或频率下降时引起励磁电流超过允许值而动作的保护。

变压器非全相运行保护 incomplete-phase operation protection of transformer protección de operación de fase no completa del transformador
变压器缺相运行状态的保护。

瓦斯保护 gas protection；buchholz protection protección buchholtz
变压器内部故障时，其中的油分解产生大量气体，反映变压器内部气体和油流速度以及油压而动作的保护。

变压器温度保护 transformer overtemperature protection protección de la temperatura del transformador
变压器运行中本体温度超过允许值而动作的保护。

绕组温度保护 winding overtemperature protection protección de temperatura del devanado
变压器或电抗器运行中绕组温度超过允许值而动作的保护。

变压器压力释放保护 transformer overpressure protection protección de alivio de presión del transformador
变压器内部发生故障时，油箱内部的压力急剧增加，反映变压器油箱内部压力超过允许值而动作的保护。

母线保护 busbar protection protección de barras
母线各种故障和异常工作状态的保护。

母线差动保护 busbar differential protection protección diferencial de barras
母线电流流入侧与流出侧的电流幅值比较或相位与幅值比较的一种保护。

母联失灵保护 busbar connection circuit breaker failure protection protección de falla del acoplador principal
当保护向母联开关发出跳闸令后，经整定延时母联电流仍大于母联失灵电流定值时的一种保护。

电抗器保护 protection of reactor protección del reactor
电抗器各种故障和异常工作状态的保护。

电抗器差动保护 differential protection of reactor protección diferencial del reactor
反映电抗器高、低压侧差动电流状态的保护。

断路器非全相运行保护 incomplete-phase operation protection protección por operación de fase incompleta
反映220kV及以上高压断路器正常运行时突然一相跳闸，或由于误差操作、机械故障等方面的原因使三相不能同时合闸或跳闸而动作，以防止输电线三相不同时送电的保护。

断路器三相不一致保护　inconsistent three-phase protection of circuit breaker　disyuntor trifásico protección inconsistente

分相操作机构进行分相操作的断路器在运行中会出现三相不同时分合闸（即三相不一致）的异常状况。

断路器失灵保护　circuit-breaker failure protection；breaker failure protection　protección contra fallo de disyuntor

预定在相应的断路器跳闸失败的情况下，通过启动其他断路器跳闸来切除系统故障的一种保护。

短引线保护　short-lead protection　protección corta de plomo

反映 3/2、4/3 断路器接线方式或桥型、角型接线方式中，当某一元件退出运行而与之相关的两组断路器继续合环运行时，用于保护两组断路器及电容式电压互感器之间的短引线而设置的保护。

进出线 T 区保护　T zone protection　protección de la zona T

反映 3/2、4/3 断路器接线方式或桥型、角型接线方式中，在变压器、电抗器、线路进出线处的 T 区装设的保护。

高压电缆光纤差动保护　optical fiber differential protection　cable de alto voltaje de protección diferencial de fibra óptica

采用分相电流差动元件作为快速主保护，并采用 PCM 光纤或光缆作为通道的高压电缆主保护。

安全自动装置　safety automatic device of power system　dispositivo automático de seguridad

防止电力系统失去稳定性和避免电力系统发生大面积停电事故的自动保护装置。如输电线路自动重合闸装置、安全稳定控制装置、自动解列装置、自动低频减负荷装置和自动低电压减负荷装置等。

重合闸　reclosing　reconectado
当架空线路故障清除后，在短时间内闭合断路器，称为重合闸。

自动重合闸　auto-reclosing；ARC　reconectador automático
架空线路因故断开后，被断开的断路器经预定短时延而自动合闸，使断开的电力元件重新带电；如果故障未消除，则由保护装置动作将断路器再次断开的自动操作循环。分为三相重合闸、单相重合闸、综合重合闸。

非同步重合闸　asynchronous reclosing　recierre asincrónico

不考虑同步条件，当最大冲击电流周期分量不超过允许值时投入断路器的合闸方式。

同步检定和无压检查重合闸 synchronism seizing ARC；synchronism check and no voltage check ARC reconectador de chequeo de sincronismo y chequeo sin voltaje

双电源线路故障线路断路器跳闸，一侧利用检查无电压继电器使该侧断路器投入，另一侧检定同期继电器，再按同期条件使该侧断路器投入的合闸方式。

单相重合闸 single-phase reclosing reconectador monofásico

只断开故障一相，然后进行单相重合，单相重合不成功则跳开三相断路器的自动装置。

三相重合闸 three-phase reclosing reconección trifásica

故障后，预定重合断路器的三相的自动装置。

综合重合闸 synthetic reclosing reconectador integrado

具有单相重合闸和三相重合闸功能的自动装置。

自动解列装置 automatic splitting device of power system dispositivo de desembalaje automático

针对电力系统失步振荡、频率崩溃或电压崩溃的情况，在预先安排的适当地点有计划地自动将电力系统解开，或将电厂与连带的适当负荷自动与主系统断开，以平息振荡或防止事故扩大的自动装置。依系统发生的事故性质，按不同的使用条件和安装地点，自动解列装置可分为失步解列装置、频率解列装置和低电压解列装置。

自动低频减负荷装置 automatic low-freqency shedding load device dispositivo automático de reducción de carga de baja frecuencia

自动低频减负荷装置是指在电力系统发生事故、出现功率缺额、引起频率急剧大幅度下降时，自动切除部分用电负荷使频率迅速恢复到允许范围内，以避免频率崩溃的自动装置。

自动低压减负荷装置 automatic under-voltage shedding load device dispositivo automático de reducción de carga de bajo voltaje

自动低压减负荷装置是指为防止事故后或负荷上涨超过预测值、因无功缺额引发电压崩溃事故，而自动切除部分负荷，使运行电压恢复到允许范围内的自动装置。

低频低压减负荷装置 underfreqency or undervoltage shedding load device dispositivo de reducción de carga de bajo voltaje y baja frecuencia

同时具备自动低频减负荷和自动低压减负荷功能的装置称为低频低压减负荷装置。

事故音响信号 emergency signal；alarm signal señal de emergencia

设备发生事故时能自动发出音响的信号（蜂鸣器响），并点亮相应显示事故性质的光字牌的现象。

故障音响信号 fault alarm signal señal de emergencia

设备发生故障或出现异常运行情况时能自动发出音响（电铃响），并点亮相应显示故障性质的光字牌的现象。

中央音响信号 central alarm signal señal de alarma central

将各设备的事故和故障信号集中显示和报警的系统。包括可重复动作或不重复动作的故障与事故音响信号、闪光信号、事故自动停钟等。

闪光信号 flickering signal señal parpadeante

发生事故后为增强对信号显示的注意力，使位置信号指示灯发出亮—熄间断的现象。

位置信号 position signal señal de posición

反映断路器、隔离开关等设备处于跳闸或合闸位置的显示。

状态指示信号 state indicating signal señal de indicación de estado

指示主要设备（发电机、断路器、隔离开关、进水口闸门及自动装置等）所处运行状态的显示。

逆变电源 inversion power source fuente de alimentación del inversor

将直流电转变为交流电的电源。

直流电源 DC power source fuente de alimentación de sistema dc

供给控制、信号、自动装置、继电保护、开关电器跳合闸线圈、事故照明的独立电源。

阀控密封式铅酸蓄电池 valve regulated sealed lead-acid battery batería de plomo-ácido sellada controlada por válvula

带有安全阀的密封蓄电池，在电池内压超出预定值时允许气体逸出，在使用寿命期间，正常使用情况下无须补加电解液。

开口式铅酸蓄电池 open lead-acid battery batería de plomo-ácido abierta

带有开口式结构的铅酸蓄电池，需要定期注酸维护。

镉镍蓄电池 nikel-cadmium battery batería de níquel cadmio

含碱性电解质、正极含氧化镍、负极为镉的蓄电池。

充放电 charge；discharge carga y descarga

充放电是蓄电池充电和放电的简称。充电是指蓄电池从外电路接受电能，并转换为化学能的工作过程。放电是指蓄电池将化学能转换为电能，并向外电路输出电流的工作过程。

浮充电 floating charge carga de flotación

对蓄电池组持续充电，以补偿蓄电池自放电损耗并供给经常直流负荷的方式。

均衡充电 equalizing charge carga equilibrada

为确保蓄电池组中的所有单体蓄电池完全充电的一种延续充电。

恒流充电　constant current charge　carga de corriente constante
充电电流在充电电压范围内维持在恒定值的一种充电。

恒流放电　constant current discharge　descarga de corriente constante
指蓄电池在放电过程中放电电流始终保持恒定不变的工作方式。

蓄电池容量试验　battery capacity test　prueba de capacidad de la batería
新安装的蓄电池组，按规定的恒定电流进行充电，将蓄电池充满容量后，按规定的恒定电流进行放电，当其中一个蓄电池放至终止电压时为止。

直流经常负荷 DC　constant load　carga constante dc
正常运行方式下，由直流母线不间断供电的电流值。

直流冲击负荷 DC　surge load　sobrecarga abrupta dc
蓄电池所承受的瞬时突增电流值。

直流事故负荷 DC　emergency load　carga de emergencia dc
失去交流电源，全厂（所、站）停电状态下，必须由直流母线供电的电流值。

合闸母线　busbar for breaker switching　barra para cierre de interruptor
为改善断路器的合闸条件，带端电池直流母线专设的第三条负极性母线。

直流系统绝缘监测装置　insulation monitoring device for DC power system　dispositivo de monitoreo de aislamiento del sistema DC
监测直流电源系统直流母线对地绝缘状况，反映直流母线正极、负极接地电阻值，能定位接地故障支路并计算故障支路接地电阻的在线监测与告警装置。

蓄电池在线监测系统　battery online monitoring system　sistema de monitoreo en línea de bacteria
在蓄电池组不退出电源系统的正常运行条件下，使用装置对蓄电池电压、电流等性能参数进行不间断测量，并采用一定的计算方法或数学模型，对数据进行分析，得出蓄电池容量和状态的系统。

工业电视系统　industrial television system　sistema de televisión industrial
在水电站生产过程和生产管理中，利用电视技术及其装备，通过有线或无线传输方式构成的电视监控系统，包括前端摄像、传输、图像显示和控制部分。

视频安防监视系统　video security monitoring system　sistema de monitoreo de seguridad
利用视频探测技术，监视设防区域并实时显示、记录现场图像的电子系统或网络。

报警联动　alarm-triggered actions　alarma de accionamiento enlazado
报警事件发生时，引发报警设备以外的相关设备进行动作，如报警图像复核、照明控制等。

门禁系统　access control system　*sistema restringido*

以安全防范为目的，对人员流动、物品流动的管理与控制系统，主要由识读部分、传输部分、管理/控制部分和执行部分以及相应的系统软件组成。

通信　communications　*comunicación*

通过电或电子设施对信息（语音、文字、图像等）进行传输、变换和处理的过程。通信方式可分为有线通信和无线通信。

有线通信　wired communication　*comunicación por cable*

利用光纤、线缆传送声音、文字、图像或其他信息的通信方式，包括光纤通信、载波通信、明线通信。

无线通信　radio communication；wireless communication　*comunicación inalámbrica*

利用无线电波在空间传送声音、文字、图像或其他信息的通信方式，主要包括微波中继通信、卫星通信、移动通信、短波及超短波通信。

光纤通信　optical fiber communication　*comunicación por fibra óptica*

利用光源作载体，通过光导纤维（光缆）作为光的传输介质实现信号传递的一种通信方式。

卫星通信　satellite communication　*comunicación por satélite*

利用人造地球卫星上的微波转发设备，将一个地面站的信号转发给另一个地面站的通信方式。

微波通信　microwave communication　*comunicación por microondas*

使用波长为 0.1mm 至 1m 之间的电磁波进行的通信。

超短波通信　ultra short wave communication　*comunicación vía onda ultra-corta*

波长为 1m～10m、频率为 30MHz～300MHz 的无线通信。

短波通信　short wave communication　*comunicación de onda corta*

利用波长为 10m～100m、频率为 3MHz～30MHz 的无线电波进行信息传递的一种无线电通信方式。

电力线载波通信　power line carrier communication　*comunicación portadora mediante línea de potencia*

利用输电线作为载波信号传输媒介的一种通信方式。

水情自动测报通信　hydrologic telemetry and forecasting communication　*comunicación telemetría de predicción hidrológica*

通过无线电波或线缆进行水文数据传输的通信。

调度通信　dispatch communication　comunicación de despacho
传递生产调度信息、系统调度自动化数据的水电站与电力调度部门之间的通信。

施工通信　construction communication　comunicación para construcción
水电厂施工期，为生产管理和生产调度，在施工工地建立的通信系统。

梯级通信　cascade communication　comunicación en cascada
各梯级电站之间的通信。

综合布线系统　cabling system　sistema de cableado integrado
将所有语音、数据等系统进行统一规划设计的结构化布线系统。

电气屏/电气盘　panel pantalla　panel eléctrico
面板上安装各种电气仪表和器具的由框架和面板组成的装置。

屏台　board-desk　escriterio de control con pantalla
面板上装有各种电气仪表和器具的带有直立屏的控制台。

电气柜　cabinet　gabinete；celda
面板上及内部装有各种电气仪表和器具的由框架、围壁、前后门等组成的柜式结构物。

电气箱　box　caja；tablero
内装少量电气元件的小型结构物。

模拟屏　mimic panel　panel de simulación
布置有主接线模拟图，能反映设备运行状态变化的屏，屏上也可布置弱电或强电小型控制开关。

模拟图　mimic diagram　diagrama mímico
由图形符号组成的表示水电厂主要设备实际运行状态的图。

控制台/操作台　control desk　escritorio，panel de control
装有测量仪表、信号装置、控制开关等器件的供运行人员对被控设备进行监视和操作的工作台。

端子排　terminal block　bornera
连接和固定电缆芯线终端或二次设备间连线端头的成排的连接器件。

试验端子　test terminal　terminal de prueba
能方便地接入电流量以进行外电路测试的一种接线端子。

小母线　mini-busbar　barra colectora pequeña
成套柜、控制屏及继电器屏安装的二次接线公共连接点的导体。

控制小母线 control busbar barra de control
供给控制回路电源的正、负汇流线。

信号小母线 signal busbar barra de señal
供给运行设备事故及故障信号回路电源的汇流线。

电缆标识 identification of cable etiquetado del cable
用于标识电缆类型及电缆的起点或终点的编码。

等电位连接 equipotential bonding unión equipotencial
设备和装置外的可导电部分的电位基本相等的电气连接。

6.5 公用辅助设备

透平油系统 turbine oil system sistema de aceite de la turbina
为机组润滑系统、调速系统和进出水阀门的操作系统供给润滑和操作用油并能进行油质处理的系统。

绝缘油系统 insulating oil system sistema de aceite aislante
为变压器和油断路器供给绝缘和灭弧用油并能进行油质处理的系统。

中压气系统 medium pressure air system sistema medio de aire comprimido
最高工作压力小于 10MPa、大于等于 1.6MPa，为蓄能机组压水启动、机组调相运行、调速器压力油罐、进水阀压力油罐、机组检修密封等供气的成套设备。

低压气系统 low pressure air system sistema baja de aire comprimido
最高工作压力小于 1.6 MPa，为机组检修、主轴密封、调相压水、机械制动、清污吹扫、母线微正压、蠕动监测装置等供气的成套设备。

技术供水系统 cooling water supply system sistema de enfriamiento de agua técnica
为机电设备的运行提供冷却、润滑和操作用水的系统。

自流供水 water supply by gravity suministro de agua por gravedad
由水电站自然水头来保证供水系统水压的供水方式。

自流减压供水 water supply by gravity with pressure reducing device suministro de agua por gravedad con reductor de presión
当水头超过用水的规定水压值时，在供水系统中装设减压装置的自流供水方式。

水泵供水 water feed by pump suministro de agua por bomba
供水系统的水压和水量由水泵来保证的供水方式。

混合供水　composite water feed　suministro de agua compuesto
自流（减压）供水和水泵供水相结合的供水方式。

技术供水主水源　main water supply　suministro principal de la fuente de agua técnica.
正常情况下供给机电设备冷却、润滑的水源。

技术供水备用水源　standby water supply　suministro de reserva de agua técnica
在主水源中断时，供给机电设备冷却和润滑用水的另一水源。

检修排水系统　dewatering system　sistema de drenaje para mantenimiento
机组检修时，排出机组部件内以及电站（泵站）输水系统内积水的排水系统。

顶盖排水系统　head cover drainage system　tapa del sistema de drenaje
排出由于水轮机主轴密封等止水面的漏水所造成的顶盖积水的排水系统。

厂房渗漏排水系统　leak drainage system
sistema de drenaje para fugas en la casa de máquinas
排出厂房渗漏水及设备漏水的排水系统。

集水井　sump　sumidero de drenaje
用以汇集和存蓄地下水或渗漏水的水井。

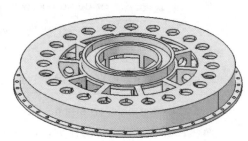

水轮机顶盖

安全阀　safety valve；relief valve　válvula de seguridad
流体压力超过整定压力时能自动开启泄压的阀门。

减压阀　pressure reducing valve；throttle valve　válvula de reducción de presión
当阀门进口压力高于阀后设备所需压力时，阀体能够减压使其出口压力保持恒定或在一定范围内变化的阀门。

调压阀　pressure regulating valve　válvula de regulación de presión
当水轮机导水机构紧急关闭时，能及时泄放一部分流量，以防止压力水管内产生过高水锤压力的阀门。

锥形阀　cone valve　válvula de cono
安装在压力管道出口的锥形体出流段、由滑动套管控制启闭的阀门。

泄压阀　pressure relief valve　válvula de aireación
当压力大于设定值时阀片被顶开，及时释放压力，压力减小后恢复至原来的位置的阀门。

水泵控制阀　pump control valve　válvula de control de la bomba de agua
由主阀及其附属设备导管、球阀、压力表等组成，通过水压控制的阀门。

球阀

压力表

单小车桥式起重机 bridge crane with one trolley puente grúa simple
桥架梁通过运行装置直接支承在轨道上的起重机，具有一台小车。

双小车桥式起重机 bridge crane with two trolley puente grua de doble izaje
桥架梁通过运行装置直接支承在轨道上的起重机，具有两台小车。

平衡梁 bridge balance beam viga de equilibrio
平衡两台起吊装置之间的荷载，达到联合起吊目的的装置。

通风工程 ventilation works ingeniería de ventilación
包括送风、排风、排烟阀、除尘、气力输送系统工程的总称。

空调工程 air conditioning works ingeniería de aire acondicionado
包含舒适性空调、恒温恒湿空调和洁净室空气净化及空气调节系统工程的总称。

防火风管 refractory duct conducto de fuego
采用不燃和耐火绝热材料组合制成，能满足一定耐火极限时间的风管。

事故通风 emergency ventilation ventilación accidental
用于排除或稀释生产房间内发生事故时突然放散大量有害物质或有爆炸危险气体的通风称为事故通风。

水喷雾灭火系统 sprinkling system sistema de extinción de incendios con agua pulverizada
由水源、供水设备、管道、雨淋报警阀（或电动控制阀、气动控制阀）、过滤器和水喷雾喷头等组成，向保护对象喷射水雾进行灭火或防护冷却的系统。

气体灭火系统 gas fire extinguishing system sistema de extinción de incendios por gas
平时灭火剂以液体、液化气体或气体状态存贮于压力容器内，灭火时以气体（包括蒸汽、气雾）状态喷射作为灭火介质的灭火系统。

火灾自动报警系统　automatic fire alarm system　sistema automático de alarma contra incendios

探测火灾早期特征、发出火灾报警信号，为人员疏散、防止火灾蔓延和启动自动灭火设备提供控制与指示的消防系统。

6.6 金属结构设备

闸门　gate　compuerta

设置在水工建筑物的过流孔口并可关闭、开启的挡水结构物，具有拦截水流、控制水位、调节流量、排放泥沙等功能。

拦污栅　trash rack　rejilla

用于拦阻水流中的漂浮物进入引水道的过水结构。

拦漂排　drift trash barrier　barrera de basura a la deriva

由一系列浮体通过钢丝绳、拉杆、销轴等串联成整体，利用浮体的浮力漂浮于水面上，对水流中一定深度范围内的漂浮物进行拦截的拦污设备。

露顶式闸门　emersed gate　compuerta abierta

门顶露出水面的闸门。

潜孔式闸门　submerged gate　compuerta sumergida

闸门门顶完全淹没在水中的闸门。

拦污栅

工作闸门　service gate　compuerta de trabajo

承担主要工作并能在动水中启闭的闸门。

事故闸门　emergency gate　compuerta de emergencia

闸门的下游（或上游）发生事故时，能在动水中关闭的闸门。事故闸门在静水中开启。

快速闸门　quick-acting shutoff gate　compuerta rápida

当发生输水钢管破裂或机组飞逸情况时，为避免事故扩大、能在动水状态下快速关闭的事故闸门。

检修闸门　bulkhead gate　compuerta de mantenimiento

水工建筑物及设备检修时用以挡水、在静水中启闭的闸门。

平面闸门　plain gate　compuerta plana

具有平面挡水面板的闸门。

弧形闸门　radial gate　compuerta radial

启闭时绕水平支铰轴转动、具有弧形挡水面板的闸门。

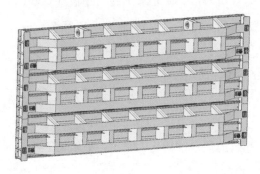

平面闸门

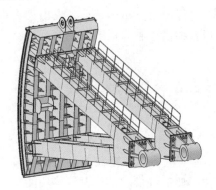

弧形闸门

偏心铰弧形闸门　eccentric trunnion radial gate　compuerta de arco de bisagra excéntrica

支铰采用偏心铰的弧形闸门。在弧形闸门开启时，先操作偏心铰，闸门向后移动，然后操作弧形闸门开启。在弧形闸门关闭时，先全关闸门，然后操作偏心铰，闸门向前移动，满足封水要求。

充压式弧形闸门　pressure-actuated radial gate　compuerta radial cargada

止水装置采用充压式止水的弧形闸门。

反向弧形闸门　reversed radial gate　compuerta de arco inverso

支铰位于闸门上游侧、支臂承受拉力的弧形闸门，常用于船闸输水廊道。

定轮闸门　fixed roller gate　compuerta de rueda fija

闸门边梁上装设定轮作为支承部件的平面闸门。

链轮闸门　caterpillar gate　compuerta de la rueda dentada

用辊轮组成链条，环绕在闸门的边梁上作为支承部件的平面闸门。

滑动闸门　sliding gate　compuerta corredera

闸门边梁上装有滑道或滑块作为支承部件的平面闸门。

人字闸门　miter gate　compuerta de mitre

左、右各一扇组合使用，每扇为能绕其端部的竖轴转动的具有平面挡水面板的闸门，两扇门叶闭合后俯视呈人字形的船闸工作闸门。

三角闸门　triangular lock gate　compuerta triangular

可绕竖轴转动，俯视呈三角形或扇形的门叶结构，一般由左、右各一扇组合使用的船闸工作闸门。

浮箱闸门　floating caisson gate　compuerta flotante de cajón

利用闸门的封闭箱体充水或排水，能在水中浮运和下沉就位挡水的闸门。

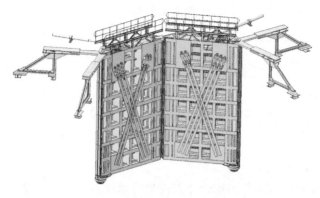

人字闸门

叠梁闸门 stoplogs compuerta de registro de parada
将若干根水平梁叠置于门槽内封闭孔口的挡水闸门。

闸阀式闸门 sluice-valve-type gate válvula de compuerta
采用密闭式整体钢门槽的平面闸门。

带舌瓣闸门 gate with flap compuerta de lengüeta
在平面闸门或弧形闸门门叶顶部附设舌瓣供门顶溢流的闸门。

拱形闸门 arch gate compuerta de arco
具有拱形挡水面板的闸门。

自动挂脱梁 automatic lifting beam viga de gancho automático
一种能自动连接、脱开闸门和启闭机的装置。

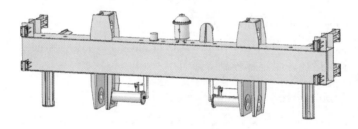

液压自动抓梁

水柱 water column columna de agua
潜孔式平面闸门的底止水设在上游面，顶、侧止水设在下游面时，作用在闸门顶部的水体；有时利用此水柱重量作为迫降门叶的下压力。

门叶 gate leaf hoja de la puerta
闸门上用于直接挡水的结构部件。

充水阀 filling valve válvula de llenado

附设在闸门门叶上，用于向门后充水使闸门前后水压力平衡的阀门。

节间充水 filling between sections *relleno entre secciones*
利用闸门节间提开一定的间隙进行充水。

支臂 strut arm *brazo*
弧形闸门中，连接闸门主梁与支铰，将主梁受到的来自面板的水压力传递给支铰的构件。

直支臂 straight strut arm *brazo recto*
弧形闸门中，支臂中心面与闸室中心面或闸室侧墙面平行的支臂。

斜支臂 inclined strut arm *brazo inclinado*
弧形闸门中，支臂中心面与闸室中心面或闸室侧墙成一定夹角的支臂。

充水阀

支铰 trunnion *muñón*
弧形闸门中，承受支臂荷载，并将荷载传递给混凝土的支承铰。

顶枢 top gudgenon *pivote superior*
位于人字闸门门叶顶部旋转轴处的支承。

底枢 bottom pintle *pivote inferior*
位于人字闸门门叶底部旋转轴处的支承。

背拉杆 back pull rod *palanca trasera*
设置于人字闸门背面的斜拉杆件。

止水装置 water sealing device *dispositivos del sello*
安装于闸门门叶或门槽上，用于阻止闸门与门槽之间周边间隙漏水的装置，包括水封、水封压板、水封垫板、固定螺栓副等零件。

压紧式止水 compressed water seal *sello de agua comprimido*
在橡胶水封外部加压，使橡胶水封变形、贴紧止水板，产生相应接触应力的止水方式。

充压式止水 pressure-actuated water seal *sello de agua accionado por presión*
在橡胶水封内腔或橡胶水封与水封座板之间的空腔充压，使橡胶水封变形、贴紧止水板，产生相应接触应力的止水方式。

节间止水 sections water seal *secciones de sello de agua*
用于上、下节闸门门叶之间的水封。

刚性止水 rigid water seal *sello de agua rígido*
除橡胶材料外，通过机械加工，达到密封面紧密接触，实现止水目的的密封件。

水封　water seal　*sello agua*
止水装置中的密封件，包括橡胶水封和刚性止水。

水封座板　seal seatplate　*placa de asiento con sello de agua*
设置在闸门门叶或埋件上，表面经机加工，为安装固定止水装置的基准板。

水封垫板　backing plate　*placa de apoyo*
安装在水封和水封座板之间，用于调整止水装置高度的橡胶件。

水封压板　clamping plate　*placa de sujeción*
将水封用螺栓紧固在水封座板上的钢板。

锁定装置　dogging device　*dispositivo de bloqueo*
将闸门门叶固定于门槽孔口某一位置的装置。

门槽　gate slot　*puerta ranura*
在过流孔口的两侧、用于约束闸门门叶运动位置的凹槽。

门楣　lintel　*dintel*
闸门孔口顶部的埋件。

底槛　embedded sill　*umbral*
闸门孔口底部的埋件。

主轨　main track　*riel principal*
门槽中承受闸门滑块或主轮等传来的力，并将其传递给坝体或闸墩的轨道。

副轨　auxiliary track　*vice-riel; riel auxiliar*
门槽中主轨以上部分的轨道。

反轨　reversed track　*pista invertida*
门槽中承受闸门反向支承传来的力，并将其传递给坝体或闸墩的轨道。

主轮

侧轨　side track　*riel lateral*
门槽中承受闸门侧向支承传来的力，并将其传递给闸墩的轨道。

启闭机　gate hoist　*grúa*
开启和关闭水电工程各类闸门、拦污栅的专用机械设备；包括固定卷扬式启闭机、移动式启闭机、液压启闭机和螺杆式启闭机等。

清污机　trashrack cleaner; screen cleaner　*máquina de limpieza; limpiarejas*
清除拦污栅面上或前面污物的机械设备。

固定卷扬式启闭机 fixed wire rope hoist *cabrestante fijo*
固定安装于闸门孔口上方,由电动机驱动,通过齿轮传动旋转卷筒,使缠绕在卷筒上的钢丝绳带动动滑轮组或钢丝绳索具升降,从而实现闸门或拦污栅启闭的机械设备。

盘香式启闭机 incense coilhoist *pórtico*
固定卷扬式启闭机的一种,每根钢丝绳在一个铅垂平面内叠层盘绕,形如盘香。

移动式启闭机 mobile hoist *pórtico de movimiento*
由电动机驱动、通过齿轮传动,经卷筒、滑轮组和起吊部件启闭闸门、拦污栅及检修设备,在轨道上运移等循环性作业的机械。移动式启闭机分为门式启闭机、台车式启闭机和桥式启闭机等型式。

门式启闭机 gantry crane *grúa pórtico*
具有门型框架并能沿轨道移动的启闭机。

台车式启闭机 trolley hoist *pórtico elevadora*
安装在台车上能沿固定轨道移动的卷扬式启闭机。

液压启闭机 hydraulic hoist *elevador hidráulico*
应用液压传动原理,以液压泵站作为动力油源,通过液压和电气控制系统对液压泵输出的压力油的流量和流向进行控制,驱动与水工闸门相连接的液压缸的活塞杆进行往复伸缩运动,实现闸门开启或关闭的机械。

螺杆式启闭机 screw hoist *elevador espiral*
通过起重螺杆和承重螺母的旋合传递运动和动力,将旋转运动转化为直线运动,用以操作闸门开启或关闭的设备。

启门力 lifting force *fuerza de apertura*
为开启闸门需通过吊具施加于闸门的荷载。

闭门力 closing force *fuerza de cierre*
关闭闸门所需的下压力、拖动力或转动力。

持住力 holding force *fuerza de retención*
闸门关闭过程中,为控制闸门的下降速度,吊具所承受的来自闸门的荷载。

额定载荷 rated load *carga nominal*
为满足闸门或拦污栅正常启闭的要求,由设计确定的启闭机启闭容量。

运行载荷 moving load *carga de operación*
移动式启闭机在大车、小车移位运行时吊具上悬挂的垂直载荷。

启闭机扬程/启闭机行程 lift stroke *cabeza de elevación*
启闭机启吊闸门时所能达到的最大高度或距离。

吊点距　center distance between two hoist eyes　distancia del punto de suspensión
双吊点闸门或启闭机，两吊点间的距离。

工作级别　duty class　nivel de trabajo
考虑荷载作用变化、工作时间的利用程度、工作循环次数以及闸门工作性质，确定的启闭机特性。

启闭速度　hoisting speed　velocidad de apertura y cierre
启闭额定荷载时吊具的速度。

行走速度　travel speed　velocidad del recorrido
移动式启闭机携带走行载荷移动时的速度。

开式齿轮传动　open gear transmission　engranaje de transmisión abierto
齿轮在非密闭空间传动，采用润滑脂润滑。

闭式齿轮传动　closed gear transmission　engranaje de transmisión cerrado
电动机至卷筒轴之间的各级齿轮副均在密闭箱体内且有良好润滑的传动。

支持制动器　supporting brake　freno de apoyo
在减速器高速轴上设置的用于制动和停机的机械常闭式制动器。

安全制动器　safety brake　freno de seguridad
在卷筒装置上设置的起到制动作用的机械常闭式制动器。

螺旋绳槽卷筒　spiral groove drum　carrete de cuerda espiral
每一节距绳槽呈螺旋状分布的卷筒。

折线绳槽卷筒　broken line groove drum　carrete de cuerda plegable
每一节距绳槽由与卷筒轴线垂直的平面平行的绳槽和与卷筒轴线垂直的平面成交角的绳槽交替分布的卷筒。

动滑轮组　movable pulley blocks　poleas móviles
与闸门连接、随闸门一起升降的滑轮组。

定滑轮组　fixed pulley blocks　polea fija
安装在机架上、轴的位置固定不动的滑轮组。

平衡滑轮　equalizer pulley　polea de equilibrio
用来平衡钢丝绳分支拉力的滑轮。

液压缸总成　hydraulic cylinder assembly　conjunto de cilindros hidráulicos
由缸筒、活塞、活塞杆、端盖、吊头、支承件、密封和导向件等零件装配后注入压力油即可使活塞杆产生往复运动的部件。

液压系统 hydraulic system sistema hidráulico

根据闸门的启闭功能要求，将多种液压、电气元器件组成相应的液压控制回路，按操作程序的逻辑原理互相连接，通过电气控制使液压缸实现相应动作并具有电、液保护功能的油路系统。

液压泵站 hydraulic pump station；power pack estacion de bombas hidráulicas

由液压泵电动机组和油箱总成组成的、为液压缸提供压力油的油源设备。

液压阀组 hydraulic valve blocks conjunto de válvulas hidráulicas

油源阀组、控制阀组和缸旁阀组的总称。

油源阀组 oil source valve blocks conjunto de válvulas de fuentes de aceites

将多种液压元件按液压泵电动机组运行程序的逻辑原理，采用集成方式或管路连接方式使油路互相连接，通过电气控制使液压泵电动机组实现启动、建压、卸压、停机操作，并具有电、液保护功能的部件。

控制阀组 control valve blocks conjunto de válvulas de control

根据闸门的启闭功能要求，将多种液压元件按液压缸活塞动作程序的逻辑原理，采用集成方式或管路连接方式使油路互相连接，通过电气控制使液压缸实现对闸门的相应操作，并具有电、液保护功能的部件。

缸旁阀组 valve blocks on cylinder grupo de válvulas al lado del cilindro

将多种液压元件按液压缸承载腔油路闭锁或开启的逻辑原理，采用集成方式或管路连接方式使油路互相连接，通过控制压力油实现液压缸承载腔油路闭锁或开启，并具有超压保护功能、安装在液压缸上的部件。

差动回路 differential circuit circuito diferencial

压力油注入液压缸无杆腔推动活塞杆外伸时，有杆腔排出的油液不经过油箱和泵组而直接流向液压缸无杆腔的回路。

闭环同步控制回路 synchro-control circuit with closed-cycle circuito cerrado de control síncrono

以多套液压缸的活塞杆行程实时检测的相对偏差值作为反馈信号，通过电气控制系统对相应液压缸进出流量进行动态调节控制，使各液压缸的活塞杆实现同步运行的回路。

开环同步控制回路 synchro-control circuit with open-cycle circuito abierto del control de sincronismo

对多套液压缸利用流量控制阀经静态调节，使各液压缸的进出流量相等，实现各液压缸的活塞杆同步运行，启闭过程不进行调节的回路。

陶瓷涂层活塞杆 ceramic coated piston rod vástago de pistón recubierto de cerámica

以优质碳素结构钢、低合金结构钢、合金结构钢作为母材，采用热喷涂工艺将耐磨、耐腐蚀陶瓷粉末在其表面形成陶瓷涂层的一种活塞杆。

过坝设备 dam pass equipment *equipo de pase de presa*

钢丝绳卷扬提升式垂直升船机 wire rope hoist vertical shiplift *montacargas vertical de cable*
承船厢通过钢丝绳卷扬机牵引实现垂直升降的升船机。

齿轮齿条爬升式垂直升船机 rack and pinion vertical shiplift *carretilla elevadora vertical de cremallera y piñón*
承船厢通过齿轮沿固定在塔柱上的齿条转动实现升降的垂直升船机。

水力式升船机 hydraulic shiplift *elevador hidráulico*
利用上下游水位差，通过控制竖井水位驱动升船机配重升降运行，以实现承船厢升降运行的升船机。

全平衡式升船机 fully balanced shiplift *elevador de barcos totalmente equilibrado*
平衡重总重与承船厢总重相等的升船机，也可称为不下水式升船机。

部分平衡式升船机 partial balanced shiplift *carguero parcial equilibrado*
所配的平衡重重量与带水船厢重量不相等的垂直升船机。

额定提升力 rated hoisting force *potencia nominal de elevación*
主提升机、驱动系统和牵引绞车在升船机机械设备设计寿命内克服外载、驱动承船厢运行的能力。

最大提升高度 maximum lift height *altura máxima de elevación*
升船机升降船舶的最大高度。

承船厢总重 gross weight of ship chamber *peso bruto de la cámara del barco*
承船厢结构、设备及与有效水深对应的水体的重量之和。

允许误载水深 allowable water level difference *diferencia permitida de nivel de agua*
升船机正常运行所允许的承船厢或承船车水深与设计水深的差值。

干舷高 chamber freeboard *francobordo de cámara*
在设计水深条件下，承船厢或承船车水面至主纵梁顶面的垂直距离。

主提升机 main hoisting mechanism *mecanismo de elevación principal*
钢丝绳卷扬提升式垂直升船机中悬吊并驱动承船厢升降运行的机械设备；包括卷扬提升机构、同步轴系统、平衡滑轮组等。

主电气传动系统 main driving system *sistema de accionamiento eléctrico principal*
驱动承船厢运行的电气传动系统。对于由多个单元机构驱动承船厢的升船机，主电气传动系统是多个单元电气传动系统的统称。

同步轴系统　**synchronizing system**　sistema de sincronismo del eje

用于保证升船机各吊点同步运行的结构。一般由轴、联轴器、轴承座、扭矩传感器等组成。

承船厢　**ship chamber**　cámara de la nave

垂直升船机中运载船舶升降的设备。

对接装置　**connection device**　dispositivo de enlace

承船厢与航道实现对接、密封以连通两者水域的对接密封装置、对接锁定装置、密封间隙充泄水装置的总称。

对接锁定装置　**locking device for connection**　dispositivo de enlace bloqueado

承船厢与闸首对接期间用于固定承船厢端部、承受承船厢内水体变化和船舶出入承船厢时产生的垂直附加载荷的装置。

防撞装置　**anticollision device**　dispositivo anticolisión

防止船舶因速度失控而撞击闸首和承船厢厢端通航闸门的装置。

承船厢调平装置　**levelness regulation device of ship chamber**　dispositivo de nivelación del carro

调整、控制承船厢水平度的装置。

平衡重　**counterweight**　contrapeso

用于平衡承船厢重量的设备。

转矩平衡重　**torque counterweight**　par de equilibrio de peso

由缠绕在主提升机卷筒上的钢丝绳悬吊，其重力通过对主提升机卷筒施加转矩、间接作用在承船厢上的平衡重。

可控平衡重　**controllable counterweight**　balance de peso controlable

布置在可控卷筒上的重力平衡重。

平衡链　**balancing chain**　cadena de equilibrio

全平衡式升船机的平衡重悬挂钢丝绳在滑轮两侧的长度（质量）分布随承船厢升降而发生随机变化，为适应悬挂钢丝绳质量变化对平衡系统的影响，使系统始终处于平衡而设置的装置。

高强度螺栓　**high strength bolt**　perno de alta resistencia

采用抗拉强度很高的钢材制成并经过热处理的螺栓。

摩擦面　**faying surface**　superficie de fricción

高强度螺栓连接面板层之间的接触面。

抗滑移系数 mean slip coefficient *coeficiente antideslizante*

高强度螺栓连接摩擦面滑移时，滑动外力与连接中法向压力（等同于螺栓预拉力）的比值。

焊接工艺评定 welding procedure qualification；WPQ *calificación del procedimiento de soldadura*

为验证所拟定的焊件焊接工艺的正确性而进行的试验过程及结果评价。

焊接工艺评定报告 procedure qualification record；PQR *informe de calificación del procedimiento de soldadura*

记载验证性试验及其检验结果，对拟定的预焊接工艺规程进行评价的报告。

焊接作业指导书 welding working instruction；WWI *instrucciones de operación de soldadura*

与制造焊接有关，焊工施焊时使用，可保证施工时质量再现性的加工和操作细则性作业文件。

焊接缺欠与缺陷 welding imperfection and defect *defectos de soldadura y defectos*

在焊接接头或母材中，无损检测标准允许存在的金属不连续、不致密或连接不良等现象称为焊接缺欠；超过规定限值的缺欠称为焊接缺陷。

焊接应力 welding stress *esfuerzo de soldadura*

焊接构件由焊接而产生的内应力。

焊接残余应力 residual stress after welding *tensión residual de la costura*

因焊接后不均匀冷却过程所引起的残存于焊件内自相平衡的应力。

焊接变形 welding deformation *distorsión de la costura*

因焊接后不均匀冷却过程导致焊件收缩而引起的变形。

预热 preheat *precalentamiento*

焊接开始前，对焊件的全部（或局部）进行加热的工艺措施。

后热 postheat *post-calentamiento*

焊接后立即对焊件的全部（或局部）加热和保温，使其缓冷的工艺措施。

焊后热处理 post welding heat treatment *tratamiento térmico posterior a la soldadura*

焊接后，为改善焊接接头的组织和性能或消除残余应力而进行的热处理。

表面热处理 surface heat treatment *tratamiento térmico superficial*

仅对工件表层进行热处理以改变其组织和性能的工艺。

振动时效 vibration stress relief *efecto vibratorio*

振动时效即 VSR 技术，是指夹持在工件上的激振器，在其产生周期性激振力的作用下，工件达至共振状态，工件的残余应力松弛，以此保持工件尺寸稳定的方法。

无损检测　nondestructive testing；NDT　ensayo no destructivo
在不损坏检测对象的前提下，以物理或化学方法为手段，借助相应的设备器材，按照规定的技术要求，对检测对象的内部及表面的结构、性质或状态进行检查和测试，并对结果进行分析和评价。

超声波检测　ultrasonic testing；UT　inspección por ultrasonidos
超声波在被检材料中传播时，根据材料的缺欠所显示的声学性质对超声波传播的影响进行探测的方法。

射线检测　radiographic testing；RT　inspección por rayos x
利用 X 射线或 Γ 射线或核辐射以探测材料中的不连续性，并在记录介质上显示其图像。

渗透检测　penetrant testing；PT　inspección por penetración
通过施加渗透剂，用洗净剂除去多余部分，必要时可施加显像剂以得到零件上开口于表面的某些缺陷的指示。

磁粉检测　magnetic particle testing；MT　inspección de partículas magnéticas
利用漏磁和合适的检验介质发现试件表面和近表面的不连续无损检测方法。

衍射时差法超声检测　time-of-flight diffraction technique；TOFD　diferencia de tiempo de difracción prueba ultrasónica
利用缺欠端点的衍射波信号发现缺欠和测定缺欠尺寸的一种超声检测方法。一般使用纵波斜探头，采用一发一收模式。

空运转试验　idling test　prueba de funcionamiento en seco
启闭机出厂前，在未安装钢丝绳和吊具的组装状态下所进行的试验。

空载试验　testing at zero load　prueba sin carga
对启闭机吊具不施加载荷所进行的试验。

静载试验　testing at static load　prueba de carga estática
使启闭机吊点处于起吊额定载荷位置，逐渐增加启闭机吊点载荷至额定载荷的 1.25 倍，操作起升机构离地面一定高度、悬空一定时间，检验启闭机结构的承载能力。

动载试验　testing at dynamic load　prueba de carga dinámica
按 1.1 倍额定载荷或运行载荷对启闭机各机构分别进行试验，使各机构的每种动作在其整个运动范围内反复启动和制动，检验启闭机各机构和制动器的功能。

平面闸门静平衡试验　static balancing test of plain gates　prueba de equilibrio estático de compuerta plana
将闸门吊离地面 100mm，通过滚轮或滑道的中心测量上、下游与左、右方向的倾斜。

表面预处理 *surface preparation* pre-tratamiento de la superficie
为提高涂层与基体间结合力及防腐蚀效果，在涂装之前用机械方法或化学方法处理基体表面的措施。

喷射除锈 *compressed air blast clean* eliminación de herrumbre por limpieza abrasiva
在压缩空气的驱动下，利用高速磨料流的冲击作用，净化和粗化基体表面的工艺过程。

涂料保护 *coating protection* protección de la pintura
在物体表面形成具有保护、装饰或特殊功能（如绝缘、防腐、标志等）的固态涂膜的方法。

热喷涂金属保护 *thermal spraying metal protection* protección de metal de rociado termal
利用热源将金属材料熔化、半熔化或软化，并以一定速度喷射到基体表面形成涂层的方法。

阴极保护 *cathodic protection* protección catódica
通过阴极极化控制金属电化学腐蚀的技术。阴极保护有牺牲阳极法和强制电流法。

牺牲阳极 *sacrificial anode* ánodo de sacrificio
与被保护结构偶接形成电化学电池，靠着自身的溶解而提供阴极保护电流的金属或合金。

涂层 *coating* recubrimiento
经过一次或多次施加在底材上所形成的连续膜层。包括涂料涂层和金属涂层。

最小局部厚度 *minimum partial thickness* espesor mínimo local
在一个工件主要表面上所测得的各局部厚度中的最小值。

附着力 *adhesive force* adhesión
涂层与底材间或每道涂层间形成的结合力。

结合强度 *bonding force* resistencia de union
热喷涂金属涂层和基体之间结合的坚固程度。

涂层强度拉开法测试 *pull-off testing for coating strength* prueba de resistencia de recubrimiento
在涂层上施加垂直拉应力拉开涂层，根据测得的拉应力大小和涂层破坏类型，评估涂层破坏强度的测试方法。

6.7 运行与维护

检修等级 *maintenance level* nivel de mantenimiento
以机组检修规模和停用时间为原则，将机组检修分级，分为 A、B、C、D 四个等级。

机组 A 级检修　level A maintenance　mantenimiento nivel A de la unidad

对机组进行全面的解体检查和修理，以保持、恢复或提高设备性能。

机组 B 级检修　level B maintenance　mantenimiento nivel B de la unidad

针对机组某些设备存在问题，对机组部分设备进行解体检查和修理。B 级检修可根据机组设备状态评估结果，有针对性地实施部分 A 级检修项目或定期滚动检修项目。

机组 C 级检修　level C maintenance　mantenimiento nivel C de la unidad

根据设备的磨损、老化规律，有重点地对机组进行检查、评估、修理、清扫。C 级检修可进行少量零件的更换、设备的消缺、调整、预防性试验等作业以及实施部分 A 级检修项目或定期滚动检修项目。

机组 D 级检修　level D maintenance　mantenimiento nivel D de la unidad

当机组总体运行状况良好，而对主要设备的附属系统和设备进行消缺。D 级检修除进行附属系统和设备消缺外，还可根据设备状态的评估结果，安排部分 C 级检修项目。

定期检修　periodic maintenance　periodo de mantenimiento

一种以时间为基础的预防性检修，根据设备磨损和老化的统计规律，事先确定检修等级、检修间隔、检修项目、需用备件及材料等的检修方式。定期检修包括 A、B、C、D 级检修。

状态检修　condition based maintenance　estado de mantenimiento

通过状态监测和诊断技术提供的设备状态信息，根据设备状态评价和状态评估结果形成的检修管理模式。

改进性检修　proactive maintenance　mantenimiento proactivo

对设备先天性缺陷或频发故障，按照当前设备技术水平和发展趋势进行改造，从根本上消除设备缺陷，以提高设备的技术性能和可用率，并结合检修过程实施的检修方式。

故障检修　corrective maintenance　mantenimiento correctivo

设备在发生故障或其他失效时进行的非计划检修。

优化检修　optimized maintenance　mantenimiento optimizado

综合运用定期检修、状态检修、改进性检修、故障检修等检修方式的一种检修策略。在保证机组安全、稳定和可靠运行的基础上，科学地进行检修决策，降低机组的检修成本，并进行持续改进和优化。

机械过速　mechanical overspeed　sobrevelocidad mecánica

采自机械测速装置信号，机组超过额定转速运转的现象。

电气过速　electrical overspeed　sobrevelocidad eléctrica

采自电气测速装置信号，机组超过额定转速运转的现象。

振动区　vibration zone　área de vibración

指因水力、机械、电磁等因素造成的机组运行振摆明显增大的水头、功率对应区域。

机组蠕动　creeping　unidad de fluencia

机组停机后，由于导水机构关闭不严或主轴密封性能不好而发生漏水等原因，致使机组转动部件发生转动的现象。

事故低油位　tripping oil level　disparo por bajo nivel de aceite

导致机组事故停机的设定油位。

事故低油压　tripping oil pressure　disparo por baja presión de aceite

导致机组事故停机的设定油压。

水锤　water hammer　martillo de agua

有压流动中，流速发生剧烈变化，使压力随之发生急剧变比的现象。

抬机　unituplift　levantar la máquina

过渡过程中，因水轮机转轮受到的向上轴向力大于机组转动部分总重量，使机组转动部分被抬起一定高度的现象。

一次调频　primary frequency control（PFC）　control de frecuencia primaria

一次调频是水轮机调节系统的基本功能，即在机组发电运行过程中，当系统频率变化超过调速器的频率/转速死区时，水轮机调节系统将根据频率静态特性（调差特性）所固有的能力，按整定的调差率/永态转差系数自行改变导叶开度（或轮叶转角，或喷针/折向器开度），从而引起机组有功功率的变化，进而影响电网频率的调节过程。

电晕　corona　corona

带电体表面在气体或液体介质中发生局部放电的现象，常发生在高压导线的周围和带电体的尖端附近，能产生臭氧、氧化氮等物质。

相间短路　phase-to-phase short circuit　cortocircuito de fase a fase

三相交流电气系统，两相或三相之间未经过负载而相连接所造成的短路现象。

匝间短路　inter-turn short circuit　cortocircuito interturn

相同相序线圈的匝与匝之间或几匝之间的短路现象。

涡流损耗　eddy current loss　pérdida de corriente parásita

导体在非均匀磁场中移动或处在随时间变化的磁场中时，导体内感应产生的电流导致的能量损耗。

杂散损耗　stray loss　pérdida espuria

指除电机铁损、机械损耗和定转子铜耗以外，由电机的负载电流所引起的各种损耗之和。

谐波损耗 harmonic loss pérdida armónica

因谐波电流或谐波电压在发电机或变压器铁芯、绕组中产生的能量损耗。

励磁系统误强励 excitation system abnormal forcing sistema de excitación forzamiento anormal

因励磁系统失控导致励磁系统输出异常升高。

低励限制曲线 underexcitation limit curve curva límite de subexcitación

在低励限制环节中整定的、发电机允许的最小无功功率与有功功率的关系曲线图。

介质损耗 dielectric loss pérdida dialéctrica

极化的物质从时变电场中吸收的功率，不包括由该物质电导率所吸收的功率。

电击穿 electric breakdown avería eléctrica

绝缘介质全部或部分瞬间变为导电介质并导致放电的变化。

闪络 flashover flashover

在气体、液体或真空中两个导体之间发生的至少有部分是沿固体绝缘表面的电击穿。

电蚀 electric erosion erosión eléctrica

由于放电作用而使绝缘材料发生蚀损。

电力设备预防性试验 preventive test pruebas preventivas

为发现运行中设备的隐患，预防发生事故或设备损坏，对设备进行的检查、试验或监测，也包括取油样或气样进行的试验。

环境保护

7.1 一般术语

水温影响 water temperature impact *influencia de la temperatura del agua.*
水电工程涉及水体的温度及其时空分布、变化特征，是太阳辐射、长波有效辐射、水面与大气的热量交换、水面蒸发、水体的水力因素及水体地质地貌特征、补给水源等因素综合作用的影响。

水环境 water environment *ambiente de agua*
水电工程涉及的各种地表水体和地下水体的环境质量。

水生生态 aquatic ecosystem *ecología acuática*
水电开发河流、电站、水库及周边水体中非生物因子和生物因子所处的状态，及其相互之间的关系。

陆生生态 terrestrial ecosystem *ecología terrestre*
水电开发河流或区域陆地生物因子和非生物因子所处的状态，及其相互之间的关系。

声环境 acoustic environment *ambiente acústico*
水电工程生产、施工、交通运输和社会生活影响范围内的声环境质量。

大气环境 atmospheric environment *ambiente atmosférico*
水电工程生产、施工、交通运输和社会生活影响范围内的室外空气质量。

水土保持 soil and water conservation *conservación de suelos y aguas.*
预防、控制和治理水电工程建设活动导致的水土流失，防治水土流失危害，控制和减轻对群众生产生活可能造成的不利影响，保护、改良和合理利用水土资源，恢复和改善项目区的生态环境的活动。

环境风险 environmental risk *riesgo ambiental*

突发性事故对环境造成的危害程度及可能性。

优势种　dominant species　especies dominantes

对群落结构和群落环境的形成有明显控制作用的物种。它们通常是那些个体数量多、生物量高、体积较大、生活能力较强的种类。

外来入侵物种　invasive species　especies exóticas invasoras

在当地自然或半自然生态系统中形成了自我再生能力，可能或已经对生态环境、生产或生活造成明显损害或不利影响的外来物种。

水库局地气候　local climate of reservoir area　clima local del embalse

水电工程库区受下垫面和水体水热输送条件变化影响的小区域气候，特征要素主要包括风、气温、湿度等。

环境敏感对象　environmentally sensitive object　objetos ambientalmente sensibles

水电工程可能涉及的各类自然和文化保护地、生态敏感区、社会关注区，保护物种及其重要生境，各类取水口、集中居民点等。

环境保护目标　environmental protection objective　metas de protección ambiental

水电工程施工和运行应维护的环境质量、生态功能、环境敏感对象保护要求和其他与环境保护相关的要求。

环境影响　environmental impact　impacto ambiental

水电枢纽工程施工、运行与移民安置等活动对环境质量或生态功能的影响，包括直接影响和间接影响、有利影响和不利影响、可逆影响和不可逆影响等。

累积影响　cumulative impact　impacto acumulativo

水电工程与上、下游梯级电站或水库、调水等工程联合运行对水文情势、水温、水生生态等在时间、空间上产生的叠加效应，造成的环境影响后果。

环境保护设计　environmental protection design　diseño de protección del medio ambiente

为减免水电工程对环境保护目标产生的不利影响而进行污染治理和生态保护设施或措施的勘测设计活动，主要包括预可行性研究、可行性研究、招标设计、施工详图四个阶段开展的勘测设计活动。

生态敏感性　ecological sensitivity　sensibilidad ecológica

生态系统对区域内自然和水电工程开发活动干扰的敏感程度，反映区域生态系统在遇到干扰时，发生生态环境问题的可能性大小和自我恢复的难易程度。

生态系统服务功能　service function of ecological system　función de servicio del ecosistema

生态系统与生态过程所形成及所维持的人类赖以生存的自然环境条件与效用，分为支持功能、供给功能、调节功能和文化功能。其中，支持功能包括营养物质循环、初级生产、生成土壤等；供给功能包括为人类提供淡水、食品、木材、纤维、燃料等；调节功能包括调节气候、调节洪水、缓解灾害、水体自净等；文化功能包括美学与精神价值、教育和休闲旅游等。

生态适宜性 ecological suitability idoneidad ecológica
在一个具体的生态环境内，环境中的要素为环境中的生物群落所提供的生存空间的大小及对其正向演替的适合程度。

生态系统服务价值 ecosystem service value valor del servicio del ecosistema
以货币化表示生态系统所具有的人类赖以生存的自然环境条件与效用。

生态补偿 ecological compensation compensación ecológica
采用经济手段对受水电工程不利影响的水生生态系统和陆生生态系统进行恢复、重建和保护，对水电工程在生态保护中产生的生态效益进行激励。

环境影响的外部性 externality of environmental impact externalidades del impacto ambiental.
水电工程对外部产生的不能通过市场价格进行交易的环境影响，分为正外部性和负外部性。水电工程环境影响的正外部性是指水电工程给环境造成有利影响，引起外部的效益增加或成本减少，并未得到收益。水电工程环境影响的负外部性是指水电工程给环境造成不利影响，引起外部的效益减少或成本增加，并未支出费用。

7.2 水文情势

水文节律 cyclic variation of hydrological regime ritmo hidrológico
河流湖泊水文要素周期性、有节律的变化。

减水河段 water-reduced river reach alcance del río reducido en agua
水电工程引水发电导致的坝（闸）址下游河道流量减少的河段，通常为坝（闸）址至电站尾水之间的河段。

脱水河段 dewatered river reach alcance deshidratado
水电工程引水发电导致的坝（闸）址下游河道出现断流的河段，通常为坝（闸）址至电站尾水之间的河段。

生态流量 ecological flow; environmental flow flujo ecológico
满足水电工程下游河段保护目标生态需水基本要求的流量及过程。

水生生态需水 water demand for aquatic ecosystem demanda de agua ecológica acuática
维系水电工程下游河段水生生态系统基本稳定所需的流量及过程。

水生生态基流　base flow for aquatic ecosystem　flujo base para el ecosistema acuático
维持水电工程下游河段水生生物栖息地基本质量的最小流量。

河流湿地需水　water demand for riparian wetland　demanda de agua para humedales ribereños
维系水电工程下游河段与河流有水力联系的重要湿地基本生态功能所需的流量及过程，包括干旱地区以河水为水源的河岸天然植被基本需水。

水环境需水　water demand for water environment　demanda de agua para el medio ambiente acuático
维持水电工程下游河段水环境功能及水质目标要求所需的流量及过程。

景观需水　water demand for landscape　demanda de agua para el paisaje
维持水电工程下游河流水域景观基本功能所需的流量及过程。

入海河口需水　water demand for estuary　demanda de agua para estuario
将入海河口盐度控制在一定水平或将咸界限制在一定范围，以维持入海河口生态系统稳定所需的流量及过程。

河道地下水需水　water demand for recharging groundwater　demanda de agua para recargar las aguas subterráneas
维持水电工程下游河道以水生生态基流对应的水位作为边界的河床覆盖层内补水所需的流量及过程。

生态机组　turbine unit with ecological flow release function　unidad ecológica
为保证下游生态流量而设置的发电机组。

生态泄水设施　ecological flow release facility　instalaciones de drenaje ecológico
为保证下游生态流量设置的设施，包括生态机组、生态泄水管、生态泄水洞、生态泄水闸等。

7.3　水库水温

水库水温结构　reservoir thermal structure　estructura de temperatura del agua del embalse
水库水温的时空分布及其变化特征。根据垂向水温年内分布特征，可分为分层型、混合型和过渡型三种结构类型。

分层型水库　thermally stratified reservoir　estratificación del embalse
全年中除冬季外的其他时段水温随深度的变化明显，存在表温层、温跃层和滞温层多层水温结构，或滞温层分布不明显但有明显的温跃层的水库。

混合型水库　unstratified reservoir　tipos de combinación del agua del embalse

全年水温随深度的变化较小，无明显的滞温层和温跃层的水库。

过渡型水库 thermally transitive reservoir embalse de transición
介于分层型和混合型之间，且年内部分时段存在水温分层现象的水库。

水库水温分层 thermal stratification of reservoir estratificación de la temperatura del agua del yacimiento
受以年为周期的水温、气候规律性变化的影响，水库沿水深方向呈现出具有相同周期特征的水温分层现象。

表温层 epilimnion epilimnio
分布在水库库表，全年水温随气温变化而变化，且随水深变化较小的水层。

滞温层 hypolimnion hipolimnio
分布在水库库底，全年水温维持在很小的范围内变化，且随水深变化较小的水层。

温跃层 thermocline termoclina
介于表温层和滞温层之间，且水温垂直梯度变化较大，全年水温变化较大的水层。

水库逆温分布 distribution of reservoir temperature inversion distribución de la inversión de temperatura del yacimiento
水库垂向水体温度随水深增加而升高的水温分布形式。

水温突变 abrupt change of water temperature cambio brusco de temperatura del agua
支流汇入、伏流、涉水建筑物、热（或冷）污染源、局部地形突变等对水电工程水库水温分布特征与变化过程产生一定影响的现象。

下泄水温 temperature of released water temperatura del agua liberada
库水通过所有泄水设施泄水后的混合水温。

低温水 low-temperature water temperatura baja del agua
水体温度低于该处天然水温的现象。

水温阈值 water temperature threshold umbral de temperatura del agua
在不同状态或区域下，水温变化能够达到的最大值和最小值。

水温延滞效应 hysteresis effect of water temperature change efecto de retraso de la temperatura del agua
水库调蓄导致下游河道水温与原天然水温过程相比延滞的现象。

分层取水设施 layered water intake facility instalación de entrada de agua en capas
针对水温分层型水库，为获取水库不同高程水体而设置的取水设施。取水口方式包括：叠梁门式进水口、翻板式进水口、套筒式进水口、前置挡墙、隔水幕墙等。

7.4 水环境

水环境功能 water environmental function función del medio ambiente del agua
一个水域的水体所具有的相应的环境功能。

水环境容量 water environmental capacity capacidad ambiental del agua
在一定水文条件下，计算水域满足水质标准要求的单位时间最大允许纳污量。

营养状况 nutritional status estado nutricional
水体的营养水平，由水体氮、磷等营养元素浓度、叶绿素 a 含量高低等因素决定。

富营养化 eutrophication eutrofización
在人类活动的影响下，生物所需的氮、磷等营养物质大量进入湖泊、河口、海湾等缓流水体，引起藻类及其他浮游生物的迅速繁殖，水体溶解氧量下降，水质恶化，鱼类及其他生物大量死亡的现象。

总溶解气体 total dissolved gas gas disuelto total
微溶或难溶于水的气体，主要包括氮气、氧气、二氧化碳等。

总溶解气体过饱和 supersaturation of total dissolved gas；oversaturation of total dissolved gas gas disuelto total sobresaturado
水电工程泄水使水体中的溶解气体超过当地正常温度和大气压情况下水体中总溶解气体浓度的现象。

水文化 water culture cultura de agua
人类各种与水有关的活动所产生的文化现象的总和，是人类文化中以水为核心的文化集合体。

水景观 water landscape paisaje de agua
可引起人们视觉感受的水域（水体）及其相关联的岸地、岛屿、林草、建筑等所形成的景象。

7.5 水生生态

水生生境 aquatic habitat límite acuático
水生生物生活水域的非生物环境条件。

水生生物 aquatic organisms；hydrobios vida acuática
生活在各类水体中的生物的总称，主要包括浮游植物、着生藻类、水生维管束植物、浮游动物、底栖动物、鱼和水生哺乳动物。在水电工程环境保护中，通常将鱼类单独评价。

浮游植物 phytoplankton fitoplancton
在水中营浮游生活的微小植物，通常指浮游藻类。

着生藻类 periphytic algae algas
附着在水体基质上生活的一些微型附着藻类。

浮游动物 zooplankton zooplancton
在水中浮游、本身不能制造有机物的异养型无脊椎动物和脊索动物幼体的总称。完全没有游泳能力或游泳能力微弱，不能作远距离的移动，在水中营浮游生活。

底栖动物 benthic macroinvertebrate animal bentónico
生活史的全部或至少一个时期栖息于水体的水底表面或底部基质中的大型无脊椎动物。

水生维管束植物 aquatic vascular plant plantas vasculares acuáticas
一年中至少数月生活于水中或漂浮于水面的维管植物。根据生活型的不同，通常分为挺水植物、浮水植物和沉水植物。

水生生物密度 aquatic organism density densidad acuática
单位面积或体积上某种（类）水生生物的全部个体数目。

水生生物生物量 aquatic biomass biomasa acuática
单位面积或体积上某种（类）水生生物的总重量。

珍稀鱼类 rare fish pescado raro
国家及地方发布的重点保护野生动物名录、《中国濒危动物红皮书》中的野生鱼类。

特有鱼类 endemic fish peces endémicos
仅生活在某一特定水域或区域的鱼类。

土著鱼类 native fish peces indígenas
某一区域或某一水域内发源的、原有的，而不是从其他地区迁移或引入的鱼类。

产卵场 spawning ground terreno de desove
水生生物交配、产卵、孵化及育幼的水域，是水生生物生存和繁衍的重要场所，对渔业资源补充具有重要作用。

索饵场 feeding ground zona de pesca
水生生物群集摄食的水域。

越冬场 wintering ground campo de invernada

水生生物冬季栖息的水域。

洄游　migration　migratorio
鱼类出于繁殖、索饵或越冬的需要而进行的定期、有规律且具有一定方向和一定距离的运动，一般分溯河洄游和降河洄游两种。

溯河洄游　anadromous migration　migración fluvial
某些鱼类性成熟时，从海中向原出生的江湖水域所作的洄游。

降河洄游　catadromous migration　migración catadromosa
在淡水中生长的鱼类性成熟时到海洋产卵繁殖所作的洄游。

洄游通道　migration pathway　vía de migración
满足水生生物生殖、索饵或越冬洄游以及自由迁徙需求的天然或人工的通道或设施。

定居性鱼类　settled fishes　peces asentados
终生生活在某一特定水域，没有明显迁移活动的鱼类。

洄游性鱼类　migratory fishes　peces migratorios
需要在不同地点完成产卵、索饵、越冬等生命活动的鱼类。

渔获物　fish catch　captura de peces
捕捞获得的鱼类的统称，可指某一水域的渔获物，也可指某种渔具的渔获物。

鱼类资源量　fish stock　recursos pesqueros
一定时间和空间内、可充分随机分配的鱼类个体的数量或重量。

水生生物栖息地　aquatic organism habitat　hábitat de organismos acuáticos
在水生生物不同的生活史阶段，满足不同需要并行使其特定功能的小环境组成的单元。

鱼类重要栖息地　essential fish habitat　hábitat esencial para peces
对鱼类生长、繁衍有重要作用的水域，包括产卵场、越冬场、索饵场等。

水生生态系统稳定性　stability of aquatic ecosystem　estabilidad del ecosistema acuático
水生生态系统结构和功能及其稳定状况。

鱼类生物完整性指数　biotic integrity indexoffish　índice de integridad biótica
水生态系统健康评价中应用最广泛的一个生态指标，是可定量描述人类干扰与鱼类特性之间的关系且对干扰反应敏感的一组指数。

鱼类栖息地保护　fish habitat protection　protección del hábitat de peces
为缓解水电工程对鱼类带来的不利影响，采取的划定鱼类栖息地保护范围，结合河流连通性、微生境、水文过程等修复技术及人工产卵场、人工鱼巢等建设技术的水生生态保护措施。

栖息地修复 habitat restoration restauración del hábitat

通过物理修复、化学修复、生物修复以及工程技术措施等，恢复受损水生生物栖息地功能。

人工鱼礁 artificial fish reef arrecife artificial de peces

人为在预定水域设置的构造物，为水生生物栖息、生长、繁育提供索饵、繁殖、生长、发育等场所，达到保护、增殖资源和提高渔获质量的目的。

人工鱼巢 artificial fish nest nido artificial de peces

模仿鱼类繁殖生态、采用替代材料人工建造的，设置在特定水域供鱼类产卵繁殖和稚（幼）鱼栖息生长的人工设施。

鱼类游泳能力 fish swimming ability capacidad de natación de peces

鱼类克服水流阻力的能力。水电工程鱼类游泳能力测验时，在不同水流条件下的鱼类整体运动能力，通常用游泳速度及其对应的最大持续时间表示，特征值主要有持续游泳速度、耐久游泳速度、突进游泳速度。

持续游泳速度/巡游游泳速度 sustained swimming speed velocidad de natación sostenida

水电工程鱼类在特定水流条件下可以长时间逆流游泳而不至于疲劳的速度，一般采用游泳时间超过 200 min 的持续游泳速度阈值。此时，鱼类通过有氧代谢来提供的能量使红肌纤维缓慢收缩，进而推动鱼类前进。

疲劳游泳速度 fatigue swimming speed fatiga velocidad de natación

水电工程鱼类在特定水流条件下只能维持 20s～200min 就达到疲劳状态的游泳速度，是介于持续游泳速度和爆发游泳速度之间的游泳速度，通常该指标为一范围值。

突进游泳速度/爆发游泳速度 sprint swimming speed；burst swimming speed velocidad de natación sprint；ráfaga de velocidad de natación

水电工程鱼类在短时间内能到达的最大游泳速度，通常采用 20s 以内的鱼类游泳速度阈值。

鱼类集群 fish aggregation agregación de peces
鱼类聚集在坝或闸下游某一特定水域、栖息在一起的现象。

过鱼设施 fish passage facility instalación de paso de peces

在闸坝处人工修建的辅助和引导鱼类通行的通道或设施，主要类型包括鱼道、仿自然通道、升鱼机、鱼闸和集运鱼系统。

诱鱼设施 fish attracting facility facilidad de atracción
位于过鱼设施进口处及附近，吸引鱼类汇集进入进口处的设施。

吸引水流　attracting flow　atrayendo flujo

产生于过鱼设施进口及其附近的具有足够流量、流速，以吸引上溯鱼类进入过鱼设施的水流，包括来自设施内的重力流和辅助补水系统的水流。

鱼道设计级差　designed level difference of fishway　diferencia de nivel diseñada fuera de carretera

鱼道每个池室的设计水位差。

鱼道设计流速　designed flow velocity of fishway　velocidad de flujo diseñada fuera de pista

鱼道中堰顶、孔口或竖缝等断面的最大水流速度，不应大于过鱼对象的突进游泳速度。

鱼闸　fish lock　pescador cerrado

过鱼设施的一种类型，由下水槽、闸室、上水槽等部分组成，利用上、下两座闸门调节闸室内水位变化而过鱼，其原理与船闸相似。

升鱼机　fish lift　elevador de pescado

过鱼设施的一种类型，由进鱼槽、竖井、出鱼槽三大主要部分组成，其原理与电梯相似。

仿自然通道　nature-like fishway　canal de pesca natural

过鱼设施的一种类型，人工修建的绕过堤坝的仿自然溪流，为鱼类提供了另一条洄游通道。

集运鱼系统　fish collection and transportation system　sistema de recogida y transporte de pescado

过鱼设施的一种类型，通过人工集鱼和运输的手段实现鱼类过坝的措施，由集鱼设施和运鱼设施两部分组成，主要型式包括集鱼升鱼机、集鱼转运设施和集运鱼船等。

集运鱼船　fish barge　barcaza de pescado

过鱼设施的一种类型，可移动位置以适应下游的流态变化，移至鱼类高度集中的地方诱鱼、集鱼，通过船闸实现鱼类过坝。

捕捞过坝　trapping and transporting fish crossing dam　captura y transporte de presas de cruce de peces

过鱼方式的一种类型，通过人工捕捞配合运鱼车运输，实现鱼类过坝的措施。

鱼类增殖放流　fish restocking　proliferación y liberación de peces.

为补充受水电工程影响河流或河段的鱼类资源量，人工培育鱼类苗种或亲体并向相关水域投放的活动。

亲鱼　broodstock　reproductores

已达性成熟年龄、性腺发育成熟且具备繁育子代能力的野生或原种鱼类个体。

鱼类人工繁殖 artificial propagation of fish propagación artificial de peces
筛选成熟亲鱼，人工催产授精，并使受精卵在适宜的条件下发育成为苗种的过程。

循环水养殖 recirculating aquaculture system sistema de recirculación acuícola
在相对封闭的空间内，利用曝气、沉淀、过滤等手段迅速除去养殖对象的代谢产物和饵料残渣，净化水质，在少量补充水的前提下循环利用养殖水进行小水体鱼类养殖的生产方式。

流水养殖 fish culture in running water cultivo de peces en agua corriente
在流动的水体中进行鱼类养殖的生产方式。

子一代 first filial generation primera generación filial
由野生亲本繁殖产生的第一代苗种。

绝对怀卵量 absolute brood amount cantidad absoluta de cría
一尾雌鱼繁殖季节卵巢中成熟卵粒的总数。

相对怀卵量 relative brood amount cantidad relativa de cría
雌鱼单位体重的相应怀卵量，即每千克（或克）体重有多少卵粒。

催产率 induced spawning rate tasa de desove inducida
（产卵雌鱼尾数/催产雌鱼尾数）×100%，用于评价亲鱼成熟度鉴别和催产技术水平的高低。

受精率 fertility rate tasa de fertilidad
受精卵的数量占总卵数的比例。

孵化率 hatchability incubabilidad
受精卵的孵化比率。

野化训练 wild training entrenamiento salvaje
鱼类放流前，在自然生态条件或模拟自然生态条件下，使其逐步适应野生环境的过程。

放流标记 fish tagging etiquetado de peces
采用体外挂牌、耳石标记、射频标记以及荧光标记等物理或化学方法对放流鱼实施标记的活动。

鱼类半洄游 semi-migration of fish semi-migración de peces
有些纯淡水鱼类为产卵、索饵和越冬，从静水水体洄游到流水水体，或从流水水体向静水水体的洄游。

鱼类极限流速　limit flow velocity for fish　velocidad límite de flujo para peces
鱼类在 20s 内能克服的最大水流速度。

鱼道单位水体功率耗散　power dissipation per unit volume of fishway　disipación de potencia por unidad de volumen de canal
鱼道池室内单位体积水体平均消耗的水流功率。

7.6　陆生生态

陆生植物　terrestrial plant　planta terrestre
具有维管束输导组织系统的陆生高等植物。包括蕨类植物、种子植物两类。

陆生动物　terrestrial animal　animal terrestre
在陆地生活的脊椎动物。包括两栖动物、爬行动物、鸟类和哺乳动物四类。

水库消落带　fluctuating zone of reservoir　zona fluctuante del embalse
水库运行水位变化产生的经常性或季节性出露的地带。

狭域种　stenochoric species　especies estenocóricas
地理分布仅局限于流域内某一狭小区域的物种。

指示种　indicator species　especie indicadora
具备以下一种或几种特征的物种：有足够的敏感性指示早期的环境变化；有较广的地理分布范围；有提供连续评价环境威胁的能力；比较容易收集和量度；能够用来指示由于人类干扰产生的自然循环周期的变化。

标志种　characteristic species　especies características
在某些植被类型中，有多个物种处于优势种地位，很难确定其中的主要成分，在这种情况下采用的生态幅度狭窄、对该植被类型有指示作用或标志作用的种。

古大树　ancient big tree　antiguo árbol grande
林业部门认定并登记在册的树龄在 100 年以上的树木，且阔叶乔木的胸径在 20cm 以上、针叶乔木的株高在 6m 以上或地径在 18cm 以上。

生境隔离　habitat isolation　aislamiento del hábitat
水电工程建设改变所在区域地形、地貌、水体等地理因素，导致种群中不同群体间不能交流基因的现象。

陆生生态系统影响　impact on terrestrial ecosystem　impacto en el ecosistema terrestre
水电工程建设对其所在区域中的全部陆地生物和物理环境统一体产生的作用或改变。

陆生生态系统稳定性　terrestrial ecosystem stability　estabilidad del ecosistema terrestre

陆生生态系统抵抗变化、干扰和保持自身平衡的能力。包括抵抗力稳定性和恢复力稳定性两方面，前者是指生态系统遇到扰动时维持原状态的能力，后者是指在被扰动之后恢复到原状态的能力。

生物量损失 biomass loss *pérdida de biomasa*
因水库淹没、枢纽占地、施工临时占地等原因，造成植物群落中植物种总干重损失。

就地保护 in-situ conservation *conservación in situ*
受工程影响的珍稀植物、古大树及其生态系统、栖息地等，通过避让的措施在原地范围进行保护和管理。

移栽保护 transplanting conservation *trasplante de conservación*
受工程影响且无法避让的珍稀植物及古大树，通过迁移至异地栽种的方式进行保护和管理。

保护小区 small reserve *pequeña reserva*
将珍稀动植物及古大树的分布区，连同其栖息地及原来所处的自然生态环境，通过规划一定范围来进行保护的区域。

种质资源库 germplasma resource bank *banco de recursos de germoplasma*
收集和保存种质资源的场所，如进行异地保护的种子园、母树园和种质苗圃。

7.7 声环境和大气环境

声环境功能区 acoustic environmental function área *área de función del entorno acústico*
按不同使用功能特点和环境质量要求而划分的区域。

噪声敏感区 noise sensitive area *área sensible al ruido*
医院、学校、机关、科研单位、住宅、自然保护区等对噪声敏感的建筑物或区域。

降噪量 noise reduction *reducción de ruido*
噪声的声压级或声强级或声功率级的降低程度。

环境空气功能区 ambient air functional area *área funcional del aire ambiente*
为保护生态环境和人体健康的基本要求而划分的环境空气质量保护区。

7.8 固体废物

一般工业固体废物 general industrial solid waste *residuos sólidos industriales generales*

在工业生产活动中产生的固体废物，危险废物除外。

泥渣处理 sludge treatment tratamiento de lodos

在生产废水和生活污水处理过程中产生的半固态或固态物质，进行减量化、稳定化和无害化处理的过程。

填埋 landfill vertedero

按照工程理论和土工标准将固体废物掩埋覆盖，并使其稳定化的最终处置方法。

渗滤液 leachate lixiviado

垃圾在堆放和填埋过程中由于压实、发酵等物理、生物、化学作用，同时在降水和其他外来水的渗流作用下产生的含有机或无机成分的液体。

垃圾填埋气体导排 landfill gas venting venteo de gas de vertedero

填埋体中有机垃圾分解产生的气体，利用填埋气体自身压力和渗透性导排气体的方式或利用抽气设备对填埋气体进行导排的方式。

7.9 水土保持

径流小区 runoff plot área de escorrentía

在特定的闭合区域内，对降雨特征、土壤侵蚀及产流产沙过程进行的定性观察和定量测量的一种观测设施。

拦渣工程 tailing hold structure estructura de retención de colas

为防止弃土、弃石、弃渣及其他固体废物造成新的水土流失而修建的工程拦挡设施。

渣土防护率 percentage of blocked dregs and soil porcentaje de heces y tierra bloqueadas

水电工程水土流失防治责任范围内，采取措施实际挡护的永久弃渣、临时堆土数量占永久弃渣和临时堆土总量的百分比。

表土保护率 percentage of protected topsoil porcentaje de tierra vegetal protegida

水电工程水土流失防治责任范围内，保护的表土数量占可剥离表土总量的百分比。

水土流失治理度 percentage of controlled erosion area porcentaje de área de erosión controlada

水电工程水土流失防治责任范围内，水土流失治理达标面积占水土流失总面积的百分比。

土壤流失控制比 percentage of soil erosion control porcentaje de control de erosión del suelo

水电工程水土流失防治责任范围内容许土壤流失量与治理后年平均土壤流失量之比。

水土保持设计 design of soil and water conservation diseño de conservación de suelos y aguas

针对水电工程水土流失防治及水土资源保护利用所进行的设计工作的总称。主要包括弃渣场布设、拦挡、截排水、排洪、护坡、表土资源保护与利用、土地整治等工程措施设计，植树、种草、铺草皮、绿化养护等植物措施设计，以及施工期临时防护措施设计等。

水土保持设施 soil and water conservation facility instalación de conservación de suelo y agua

具有防治水土流失功能的各类人工建筑物、自然和人工植被以及自然地物的总称。

水土保持工程措施 engineering measures for soil and water conservation medidas de ingeniería para la conservación del suelo y el agua.

应用工程原理，为防治水土流失，保护、改良和合理利用水土资源而修建的工程设施。

水土保持生态修复 ecological restoration for soil and water conservation restauración ecológica para la conservación del suelo y el agua.

以水土保持理论与实践为基础的，根据植物群落演替和恢复生态学等理论，通过水土保持措施和切断导致生态系统退化的主导因子或过程，减轻生态系统负荷压力，对受水电工程影响的退化生态系统进行干预，促进生态系统更新和恢复，使其组成、结构和功能逐步向未扰动前状态发展的过程。

客土 out-sourced soil suelo subcontratado

非当地原生的、由别处移来的用于置换原生土的外地土壤，通常是指质地好的壤土（沙壤土）或人工土壤。

植被移植保护 vegetation transplantation protection protección de trasplante de vegetación
根据植被保护和水土保持需求，将原有的乔木、灌木、草皮等移植于特定区域的活动。

植被提升 vegetation improvement mejora de la vegetación

对植被盖度较差且水土流失强度在轻度及以上水平的未扰动或轻微扰动区域，为达到水土保持防治目标，采取增加植被盖度、丰富植物配置等措施，提高植被水土保持效益及景观效果的活动。

植被自然恢复期 natural recovery period of vegetation período de recuperación natural de la vegetación

施工扰动结束后，不采取水土保持措施的情况下，土壤侵蚀强度自然恢复到扰动前土壤侵蚀强度所需要的时间。

7.10 景观

区域景观 regional landscape paisaje regional
水电工程所在区域各种成因上彼此相关的景物、景色、景象和印象等具有美学意义上的景观组合。

水电景观资源 hydroelectric landscape resource recurso del paisaje hidroeléctrico
依托于大坝、厂房、业主营地建筑物、博物馆、植物园、鱼类增殖站、水库水域、滩涂湿地、岛屿、大坝泄洪等水电工程特点所形成的景观资源。

大坝景观 dam landscape paisaje de la presa
大坝枢纽的坝顶、坝体下游坡面、坝肩及进水口等枢纽建筑物边坡和下游压重体平台等部位的视觉景观形象、环境生态绿化景象。

水域景观 reservoir landscape paisaje del embalse
水库坝前区域、消落带、重点库岸区等范围的视觉景观形象和环境生态绿化景象。

景观敏感度 landscape sensitivity sensibilidad del paisaje
景观被人注意到的程度，一般根据视角、相对坡度、相对距离、视见频率、景观醒目程度等指标进行判别。

景观阈值 landscape threshold umbral del paisaje
景观对外界干扰的耐受能力、同化能力和遭到破坏后的自我恢复能力的量度。

景观环境工程 environmental landscape engineering ingeniería del paisaje ambiental
运用土木、园艺、道路、照明、水环境营造等工程手段，为水电工程提供具有良好自然环境和人文环境的工艺技术和建（构）筑物。

7.11 社会环境

移民安置环境承载力 environmental carrying capacity for resettlement capacidad de carga ambiental para el reasentamiento
在设计水平年，水电工程移民安置所在区域自然、生态环境对移民的经济社会活动的支持能力的限度。

分散处理 decentralized treatment tratamiento descentralizado
以就地处理的方式，对一定区域内产生的生活污染物进行处理，不需要大范围的管网或收集运输系统。

集中处理　centralized treatment　tratamiento centralizado

对一定区域内产生的生活污染物通过管道或车辆收集，输送至指定地点进行处理处置的方式。

7.12 | 环境监测

陆生生态调查　terrestrial ecology survey　encuesta de ecología terrestre

了解区域陆生生态环境内植物区系、植被类型及分布，野生动物区系、种类、数量及分布，珍稀濒危动植物种类、种群规模、生态习性、种群结构、生境条件及分布、保护级别与保护状况等，受工程影响的自然保护区的类型、级别、范围与功能分区及主要保护对象状况等的一种科学方法。

水生生态调查　aquatic ecology survey　encuesta de ecología acuática

了解区域水生生态环境内水域浮游动植物、底栖生物、水生高等植物的种类、数量、分布；鱼类区系组成、种类、产卵场，珍稀水生生物种类、种群规模、生态习性、种群结构、生境条件与分布、保护级别与状况等；受工程影响的自然保护区的类型、级别、范围与功能分区及主要保护对象状况的一种科学方法。

水库水温原型观测　prototype observation of reservoir water temperature　observación prototipo de la temperatura del agua del yacimiento

对水库、下泄水体及坝下河道水温空间分布特征与时间变化过程进行的观测和分析活动。

水土保持监测　soil and water conservation monitoring　monitoreo de conservación de suelo y agua

对水电工程相关的水土流失发生、发展、危害及水土保持效益进行调查、观测和分析的活动。

建设征地移民安置

8.1 一般术语

水电工程建设征地移民　hydropower project resettler；hydropower project-affected person　adquisición de tierras y reasentamiento para la construcción de proyectos hidroeléctricos.

因水电工程建设征地影响，需恢复生产生活条件的人口。

移民安置　resettlement　restablecimiento

恢复水电工程建设征地移民的生产生活条件和建设征地涉及各项设施功能的活动。

建设征地处理范围　land requisition treatment scope　alcance del tratamiento de la solicitud de tierras

因水电工程建设，需要对其涉及的人口、土地、地上附着物、城镇、专业项目等对象进行处理的区域。

实物指标　inventory of affected persons and assets　inventario de personas y bienes afectados

搬迁人口、土地、建筑物、构筑物、设施、设备、林木及其他附着物，以及矿产资源、文物古迹、英雄烈士纪念设施等对象的项目、权属、数量、质量、位置和其他属性。

移民安置总体规划　overall planning of resettlement　planificación general del reasentamiento

根据建设征地处理范围内涉及对象受影响情况，拟定安置任务和标准，对移民生产生活条件和各项设施功能恢复方案进行技术策划和统筹安排的活动。

移民安置规划设计水平年　design target year of resettlement　planificación de reasentamiento y año de diseño

移民安置规划设计需要考虑动态变化因素，结合工程建设和移民安置进度综合分析，确定编制移民安置规划设计目标的时间点。

城镇迁建　city and town relocation　reubicación de la ciudad

对受水电工程建设征地影响的城市、集镇建成区，为恢复其功能、安置移民而选择新址进行搬迁复建的行为。

企业处理　treatment for enterprise　tratamiento para empresa

对建设征地处理范围内整体或局部受影响的企业，采取迁建或防护工程措施恢复企业生产条件或以货币方式进行补偿的活动。

水库库底清理　reservoir basin clearing　limpieza de la cuenca del embalse

为保证枢纽工程及水库运行安全，保护库周及下游人群健康，在水库蓄水前，对规定范围内的障碍物、污染源等进行处理的活动。根据被清理对象的不同分为一般清理和专项清理。

超深基础　extradeep foundation　cimientos extra profundos

统一规划的城镇、农村集中居民点内超出房屋补偿单价所含常规基础的房屋基础工程。

移民安置综合设计　integrated design for resettlement　diseño integrado para reasentamiento

移民安置实施阶段以批准的移民安置规划为基本依据，统筹协调移民安置规划的后续设计技术标准和要求，进行移民安置方案的整体与局部、移民安置区的总体与单项、移民安置项目之间的技术衔接和单项设计技术标准控制，编制综合设计文件和开展现场技术服务等工作的总称。

移民安置综合监理　comprehensive supervision for resettlement　supervisión integral para el reasentamiento

社会监理单位对水电工程建设征地移民安置实施的综合进度、综合质量和资金拨付使用情况等进行全过程监督、检查、记录、审核、协调和报告的行为。

移民安置独立评估　independent assessment for resettlement　evaluación independiente para reasentamiento

独立于项目建设有关的地方人民政府、项目法人和移民综合设计之外的咨询机构，采取调查、对比等方法，对水电工程移民安置前后的生产生活水平恢复、建设征地涉及区域经济发展状况、实施管理工作等进行分析评价并提出建议的行为。

8.2　移民安置规划设计

水库淹没区　reservoir inundation area　área de inundación del embalse

水库正常蓄水位以下被库水淹没的区域及正常蓄水位以上受水库洪水、风浪和船行波、冰塞壅水等因素影响形成临时淹没的区域。

水库回水末端断面　thinning-out section of reservoir backwater　sección de adelgaza-
miento del embalse

水库设计洪水回水水面线与同频率天然洪水水面线差值等于 0.3m 处的回水断面。

居民迁移线　boundary of resident relocation　límite de reubicación de residentes
因水电工程建设征地和水库淹没影响，需拆除房屋、迁移居民的范围线。

土地征收或收回范围线　boundary of land requisition　límite de la solicitud de tierras
因水电工程建设永久占地，需要征收农村集体土地或收回国有土地的范围线。

土地征用范围线　boundary of temporary land occupation　límite de la ocupación tem-
poral de la tierra

因水电工程建设需要临时使用土地的范围线。

地类地形图　land-use boundary map　mapa de límites de uso de la tierra
按照一定比例尺和高程系统，依据《土地利用现状分类》（GB/T 21010）的规定，利
用实测用地界标点和线、图斑编号、文字注记、数学要素等反映水电工程建设征地范围内
各种土地权属单位名称及边界线、行政界线、基本农田界线、土地利用类型界线及面积，
以及地貌、水系、植被、工程建筑、居民点等的地图。

零星树木　scattered trees　árboles dispersos
林地、园地以外零星分散生长的树木。

生产安置　livelihood recovery arrangement　acuerdo de recuperación de medios de vida
对因水电工程建设征地影响，造成农用地资源丧失或不能使用的移民，通过重新配置
生产资源或以其他方式，解决劳动力就业或生产收入来源的活动。

搬迁安置　relocation　reubicación
对因水电工程建设征地影响导致原有居住房屋拆除或不便使用的移民，搬迁至建设征
地以外地区进行建房或采取其他方式解决居住条件的活动，以及对涉及的城镇和独立企事
业单位进行迁建、恢复功能或生产的活动。

扩迁人口　population of extended relocation　población de reubicación extendida
居住在居民迁移线外，丧失生产资料，因生产安置等原因需要改变居住地的人口。

逐年货币补偿安置　resettlement by yearly monetary compensation　compensación
monetaria anual y reasentamiento

以逐年发放货币的形式解决被征收土地影响人口收入来源的生产安置方式。

自行安置　autonomous resettlement　reasentamiento autónomo
移民根据自身条件和意愿，自主获取生产资料或收入的生产安置方式。

就近安置　nearby relocation　reubicación cercana

在本村建房安置且耕作距离不大于设计耕作半径的搬迁安置方式。

远迁安置 distant relocation reubicación distante

移民在本县、市、区外村建房安置，或在本村建房安置但距其原有耕地等生产资料的距离大于设计耕作半径的搬迁安置方式。

外迁安置 out-of-county relocation reubicación fuera del condado

移民迁至本县、市、区以外地区建房安置。

移民安置环境容量 environmental capacity of resettlement capacidad ambiental de reasentamiento

在一定范围和时期内，按照拟定的规划目标和安置标准，通过分析该地区自然资源的综合开发利用，预测的可接纳生产安置人口和搬迁安置人口数量。

城镇建成区 urban built area área urbana construida

城镇总体规划区内实际已成片开发建设，基础设施和公共设施基本具备的区域，以及与城镇中心虽有一定距离，但供水、供电、道路等基础设施联系在一起，且内部基础设施达到城镇水平的区域。

城镇迁建规划人口规模 planned population of relocated city and town población planificada de ciudad y pueblo reubicados

根据移民安置总体规划确定的进入迁建城镇新址的人口数量，包括迁往城镇的移民搬迁安置人口、寄住人口、城镇新址征地拆迁引起的需要进入城镇新址的人口数量。

城镇迁建总体规划 overall planning for city and town relocation planificación general para la reubicación de ciudades y pueblos

为恢复受水电工程建设征地影响城镇功能、安置移民，确定迁建城镇性质、新址和用地范围、建设标准及规模，进行城区镇区总体布局、竖向规划和各专项规划的活动。

城镇迁建修建性详细规划 detailed planning for city and town relocation planificación constructiva detallada para la reubicación urbana.

以城镇迁建总体规划为依据，制订用以指导迁建城镇各项建筑和工程设施设计、施工的规划设计。

基础设施工程 infrastructure works obras de infraestructura

城镇迁建新址用地红线内的道路交通、给水排水、供电、通信、环卫设施及绿化景观、防灾减灾等保障城镇基本运转的设施工程。

专业项目 special item artículo especial

受水电站建设征地影响需要处理和移民安置需要规划建设，未纳入城镇和农村居民点建设范围的交通运输工程、水电水利工程、防护工程、电力工程、电信工程、广播电视工程、文物古迹、英雄烈士纪念设施、军事设施等具有专业性、公益性、基础性的项目。

防护工程　protective works　ingeniería de protección

为消除或减少水电站水库淹没影响而规划建设的防洪堤、垫高地面、护岸等工程项目。

农村道路　countryside road　camino rural

在国家公路网络体系之外，农村范围内用于村间、居民点间、田间的交通运输，以服务于农村农业生产和农民生活为主要用途的道路。

企业迁建处理方式　enterprise relocation treatment　tratamiento de reubicación empresarial

对建设征地处理范围内整体或局部受影响的企业，采取迁出建设征地处理范围，分析计算补偿费用，恢复企业生产条件的处理方式。

企业一次性补偿处理方式　enterprise one-off compensation　compensación única empresarial

对建设征地处理范围内整体或局部受影响的企业，采取以现状为基础分析计算补偿费用，兑付给企业自行处理的方式。

专用房屋　special-purpose building　edificio especial

为专门的生产经营服务，结构特殊，需单独制定补偿标准的厂房、仓库等。

专用构筑物　special-purpose structure　estructura de propósito especial

为专门的生产经营服务，结构特殊，需单独制定补偿标准的罐、塔、烟囱等。

可搬迁设备　removable equipment　equipo removible

整体可搬迁，或设备主体部分可拆卸且搬迁后经安装、调试能恢复原功能的固定资产设备。

不可搬迁设备　immovable equipment　equipo inamovible

设备主体部分由于自身结构特点不可拆卸，或拆卸后难以恢复原功能的固定资产设备。

企业补偿评估　enterprise compensation fee assessment　evaluación de la tarifa de compensación empresarial

对建设征地范围内企业的设备、专用房屋、专用构筑物、基础设施、存货等项目，依据实物指标调查成果，考虑其重置成本、变现、成新率等因素，进行评定或估算，以确定相应项目的补偿费用。

停产停业损失　loss of production or business suspension　pérdida de producción o suspensión comercial

因水电工程建设征地影响，迁建企业在搬迁期间因停产或停业造成的经济损失，主要包括减少的正常净利润，以及必须发生的工资及福利、管理维护成本和财务费用等。

一般清理　general clearing　compensación general
对建筑物、构筑物、林木等对象进行的水库库底清理。

专项清理　special clearing　limpieza especial
对污染源、危化物等对象，按照专业技术要求进行的水库库底清理。

建设征地移民安置补偿费用　compensation cost for land requisition and resettlement costo de compensación por la solicitud de tierras y el reasentamiento
对水电工程建设征地影响的对象进行移民安置、迁复建或补偿处理，按照国家和省、自治区、直辖市现行水电工程建设征地移民安置法规政策和相关行业技术标准计算的各类补偿补助费用、工程建设费用、独立费用以及预备费之和的总称。

建房困难户补助费　subsidy for building houses in need　subsidio para construir casas necesitadas
对房屋补偿费不足以修建基本用房的移民户给予的补助费用。

生产安置措施补助费　subsidy for livelihood resettlement measures　subsidio para medidas de reasentamiento de medios de vida
农村移民以土地资源配置为基础进行安置的，当对应的征收土地的土地补偿费和安置补助费不能满足农村移民生产安置需要时，以农村集体经济组织为单元，对生产安置费用不足部分给予补助的费用。

房屋补偿单价　unit price of compensation for house　precio unitario de compensación por vivienda
对水电工程建设征地拆迁房屋，分结构类型按照常规条件下重建相同结构、满足基本入住要求测算的单体房屋建筑单位面积平均建设费用。

8.3 移民安置实施

移民安置规划符合性　conformity of resettlement plan　conformidad del plan de reasentamiento
移民安置实施阶段补偿补助及安置实施方案、移民安置单项工程施工图设计与批准的移民安置规划和批准的设计变更文件在安置方式、地点、对象、数量、规模、标准、程序、功能、进度、费用等方面的一致性、合理性和合规性。

本底值　baseline value　valor de fondo
移民安置独立评估起始时间评估对象的现状，包括反映生产生活水平、建设征地涉及区域经济发展状况等各项指标。

生产生活水平　production and living standard　producción y nivel de vida

移民用以满足物质和文化生活需要的社会产品的消费程度，包括收支水平、住房条件、生产与就业、基础设施条件、社区服务水平、民族风俗习惯、社会环境适应性等。

建设征地移民安置验收 resettlement acceptance aceptación de reasentamiento

根据水电工程建设和移民安置实施计划，对相应范围移民安置实施工作完成情况进行的检查验收活动，主要包括阶段性验收和竣工验收。

9

工程投资

9.1 一般术语

价格水平年 price level year nivel de precios anuales
按某一时段的价格和相关政策计算工程投资，则该时段就称为投资的价格水平年。

静态投资 static investment inversión estática
不考虑价差预备费和建设期利息，以某一价格水平年计算的工程建设投入的费用总和。

总投资 total investment inversión total
为完成工程项目建设并达到使用要求或生产条件，预计或实际投入的全部费用总和。

投资匡算 rough estimate of investment estimación aproximada de la inversión
根据规划阶段设计成果、国家有关政策规定及行业标准编制的规划范围内各电站（站址）所需的投资文件，是水电工程河流（河段）规划或抽水蓄能选点规划报告的组成内容。

投资估算 estimate of investment inversión estimada
根据预可行性研究阶段设计成果、国家有关政策规定以及行业标准编制的投资文件，是水电工程预可行性研究设计报告的重要组成部分。

设计概算 budget estimate presupuesto diseñado
根据可行性研究阶段设计成果、国家有关政策规定以及行业标准编制的投资文件，是水电工程可行性研究设计报告的重要组成部分。

调整概算 adjustment of budget estimate presupuesto de ajuste estimado
经核准并开工建设的水电工程，在建设过程中由于国家政策调整、价格变化以及工程设计变更等原因，导致原批准设计概算不能满足工程实际需要，按照相关规定编制的工程投资文件。

竣工决算　account at completion　*liquidación de obra*

以实物数量和货币指标为计量单位，综合反映竣工建设项目全部建设费用、建设成果和财务状况的总结性文件。

分标概算　budget estimate for lots　*estimación de oferta*

根据招标设计阶段确定的施工分标方案，对核准概算的项目和投资进行切块重组所编制的投资文件。

招标设计概算　bidding budget estimate　*presupuesto estimado de licitación*

根据招标设计阶段工作成果和核准概算价格水平编制的投资文件。

最高投标限价　tender sum limit　*límite de suma de licitación*

招标人根据国家及行业主管部门颁发的有关计价依据和办法，依据拟定的招标文件和招标工程量清单，结合工程具体情况发布的招标控制价。

标底　bid price　*precio de oferta*

招标人对招标项目所计算的一个期望交易价格。

签约合同价　contract price　*precio de contrato*

发承包双方在合同中约定的工程造价。

竣工结算　settlement at completion　*liquidación al finalizar*

发承包双方根据国家有关法律、法规规定和合同约定，在承包人完成合同约定的全部工作后，对最终工程价款的调整和确定。

9.2　费用构成

建筑及安装工程费　cost of construction & installation work　*costo de construcción e instalación*

建筑安装工程施工过程中为完成工程项目建设、工程永久设备及配套工程安装所需的费用。

直接费　direct cost　*costos directos*

建筑及安装工程施工过程中直接消耗在工程项目建设中的活劳动和物化劳动。

施工机械使用费　machinery operation or rental fee　*tarifa de maquinaria de construcción*

消耗在建筑安装工程项目上的施工机械的折旧、维修、机上人工、动力和燃料费用等。

冬雨季施工增加费　additional cost of work in winter and rainy season　*aumento de la construcción en invierno y temporada de lluvias.*

在冬雨季施工期间为保证工程质量和安全生产所需增加的费用。

特殊地区施工增加费 additional cost of work in special area costo adicional de trabajo en área especial

在高海拔、原始森林、酷热、风沙等特殊地区施工而增加的费用。

夜间施工增加费 additional cost for night work costo adicional por trabajo nocturno

因夜间施工所发生的夜班补助费、施工建设场地和施工道路的施工照明设备摊销及照明用电等费用。

小型临时设施摊销费 cost of temporary facilities costo de instalaciones temporales

施工企业为进行建筑安装工程施工所必需的但又未被划入施工辅助工程的临时建筑物、构筑物和各种临时设施的建设、维修、拆除、摊销等。

安全文明施工措施费 cost for health and safety costo para la salud y seguridad

施工企业按照国家有关规定和施工安全标准，购置施工安全防护用具、落实安全施工措施、改善安全生产条件、加强安全生产管理等所需的费用。

间接费 indirect cost costos indirectos

建筑、安装工程施工过程中构成建筑产品成本，但又无法直接计量的消耗在工程项目上的有关费用。

企业管理费 overhead cost costos de administración

承包人组织施工生产和经营管理所发生的费用。

规费 statutory fee tasa estatutaria

指生产工人及管理人员的基本养老保险费、医疗保险费、工伤保险基金、失业保险费、生育保险费和住房公积金。

财务费 financial cost costos financieros

承包人为筹集资金而发生的各项费用。

重大件运输增加费 additional cost for transport of large and heavy pieces costo adicional para el transporte de piezas grandes y pesadas

水轮发电机组、桥式起重机、主变压器、GIS等大型设备场外运输过程中所发生的一些特殊费用，一般指道路桥梁改造加固费、障碍物的拆除及复建费等。

设备购置费 cost of equipment procurement costo de adquisición de equipos

购置或自制的达到固定资产标准的设备、工器具及生产家具等所需的费用。

工程前期费 preliminary engineering fee tarifa de ingeniería preliminar

预可行性研究报告审查完成以前（或水电工程筹建前）开展各项工作所发生的费用。

工程建设管理费 overhead of client tarifa de gestión de construcción de ingeniería

建设项目法人为保证工程项目建设、建设征地移民安置补偿工作的正常进行，从工程筹建至竣工验收全过程所需的管理费用。

工程建设监理费 construction supervision cost *costo de supervisión de construcción*

指建设项目开工后，根据工程建设管理的实施情况，聘任监理单位在工程建设过程中，对枢纽工程建设（含环境保护和水土保持专项工程）的质量、进度、投资和安全进行监理，以及对设备监造所发生的全部费用。

咨询服务费 consulting service cost *costo del servicio de consultoría*

指项目法人根据国家有关规定和项目建设管理的需要，委托有资质的咨询机构或聘请专家对枢纽工程勘察设计、建设征地移民安置补偿规划设计、融资、环境影响以及建设管理等过程中有关技术、经济和法律问题进行咨询服务所发生的有关费用。

项目技术经济评审费 technical and economic evaluation cost *costo de evaluación técnica y económica*

指项目法人依据国家颁布的法律、法规、行业规定，委托有资质的机构对项目的安全性、可靠性、先进性、经济性进行评审所发生的有关费用。

水电工程质量检查检测费 cost for project quality inspection and test *costo de inspección y prueba de calidad del proyecto*

指根据水电行业建设管理的有关规定，由行政主管部门授权的水电工程质量监督检测机构对工程建设质量进行检查、检测、检验所发生的费用。

水电工程定额标准编制管理费 management cost for norm standard preparation for hydropower project *costo de gestión para la preparación de normas estándar para proyectos hidroeléctricos*

指根据行政主管部门授权或委托编制、管理水电工程定额和造价标准，以及进行相关基础工作所需要的费用。

项目验收费 acceptance cost *costo de aceptación*

指枢纽工程验收费用、建设征地移民安置验收费用。

工程保险费 construction insurance fee *tarifa de seguro de construcción*

指工程建设期间，为工程遭受水灾、火灾等自然灾害和意外事故造成损失后能得到经济补偿，对建筑安装工程、永久设备、施工机械而投保的建安工程一切险、财产险、第三者责任险等。

生产准备费 operational production preparation fee *tarifa de preparación de producción*

指建设项目法人为准备正常的生产运行所需发生的费用。

联合试运转费 joint commissioning fee *costos de puesta en marcha*

指水电工程中的水轮发电机组、船闸等安装完毕，在竣工验收前进行整套设备带负荷联合试运转期间所发生的费用扣除试运转收入后的净支出。

科研勘察设计费 research and design cost；investigation and design cost *honorarios de investigación y diseño.*

指为工程建设而开展的科学研究、勘察设计等工作所发生的费用。

基本预备费 basic contingency *contingencia básica*

指用以解决相应设计阶段范围以内的设计变更，为预防自然灾害而采取的措施，以及弥补一般自然灾害所造成损失中工程保险未能补偿部分而预留的费用。

价差预备费 contingency for price variation *contingencia por variación de precio*

指用以解决工程建设过程中，因国家政策调整、材料和设备价格变化，人工费和其他各种费用标准调整、汇率变化等引起投资增加而预留的费用。

建设期利息 interest during construction period *interés durante el período de construcción*

指为筹措工程建设资金在建设期内发生并按规定允许在投产后计入固定资产原值的债务资金利息。

9.3 工程定额

施工机械台时费定额 construction machinery running norm and standard *maquinaria de construcción funcionando norma y estándar*

单台施工机械正常工作运转 1 小时所分摊的费用和消耗的人工、动力燃料或消耗材料的数量标准。

施工定额 construction norm and standard *norma de construcción y estándar*

在正常施工条件下，完成一定计量单位的某一施工过程或基本工序所需消耗的人工、材料和施工机械台时数量标准。

预算定额 budget normand standard *presupuesta estándar*

在正常施工条件下，完成一定计量单位合格分项工程所需消耗的人工、材料和施工机械台时数量标准。

概算定额 budget estimation norm and standard *cuota de estimación normal y estándar*

在正常施工条件下，完成单位合格分部或分项工程所需消耗的人工、材料和施工机械台时数量标准。

索 引

H

Q

索引

295